Phantasie als Methode der poietischen Wissenschaft Goethes

Kazunari Hata

Phantasie als Methode der poietischen Wissenschaft Goethes

Naturwissenschaft und Philosophie im Spiegel seiner Zeit

 Springer VS

Kazunari Hata
Kaiserslautern, Deutschland

ISBN 978-3-658-16166-8   ISBN 978-3-658-16167-5   (eBook)
DOI 10.1007/978-3-658-16167-5

Die Deutsche Nationalbibliothek verzeichnet diese Publikation in der Deutschen National-
bibliografie; detaillierte bibliografische Daten sind im Internet über http://dnb.d-nb.de abrufbar.

Springer VS
© Springer Fachmedien Wiesbaden GmbH 2017

Gedruckt auf säurefreiem und chlorfrei gebleichtem Papier

Springer VS ist Teil von Springer Nature
Die eingetragene Gesellschaft ist Springer Fachmedien Wiesbaden GmbH
Die Anschrift der Gesellschaft ist: Abraham-Lincoln-Str. 46, 65189 Wiesbaden, Germany

Inhaltsverzeichnis

Zweiter Teil. Die Methode der Naturwissenschaft Goethes im Spiegel der kantischen Erkenntnistheorie

Abkürzungsverzeichnis

Cassirer W

Cassirer, Ernst, *Gesammelte Werke*. Hamburger Ausgabe, Birgit Recki (Hrsg.), Hamburg, 26 Bände, 2009.

Gespräche, Biedermann

Goethe, Johann Wolfgang von, *Goethes Gespräche*. Eine Sammlung zeitgenössischer Berichte aus seinem Umgang / Aufgrund der Ausgabe und des Nachlasses von Flodoard Freiherrn von Biedermann, Leipzig, 5 Bände, 1909-1911.

Kant AA

Kant, Immanuel, *Gesammelte Schriften*. Hrsg.: Bd. 1-22 Preussische Akademie der Wissenschaften, Bd. 23 Deutsche Akademie der Wissenschaften zu Berlin, ab Bd. 24 Akademie der Wissenschaften zu Göttingen, Berlin, 1900ff. [Siglen folgen den Kant-Studien (Philosophische Zeitschrift der Kant-Gesellschaft)].

LA

Goethe, Johann Wolfgang von, *Die Schriften zur Naturwissenschaft*. Vollständige mit Erläuterungen versehene Ausgabe / Herausgegeben im Auftrage der Deutschen Akademie der Naturforscher Leopoldina von Rupprecht Matthaei, Wilhelm Troll u. K. Lothar Wolf et al., Weimar, 1947ff.

Schelling HKA

Schelling, Friedrich Wilhelm Joseph, *Werke*. Historisch-kritische Ausgabe / Im Auftrag der

Schelling-Kommission der Bayerischen Akademie der Wissenschaften herausgegeben von Jörg Jantzen et al., Frommann-Holzboog, Stuttgart-Bad Cannstatt, 40 Bände, 1976ff.

Schelling W   Schelling, Friedrich Wilhelm Joseph, *Schelling Werke*. Nach der Originalausgabe in neuer Anordnung, Manfred Schröter (Hrsg.), Münchener Jubiläumsdruck, München, 12 Bände, 1927.

WA   Goethe, Johann Wolfgang von, *Goethes Werke*. Herausgegeben im Auftrage der Großherzogin Sophie von Sachsen, H. Böhlau, Weimar, Abtlg. I–IV. 133 Bände in 143 Teilen. 1887–1919.

Vorwort

Die vorliegende Arbeit wurde im Wintersemester 2015 vom Fachgebiet Philosophie an der Technischen Universität Kaiserslautern als Dissertation unter dem Titel „Die Phantasie als Methode der poiesisartigen Naturwissenschaft Goethes im Spiegel der Philosophie des 18. Jahrhunderts" angenommen. Der vorliegende Text ist die überarbeitete Fassung dieser Promotionsschrift.

Wertvolle Anregungen habe ich in zahlreichen Gesprächen und Diskussionen mit den Mitarbeitern erworben. Ich danke dafür Dr. Ettore Barbagallo, Steffen Lange, M.A., Dr. Wolfgang Lenski und Dr. Sönke Roterberg herzlich. Mein besonderer Dank gilt Prof. Dr. Klaus Wiegerling für seine förderlichen Anmerkungen. Er hat mir vielfältige Anknüpfungspunkte meines Forschungsthemas mit diversen Denkungsarten aufgezeigt und meine Thematik vom fachlichen Gebiet zum umfangreicheren Kontext erweitert.

Ich statte besonders Prof. Dr. Wolfgang Neuser meinen tiefempfundenen Dank ab. Ohne seine unermüdliche Unterstützung und Förderung wäre meine Arbeit so nicht entstanden. Durch seine Hinweise wurden meine Beweisführung und meine Schlussfolgerung auf der philosophischen, historiographischen und naturwissenschaftlichen Basis vielschichtig verfeinert. Gerne erinnere ich mich daran, wie er bei Gesprächen in seinem Büro meiner These geduldig zuhörte, mich neugierig fragte und mich phantasievoll inspirierte.

Ich danke allen Beteiligen, die zum Entstehen dieser Arbeit beigetragen haben.

Einleitung

Das Wesen der Wissenschaft besteht nicht ausschließlich im Wissen. Diese Aussage trägt einen Widerspruch in sich, weil das Wort „Wissenschaft" eigentlich eine Aktivität in Bezug auf das Wissen nahelegt und diese Aktivität gerade Wissen hervorzubringen ermöglicht. Daher geht die allgemeine Annahme dahin, dass die Wissenschaft aus Wissen besteht. Aber die gesamte menschliche Aktivität der Wissenschaft muss nicht immer exklusiv mit Wissen zu tun haben. Dies wird offensichtlich, wenn man die Entwicklungsgeschichte der Wissenschaft näher untersucht. Zwar tragen die Zeugnisse des Wissens zur rationalen Rekonstruktion der Geschichte der Wissenschaft bei, aber dies erklärt immer noch nicht genügend die dynamische Bewegung der Wissenschaft, welche die abendländische Naturwissenschaft „revolutionär" macht.[1]

Sie besteht vielmehr im Tun und eigentlich geht es darum, was Menschen machen, wenn sie etwas nicht wissen. Platon verweist mit dem sokratischen Dialog auf eben dieses Thema und entwickelt die Methode der Dialektik, um die ungewissen Objekte, die noch nicht als ein Wissen betrachtet werden können, zu erkunden. Dasjenige Wissen, welches schon hinlänglich untersucht worden ist, beinhaltet nur ein hochkonzentriertes Ergebnis der gesamten Aktivität der Wissenschaft und erklärt nicht den eigentlichen konkreten Prozess des Hervorbringens des Wissens. Um die dynamische Entwicklung der Wissenschaft ausführlich betrachten zu können, muss man gerade diesen Prozess darstellen, in dem Wissen als solches entsteht. Diese Fragestellung, wie Wissen erlangt wird, zielt auf die Erläuterung eines vor-theoretischen Verfahrens der Menschen, und dieses Verfahren erzeugt bereits einen groben Entwurf des zu erlangenden Wissens. Daher bezeichnet dies die Quelle des Wissens und sie stellt – wie bei einem Janusgesicht – eine andere Seite der Wissenschaft dar. Es gibt in der Tat vor dem Ansatz der Forschung unterschiedliche Möglichkeiten der Auswahl, mit welcher Methode und mit welcher Intention die Gegenstände untersucht werden sollen, und die naturwissenschaftlichen Texte von Johann Wolfgang von Goethe zeigen

---

1 Vgl. zum Begriff der wissenschaftlichen Revolution Alexandre Koyré, *Études galiléennes*, Hermann, Paris, 1939, Herbert Butterfield, *The Origins of Modern Science 1300-1800*, The Macmillan Company, New York, 1959.

eben diese andere Seite der Wissenschaft sowie die Verschiedenheit der möglichen Forschungsarten und Herangehensweisen in der Zeit der modernen Naturwissenschaft.

Frederick Amrine hat im Zuge einer im Dezember 1982 an der Harvard-Universität stattgefundenen Diskussion über Goethes Verhältnis zu den Wissenschaften eine zusammenfassende Einordnung der naturwissenschaftlichen Erkenntnisse Goethes und der Goethe-Forschung vorgenommen. Amrine versucht, Goethes Naturlehre im Vergleich zur modernen Naturwissenschaft als eine alternative Naturwissenschaft zu charakterisieren. Danach lassen sich drei große Gruppen unterscheiden: „Goethe's Science is no Scientific Alternative at all", „Goethe's Science is an Alternative within Modern Science" und „Goethe's Science is a Scientific Alternative to Modern Science."[2]

Die erste Bestimmung bedeutet, dass Goethe das Konzept der modernen Naturwissenschaft nicht richtig verstanden hat und daher keiner seiner Gedanken in ihr eine wichtige Rolle spielt. Die zweite Bestimmung vertritt die Auffassung, dass Goethes Wissenschaft als ein Teil der modernen Naturwissenschaft zu verstehen ist und er wie andere damalige Wissenschaftler im 18. Jahrhundert – z.B. Georges-Louis Leclerc, Comte de Buffon, Albrecht von Haller und Alexander von Humboldt – zur Hauptströmung der modernen Naturwissenschaft beigetragen hat. Die dritte Bestimmung behauptet, dass die goethesche Wissenschaft im Sinne des „Paradigmenwechsels" Thomas S. Kuhns das System der modernen Naturwissenschaft erneuert und als Ausgestaltung einer neuen Naturwissenschaft angesehen werden kann.

Diese Beurteilung der wissenschaftlichen Erkenntnisse Goethes als Alternative zur gewöhnlichen Wissenschaft stellt eine typische Auffassung und Motivation der Goethe-Forscher dar. Die drei zitierten Einordnungen Amrines sind im Grunde auch heute noch gültig. Denn diese Diskussion wird durch Goethes Ablehnung eines wichtigen Vertreters der modernen Naturwissenschaft verursacht, nämlich Isaac Newtons. Das Thema der „Alternative" überhaupt leitet über zu einem charakteristischen Verfahren Goethes, der oft zwei entgegengesetzte Theorien aufstellt, ohne sich für eine von ihnen zu entscheiden oder beide miteinander in Einklang zu bringen. Somit schließt er eine Möglichkeit der Alternative nicht aus, weil diese eben die dynamische Entwicklung der Naturwissenschaft überhaupt erst ermöglicht. Dieses Thema beinhaltet deshalb nicht nur ein Hinterfragen der Zeit der damaligen Goethe-Forschung wie die Restrukturierung der

2 Vgl. Frederick Amrine, *Postscript Goethe's Science: An Alternative to Modern Science or within It — or No Alternative at All?* In: *Goethe and the Sciences: A Reappraisal*, Frederick Amrine, Francis J. Zucker (Hrsg.), D. Reidel Publishing, Dordrecht, 1987, S. 373-388.

Wissenschaften oder die Ökologie, sondern auch eine charakteristische Verfahrensweise Goethes, die mit seiner Wissenschaftlichkeit tief verbunden ist.

Jede der Bestimmungen Amrines trifft einen Teil der Eigenart goethescher Naturwissenschaft, weshalb jede für sich als wahr angesehen werden kann. Denn in der Gegenwart gibt es nahezu kein Forschungsprogramm zur Wissenschaft Goethes. Zudem hat Goethe tatsächlich einiges zur damaligen Naturforschung beigetragen, aus der wie aus einer Wurzel die moderne Naturwissenschaft hervorgegangen ist. Beispiele hierfür sind die Entdeckung des Zwischenkieferknochens in der Anatomie oder des Farbenkreises mit den Komplementärfarben in der Farbenlehre. Zudem ist es noch offen, ob das goethesche Forschungsprogramm für die Zukunft überhaupt irgendeinen Beitrag leisten kann. Die drei genannten Grundaussagen über die Alternativen zur Bewertung der naturwissenschaftlichen Überlegungen Goethes enthalten daher einen gleichen Wert und ihr Unterschied besteht darin, welcher Aspekt der Wissenschaft Goethes betont wird. Diese Einordnungen Amrines bestehen also in der Tat aus unterschiedlichen Aspekten: Was Goethe in der Vergangenheit leistete, in der Gegenwart leistet und für die Zukunft leisten kann.

Wenn Goethes Naturwissenschaft keine bedeutsame Rolle mehr spielen könnte, wäre die Frage nach der Alternative im Vergleich zur modernen Wissenschaft leicht zu beantworten, da die Lehre Goethes damit als ein historisches Ergebnis von der dynamischen Entwicklung der Naturwissenschaft ausgeschlossen wird und dann die Wissenschaftlichkeit Goethes völlig bestätigt werden kann. Die Frage nach der Alternative kann schließlich im Hinblick auf zwei Themenfelder zusammengefasst werden: eine rationale Rekonstruktion der Lehre Goethes in der Geschichte der Naturwissenschaft oder die Möglichkeit einer Weiterentwicklung seiner Naturwissenschaft.

Wenn man Goethes Lehre innerhalb der Geschichte der Naturwissenschaft verorten möchte, kann man nicht mehr ihre Weiterentwicklung diskutieren, und wenn man diese Entwicklung thematisieren möchte, muss man die historische Bestätigung der Naturwissenschaft Goethes verweigern. Mit anderen Worten: Man kann diese zwei Themenfelder als Unterschied zwischen der *Naturwissenschaft J. W. Goethes selbst* und einer *Naturwissenschaft im Geiste Goethes* verstehen. Die *Naturwissenschaft Goethes selbst* beinhaltet die Leistung des Dichters und Denkers Goethe und kann in der Geschichte der Naturwissenschaft als ein fixes Ergebnis bestätigt werden, weil Goethe bereits verstorben ist. Die *Naturwissenschaft im Geiste Goethes* bedeutet jedoch nicht ausschließlich das Werk Goethes, sondern eine Forschungsrichtung, welche die goethesche Wissenschaftlichkeit als Grundlage nimmt, nämlich das Forschungsprogramm Goethes. Dieses goethesche Forschungsprogramm kann in der Geschichte bewertet werden.

Eine solche „rationale Rekonstruktion der Geschichte der Naturwissenschaft" bildet das Thema der Untersuchungen von Imre Lakatos. Eigentlich aber besteht diese Thematik in der Erklärung der dynamischen Entwicklung der Naturwissenschaft. Deshalb muss das Konzept der Forschungsprogramme darauf antworten, wie die Entfaltung der Forschung geschieht. Die Art und Weise der Entwicklung wird schon von Lakatos mit der Mechanik Newtons als ein Modell erklärt, aber viele sonstige Wissenschaften wurden noch nicht vollständig untersucht. Auch die goethesche Programmatik wurde noch nicht erforscht. Naturwissenschaft im Geiste Goethes zu treiben, bietet sicherlich ein faszinierendes Forschungsprogramm. Als ein Aspekt der Wissenschaftlichkeit der goetheschen Anschauung begründet dieses Programm einen möglichen Ansatz zur weiteren Entwicklung und zukünftigen Fortführung seiner Naturwissenschaft. Die Absicht des Verfassers der vorliegenden Untersuchung liegt gerade in der Erläuterung des goetheschen Forschungsprogramms.

Um dieses Ziel zu erreichen, muss jedoch zunächst untersucht werden, worin die Eigentümlichkeit von Goethes Naturwissenschaft besteht. Mit dieser Erläuterung kann dann mit der Untersuchung des goetheschen Forschungsprogramms begonnen werden. Die Aufgabe der vorliegenden Abhandlung beinhaltet deshalb die Darstellung der Wissenschaftlichkeit im Werk Goethes, die ihren eigenen Gegenstand und ihre Methode hat. Im ersten Kapitel thematisiere ich Goethes Auffassung der Natur in Bezug auf den Begriff der Kraft, womit der inhaltliche Gegenstand der Naturwissenschaft Goethes deutlich wird. Das zweite Kapitel thematisiert den konkreten Gegenstand in Goethes Farbenlehre. Im nächsten Kapitel werden Grundbegriffe der Naturwissenschaft Goethes wie das Urphänomen und die Urpflanze als sein eigentümliches Verfahren thematisiert.

Die Methodologie Goethes wird im zweiten Teil dieser Abhandlung dargelegt: Im ersten Kapitel wird zuerst die kantische Erkenntnis a priori hinsichtlich der Grundbegriffe Goethes erläutert, wozu dieser selbst in seiner Zeitschrift der Naturwissenschaft Stellung nimmt. Im zweiten Kapitel stelle ich das Konzept des intuitiven Verstandes Kants als ein besonderes Verfahren dar, das als wichtiger und grundlegender methodischer Hinweis das Konzept der Teleologie ermöglicht. Im letzten Kapitel wird Goethes Methode zur Erfassung der werdenden Natur im Vergleich mit der kantischen Erkenntnistheorie erläutert.

In der vorliegenden Abhandlung wird gezeigt, dass die Wissenschaftlichkeit Goethes in der Poiesis besteht. Die Poiesis bezeichnet einen Teil der gesamten menschlichen Aktivität und unterscheidet sich von der Theoria. Zunächst mag es daher merkwürdig erscheinen, die Poiesis als eine „Wissenschaftlichkeit" zu bezeichnen, weil das Wissen schon seit der Antike als ein epistemologisches Thema behandelt wird und sich eigentlich auf die theoretische Aktivität, nämlich die Theoria, bezieht. Weil sich das Verstehen – wie z.b. beim ersten Fahrradfahren – nicht direkt mit dem Tun verbindet und umgekehrt genauso, erscheint es natürlich, dass diese beiden Aktivitäten Eigenschaften aufweisen, die miteinander unvereinbar sind. Der inkonsistente Ausdruck der poiesisartigen Wissenschaftlichkeit wird jedoch in der Naturwissenschaft Goethes als ein legitimes oder naturgemäßes Verfahren betrachtet und zeigt eine gemeinsame Schnittmenge der beiden Aktivitäten. Diese Verbindung zwischen Wissen und Tun bzw. zwischen Theoria und Poiesis weist auf eine Eigentümlichkeit der Naturwissenschaft Goethes hin. Allerdings kann nicht gesagt werden, dass diese poiesisartige Wissenschaftlichkeit in der bisherigen Goethe-Forschung adäquat thematisiert und diskutiert worden ist.[3] Daher besteht das Vorhaben des Verfassers darin, die Wissenschaftlichkeit der naturwissenschaftlichen Ausführungen Goethes darzustellen und zugleich einen elementaren Aspekt der abendländischen Naturwissenschaft darzulegen, der nicht ausschließlich durch rationale Theorien zu erklären ist.

---

3 Hideo Kawamoto stellt bereits dar, dass Goethes Naturwissenschaft in der praktischen (poiesisartigen) Region ihre Wurzel hat. Daraus entwickelt er ein gemeinsames Fundament für Geistes- und Naturwissenschaft. Vgl. hierzu Hideo Kawamoto, *Interpretatio naturae: Überdenken der Naturlehre Goethes* (auf Japanisch), Kaimeisha, Tokio, 1984, und Hideo Kawamoto, *Goethe's Color-Theory as Science of Poiesis* (auf Japanisch), in: Shiso, Nr. 906 (Dez., 1999), S. 26-42.

Erster Teil. Goethes Naturauffassung und Farbenlehre

Kapitel 1. Natur und ihr Widerspiel

1.1. Wissenschaft als Kunst

Es gibt eine immense Vielfalt von Farben auf der Welt. Wir sehen jeden Tag unterschiedliche Farben: das Gelb, Blau, Grün, Rot usw. Jede Farbe vermittelt uns ein besonderes Gefühl. Allein eine Farbe, z.b. das Rot, umfasst verschiedene Arten wie etwa das Karmesinrot, Zinnoberrot oder Scharlachrot, zwischen denen feine Unterschiede bestehen, die mit Worten kaum erklärbar sind. Ferner gibt es den Unterschied der Materie, auf der die Farben erscheinen: das Metallrot eines Autos, das schimmernde Rot von Seide oder das durchsichtige Rubinrot eines Edelsteins. Der Modus der Erscheinung steigert noch die Verschiedenheit, wie z.b. beim strahlenden Rot aus Fluoreszenzlampen, im Abendrot am weiten Himmel oder im Blutrot einer Flüssigkeit. Die Expressionen der Farben stellen eines der vielschichtigsten Phänomene dar, denen wir auf der Grundlage unserer Erfahrung begegnen können.

Sie vermitteln uns auch unterschiedliche und merkwürdige Impressionen. Man fühlt oft eine erfrischende Ruhe angesichts des Blaus des Himmels. Wenn man jedoch ein Ding in blauer Farbe malt, um jenes Erfrischende nachzuahmen, bekommt man ein ganz anderes Gefühl von diesem blauen Körper als beim Anblick des Himmels. Man sieht einfach ein monotonfarbiges Etwas und es wird noch glanzlos und fahl, wenn man in den Schatten tritt und es erneut betrachtet. Es scheint, dass Farben unmittelbar auf unser Gefühl wirken. Man versucht weiter, jene behagliche Impression nachzuempfinden, mit anderen Farben zu vermischen oder ein anderes Pigment auf einen anderen Stoff zu malen. Trotz dieser Mühe kann noch eine weniger treffende Farbe entstehen. Und dann verzichtet man darauf, die Wiedererscheinung des Himmelblaus zu malen.

Man versucht nun, das fehlende Etwas zu der vormaligen Farbe hinzuzufügen, aber man erinnert sich nicht mehr an diese ehemalige Farbe des Etwas. Die Farben hinterlassen keinen deutlichen Eindruck im Gedächtnis, obwohl sie in uns ein starkes Gefühl auslösen. Sie verändern sich in einem Augenblick und verschwinden wie der Wind. Aufgrund der Unfassbarkeit der Farben fragt man sich, worin das Wesen der Farben liegt: Ruht es in der Luft, in der Oberfläche des Materials, im Auge oder in unserem Gefühl? Oder könnte es sein, dass ich die Farbe selbst bin? Die Grenze der Farbe und des Ichs ist unklar und mehrdeutig. Paul Klee schreibt am 16. April 1914 in seinem Tagebuch: „Die Farbe hat mich. Ich brauche nicht nach ihr zu haschen. Sie hat mich für immer, ich weiß das. Das ist der glücklichen Stunde Sinn: ich und die Farbe sind eins. Ich bin Maler."[4] Klee sucht eine ursprüngliche Beziehung zwischen dem Menschen und den Farben. Er versucht, ein Gefühl zu malen, dem man erst mit der Farbe begegnet. Dabei bemerkt man nicht mehr die Differenz zwischen dem Ich und der Farbe. Wir sehen die Farbe in einer enormen Vielfalt und begegnen ihr in mehrfachen Dimensionen. Man kann fürs erste sagen, dass die Farbe aus verschiedenen Sphären entsteht und eine Ganzheit bildet, in der unterschiedliche Elemente ineinander verwoben sind oder miteinander verschmelzen. Goethes Farbenlehre ist ein Versuch, die Mannigfaltigkeit und Ganzheit der Farben in ihrem ursprünglichen Zustand zu fassen.

Man kann leicht die innere Verwandtschaft zwischen dem Gefühl und den Farben spüren. Gemälde thematisieren zumeist diese Verwandtschaft, und der Eingang Goethes in die Farbenlehre wird gerade durch die Farberscheinung in der Malerei bestimmt. Er schreibt:

> „Und so werden auch wir, da wir von der Seite der Mahlerei, von der Seite ästhetischer Färbung der Oberflächen, in die Farbenlehre hereingekommen, für den Mahler das Dankenswertheste geleistet haben" (WA II, 1, S. 29f.).
> „Von einem einzigen Puncte wußte ich mir nicht die mindeste Rechenschaft zu geben: es war das Colorit" (WA II, 4, S. 288).

Die Wirkung der Farben in der gegenständlichen Kunst bildet für Goethe ein Rätsel und er fragt sich, warum eine bestimmte Kombination von Farben eine Harmonie oder eine Disharmonie erzeugt. Nun erinnert er sich an seine Reise nach Italien, dass er dort viele Gemälde unter hellem Licht beobachten konnte. Seine zweijährige Reise schenkte ihm viele schöne Erlebnisse: die Bilder von Tizian, Raffael, da Vinci, Claude Lorrain oder verschiedene Skulpturen wie die Laokoon-Gruppe in Rom. Dabei erschloss sich ihm auf Sizilien noch die Idee der Metamorphose der Pflanzen. Seine kleine Expedition bereicherte ihn mit histo-

---

4 Paul Klee, *Tagebücher 1898-1918*, Felix Klee (Hrsg.), Gustav Kiepenheuer Verlag, Leipzig und Weimar, 1980, S. 255.

rischen, ästhetischen und wissenschaftlichen Erfahrungen. Dabei konnte Goethe allerdings nicht das Geheimnis des Kolorits lösen und suchte deshalb eine mögliche Erklärung hierfür zuerst im Bereich der physikalischen Theorie. In der „Confession des Verfassers" in den *Materialien zur Geschichte der Farbenlehre* schreibt er hierzu:

> „Sobald ich nach langer Unterbrechung endlich Muße fand, den eingeschlagenen Weg weiter zu verfolgen, trat mir in Absicht auf Colorit dasjenige entgegen, was mir schon in Italien nicht verborgen bleiben konnte. Ich hatte nämlich zuletzt eingesehen, daß man den Farben, als physischen Erscheinungen, erst von der Seite der Natur beikommen müsse, wenn man in Absicht auf Kunst etwas über sie gewinnen wolle" (WA II, 4, S. 291ff.).

Bereits in Leipzig lernte Goethe als Student der Jurisprudenz (1765-1768) die Physik von Johann Heinrich Winckler kennen. Er wohnte dabei den Vorträgen über Experimente zur Elektrizität bei, nicht aber denen zur Optik. In der Zwischenzeit, nach der Rückkehr aus Italien, las er einige Kompendien über Physik und im Mai 1791,[5] drei Jahre nach seiner Rückkehr, unternahm er einen Versuch zur newtonschen Optik. Er betrachtete eine weiße Wand durch ein Prisma und erwartete, dass das Licht von der Wand reflektiert wird und als farbiger Lichtstreifen wie bei einem Regenbogen vor seinen Augen erscheint. Aber das Farbspektrum zeigte sich dabei nicht und er nahm nur die weiße Wand wahr. Um eine prismatische Farberscheinung zu finden, blickte er durch das Prisma im Raum umher, bemerkte an den Fensterstäben einige Farben und erkannte nun, dass eine Grenze zwischen Licht und Schatten notwendig ist, um Farben hervorzubringen. Dabei betont er nachdrücklich, dass „die Newtonische Lehre falsch sei" (WA II, 4, S. 295).

Seine gründliche Untersuchung der Farbenlehre begann in diesem Moment. Goethe kritisierte von nun an die newtonsche Lehre heftig und dauernd, aber er trennte den Aspekt der physikalischen Farbe nicht von seiner Farbenlehre. Seine Lehre behandelt sowohl die ästhetischen Farben als auch die physikalischen, die eine fast gleiche Struktur wie die newtonschen Farben haben: die Reflexion, Refraktion, Diffraktion usw. als dioptrische Farben. Diese zwei Gebiete werden in Goethes Farbenlehre nicht als individuelle Wissenschaften dargestellt, deren unterschiedliche Gesetze einander inkommensurabel sind, sondern er behandelt sie ohne Trennung als eine Serie der Wissenschaft: Der Charakter seiner Lehre ist also ästhetisch und wissenschaftlich. Goethe erklärt im Abschnitt „Betrach-

---

5 Bezüglich des genauen Datums des optischen Experiments Goethes gibt es eine andere Meinung, nämlich dass Goethe dieses Experiment des Prismas nicht 1791, sondern im Januar 1790 durchgeführt hat. Vgl. Fujio Maeda, *Kommentar zum polemischen Teil der Farbenlehre* (auf Japanisch). In: *Zur Farbenlehre I*, Kosakusha, Tokio, 1999, S. 630ff.

tungen über Farbenlehre und Farbenbehandlung der Alten" im historischen Teil seiner Farbenlehre:

> „Kehren wir nun zur Vergleichung der Kunst und Wissenschaft zurück, so begegnen wir folgender Betrachtung: da im Wissen sowohl als in der Reflexion kein Ganzes zusammengebracht werden kann, weil jenem das Innre, dieser das Äußere fehlt, so müssen wir uns die Wissenschaft notwendig als Kunst denken, wenn wir von ihr irgendeine Art von Ganzheit erwarten. Und zwar haben wir diese nicht im allgemeinen im Überschwenglichen zu suchen, sondern wie die Kunst sich immer ganz in jedem einzelnen Kunstwerk darstellt, so sollte die Wissenschaft sich auch jedesmal ganz in jedem einzelnen Behandelten erweisen.
> Um einer solchen Forderung sich zu nähern, so müßte man keine der menschlichen Kräfte bei wissenschaftlicher Tätigkeit ausschließen. Die Abgründe der Ahndung, ein sicheres Anschauen der Gegenwart, mathematische Tiefe, physische Genauigkeit, Höhe der Vernunft, Schärfe des Verstandes, bewegliche, sehnsuchtsvolle Phantasie, liebevolle Freude am Sinnlichen, nichts kann entbehrt werden zum lebhaften fruchtbaren Ergreifen des Augenblicks, wodurch ganz allein ein Kunstwerk, von welchem Gehalt es auch sei, entstehen kann" (WA II, 3, S. 120).

Goethe beschreibt den Zusammenschluss von Kunst und Wissenschaft, wie es bereits in der Antike üblich war. Seiner Meinung nach kann die Wissenschaft keine endgültige, abgeschlossene Gestalt und Ganzheit erreichen, weil das Wissen nicht genug konkreten Gehalt und Materie besitzt und es der Reflexion immer deutlicher an Gestalt und Form mangelt. Im Gegensatz zur Wissenschaft, der die Ganzheit fehlt, schließt sich die Kunst selbst ab und bildet „einen vollendeten Kreis" (WA II, 3, S. 119). Goethe ist der Auffassung, dass die antiken Griechen durch die ästhetische Produktion das theoretische Wissen ergänzen und dass seine Farbenlehre diesen Kreis erneut zu konstruieren hat, damit diese Lehre als eine vollkommene Wissenschaft gelten kann.[6]

Wenn der Gegenstand der Farbenlehre sowohl ästhetisch als auch wissenschaftlich ist, bedarf es hierzu als Methode nicht nur des Verstandes, sondern auch aller übrigen Bereiche des menschlichen Vermögens wie der Anschauung, der Vernunft und der Phantasie. Daraus ergeben sich die zentralen Fragen, worin

---

6 Man kann das Vorhaben Goethes mit der Wissenschaft in der Renaissance vergleichen. Die anatomische Forschung in der Renaissance vollzog sich sowohl in der medizinischen Wissenschaft als auch in der ästhetischen Zeichnung. Die exakte Beobachtung von Künstlern ermöglichte neue Entdeckungen, weil sie die Gegenstände meistens frei von Aberglauben oder Autorität aus der sichtbaren Erfahrung nachzeichneten. Andreas Vesalius hatte Talent für beide Aspekte und trug wesentlich zur Entwicklung der Anatomie bei. Herbert Butterfield bemerkt hierzu: „Indeed, the artist, the artisan and the natural philosopher seem to be compounded together in the evolution of that modern figure, the natural scientist" (Herbert Butterfield, *The Origins of Modern Science 1300-1800*, The Macmillan Company, New York, 1959, S. 38). Goethes Farbenlehre steht in dieser Tradition der Antike und Renaissance und versucht, die Harmonie der Wissenschaft und der Kunst wiederaufzunehmen.

die Bedeutung der Absicht Goethes in Bezug auf die Beziehung zwischen der Kunst und der Naturwissenschaft liegt und worin seine diesbezügliche Methodologie besteht. Ich werde in diesem Kapitel den allgemeinen Charakter der Naturauffassung Goethes im Zusammenhang mit dem Konzept der Kraft Schellings erläutern. Im folgenden Kapitel gehe ich auf die Gegenstände der Farbenlehre und weiter auf das Urphänomen ein, das eine wesentliche und grundsätzliche Rolle in der Farbenlehre spielt.

1.2. Die Poiesis und die Natur, welche die Kraft verschlingt

Wie oben erwähnt, tritt Goethe durch das Interesse an der Malerei in die Untersuchung der Farben ein. Darin lässt sich ein weiterer Charakter der goetheschen Farbenlehre finden. Eines der Themen der Malerei betrifft die Abtönung der Farben in der Perspektive, die Veränderung der Farben unter dem Tages- und Abendlicht sowie die Harmonie der Farben. Die Landschaft am nebelhaften Tag wird oft bläulich gemalt. Die Dinge am Abend scheinen still und sanft. Man kann die Dunkelheit durch das Blau ersetzen. Diese Kenntnisse betreffen schlicht einen „technischen Kunstgriff" (WA II, 4, S. 289) und beruhen nicht auf der spekulativen Theorie eines allgemeinen Gesetzes, sondern auf der handwerklichen Technik des Künstlers.

Die künstlerische Untersuchung der Harmonie und der Wirkung von Farben in der Malerei weist einen Unterschied zur physikalischen Forschung der Optik auf. Man schließt zum Beispiel bei einem optischen Experiment in einer Dunkelkammer unnützes Licht vom Experiment aus und lässt nur das zu bestimmende Licht in die Kammer hinein. Damit fokussiert man eine Erscheinung unter einer bestimmten Bedingung und beschreibt davon ein reines abstrahiertes Phänomen. Die Erforschung der ästhetischen Farben thematisiert im Gegensatz dazu die Erscheinungen unter verschiedenen Bedingungen. Maler gehen in die freie Natur und versuchen, verschiedene Gegenstände in unterschiedlichen Situationen abzubilden. Dadurch werden also die Fähigkeiten des Malers unter Beweis gestellt, denn je komplizierter die Gegenstände in der mannigfaltigen Umgebung werden, desto wertvoller werden seine Fähigkeiten und sein Werk. Das Experiment des Prismas jedoch weist nicht unter jeder Bedingung eine farbige Refraktion auf. Goethe weiß, dass die physikalische Optik zweifellos eine wichtige Eigenschaft des Lichtes zeigt, aber er erkennt ebenso, dass dies nur ein Aspekt der gesamten Farbenlehre ist.

In diesem Sinne kann die goethesche Farbenlehre ein *poiesishafter Versuch* genannt werden. Das Wort „Poiesis" (von gr. ποίησις) bedeutet „Herstellung" oder „Hervorbringen". Als erster Denker stellt Platon den Umriss des Begriffs der Poiesis heraus. Anschließend übernimmt ihn Aristoteles und entwickelt ihn weiter als eine Eigentümlichkeit des menschlichen Vermögens. Platon stellt die Poiesis als ein produktives Vermögen vor, welches das Nichtsein im Sein hervorbringt. Gott und Menschen verfügen über dieses Vermögen: Jener zeigt es in der Natur, wie etwa im Tier- und Pflanzenwachstum, und die Menschen stellen beispielsweise Bilder der Phantasie her.[7] Aristoteles ordnet die menschlichen Fähigkeiten nach drei Klassen, nämlich Theoria (θεωρία), Praxis (πρᾶξις) und Poiesis (ποίησις). Theoria bedeutet Anschauen, Betrachten und Erkenntnis. Man schaut dabei Gott, das Ewige oder das erste Prinzip, die später als Gegenstände der Metaphysik behandelt werden. Die Praxis betrifft eine Handlung der Menschen in der temporären Sinnenwelt. Praxis steht daher auf der Grundlage von Arete (ἀρετή), Theoria auf der Basis von Episteme (ἐπιστήμη) und Poiesis auf dem Fundament von Techne (τέχνη). Aristoteles stellt der Physis (φύσις) die Techne gegenüber, wobei die Physis allgemein gesprochen das natürliche Wesen ist und den Anlass ihrer Entstehung und des Wachstums in sich schließt. Die Techne ist das Künstliche, und die Ursache ihrer Herstellung beruht auf dem Künstler. Die Techne befasst sich also nicht mit der Notwendigkeit der Außenwelt, d.h. nicht mit der Übereinstimmung mit der Natur.[8] Der Maßstab für die Poiesis ist ein Werk wie z.B. ein Gebäude in der Architektur oder ein einzelnes Stück in der Musik. Aristoteles verortet die Poesie und Rhetorik als wissenschaftliche Subkategorien unter die Poiesis.

Weil Goethe die künstlerische Farbe als Einstieg zur Farbenlehre wählt und über ein überragendes dichterisches Talent verfügt, ist seine Forschung konsequenterweise „poiesishaft." Seine Versuche unterscheiden sich oft von der exakten Episteme der Farbe wie z.B. in der newtonschen Optik, welche sich mit der Eigenschaft des Lichtes mithilfe der Geometrie und des exakten physikalischen Experiments beschäftigt. Wenn man Goethes Farbenlehre liest, bemerkt man leicht, wie Goethe die Entstehung der Farben durch die Änderung der Bedingungen mannigfaltig zu machen versucht. Er unternimmt verschiedene Versuche mit Flüssigkeiten, Pigmenten, Gläsern oder Metallen und beobachtet organische und anorganische Wesen, Gefühle und kulturelle Gebräuche, in denen Farben eine wichtige Rolle spielen, fast ohne wohlformulierte Theorie und Methode. Es

---

7 Vgl. Platon, *Der Sophist*, 264c-267a.
8 Vgl. Aristoteles, *Nikomachische Ethik*, Buch VI.

scheint eben, dass er wie ein Künstler immer einen neuen Modus der Farber-scheinung herzustellen versucht.

Nach der Definition von Aristoteles ist die Herstellung als Techne von der Natur als Physis zu unterscheiden. Die Gegenüberstellung von Techne und Physis bei Goethe ergibt sich aus seiner Beschreibung:

> „Was wir von Natur sehn, ist Kraft, die Kraft verschlingt, nichts gegenwärtig, alles vorüber-gehend, tausend Keime zertreten, jeden Augenblick tausend geboren, groß und bedeutend, mannigfaltig ins Unendliche; schön und häßlich, gut und bös, alles mit gleichem Rechte ne-beneinander existirend. Und die *Kunst* ist gerade das Widerspiel; sie entspringt aus den Be-mühungen des Individuums, sich gegen die zerstörende Kraft des Ganzen zu erhalten" (WA I, 37, S. 210).

Goethe äußert diese Sätze in einer am 18. Dezember 1772 erschienenen Rezen-sion zu dem Buch *Allgemeine Theorie der schönen Künste* von Johann Georg Sulzer in der Zeitschrift *Frankfurter Gelehrte Anzeigen*, die eine zentrale Rolle für die literarische Bewegung des „Sturm und Drang" spielte. Es handelt sich dabei um eine der frühesten Veröffentlichungen über die Ästhetik Goethes und man erkennt darin seine Vorstellung von der Natur und ihrer Beziehung zur Kunst. Der 23-jährige Goethe kritisiert die „allgemeine Theorie" des Mathemati-kers Sulzer über die Schönheit. Sie erscheint ihm viel zu steif und provoziert seine Ablehnung gegen Theorien oder konventionelle Meinungen. Er möchte lieber das reine Gesicht der Natur enthüllen, um einzusehen, dass sie eine unge-heure Kraft hat, die jedes Leben vernichtet und es von Ewigkeit zu Ewigkeit wieder erschafft, ohne Bezug auf Schönheit und Hässlichkeit. Es ist eine furcht-bare Szenerie, dass die Natur sich immer wieder selbst zerstört und neu erschafft. Im Wechsel der Jahreszeiten z.B. erwärmt sich die Natur und vermehrt sich, bringt Früchte, aber sie vertilgt sich dann gleichsam selbst und verwelkt, bis letztlich der Schnee alles verschlingt. Der Wechsel der Jahreszeiten ist schön, aber grausam, und ihre ewige Wiederholung zieht ein seltsames Gefühl von Ungeheuerlichkeit nach sich. Die Natur ist für Goethe eine lodernde dynamische Kraft und es scheint, als ob sie eine festgesetzte schöne Gestalt hat, aber die andere Seite ihres Gesichts oder ihres Inneren enthält eine gestaltlose Kraft. Goethe stellt der zerstörenden Kraft der Natur (Physis) die schaffende Kraft der Kunst (Techne) gegenüber.[9]

---

9 Takeo Ashizu thematisiert die frühere Naturauffassung Goethes und führt aus, dass Goethe im Klassizismus mit der Metamorphoselehre und in seinen späteren Jahren mit *Faust* die Auseinandersetzung mit der ungeheuren Natur führt (vgl. Ashizu, Takeo, *Goethes Naturerlebnis* (auf Japanisch), Libro Port, Tokio, 1988).

Seiner ursprünglichen Idee der Natur als einer Kraft, welche die Kraft verschlingt, bleibt Goethe bis zu seinem Ende treu und man kann diese Idee immer wieder in seinen naturwissenschaftlichen Werken, seiner Morphologie der Pflanzen und Tiere sowie in seiner Chromatik, Meteorologie und Mineralogie antreffen. Aber es ist in der Tat nicht einfach, in einzelnen Dingen der Natur diese ungeheure Kraft durch Erfahrung unmittelbar anzuschauen. Das Wetter zeigt manchmal seine mächtige verwandelnde Kraft und die Kletterpflanzen im Frühling verändern sich rasch, aber Felsen oder Gebirge stehen jahrelang fest und still. Es scheint, dass diese Kräfte nur in einem Teil der Natur bemerkt werden können und für andere Teile nur die heiter ruhende Figur zutrifft, zumal Goethes Idee der Kraft nicht für die allgemeine Betrachtung der Natur gilt. Goethe führt hierzu in seinen Aphorismen und Fragmenten aus: „Denn da die einfacheren Kräfte der Natur sich oft unsern Sinnen verbergen, so müssen wir sie freylich durch die Kräfte unsers Geistes zu erreichen suchen und ihre Natur in uns darstellen, da wir sie außer uns nicht erblicken können" (WA II, 5ii, S. 330). Wenn man die Natur als eine Ganzheit begreifen möchte, muss man nicht nur einfachere Kräfte, sondern auch tiefere Kräfte aufzeigen. Goethe vergleicht sie mit unseren geistigen Kräften und verweist auf unsere kreative Fähigkeit, um die Kräfte der Natur erscheinen zu lassen. Daraus ergibt sich dann die Frage, was die Kraft der Natur ist, nämlich die Kraft des Geistes, und wie diese dargestellt werden kann. Diese Fragen führen uns zum Verhältnis von Goethe und Schelling, zwischen denen es gedankliche Übereinstimmungen, aber auch Unterschiede gibt.

1.3. Die polarisierten Kräfte bei Schelling

Goethe verbindet mit Schelling eine Gemeinsamkeit in der Weise, dass beide die Natur als ungeheure Kraft verstehen. Schelling betont in der Vorrede zu seiner frühen Naturphilosophie *Ideen zu einer Philosophie der Natur* (1797), dass es zunehmend wichtig ist, die Bedeutung des Begriffs der Kraft in der Natur zu beachten: „So wird mit dem Begriff von Kraft jetzt häufiger als je in der Physik gespielt, besonders seitdem man an der Materialität des Lichts usw. zu zweifeln anfing; hat man doch schon einige Male gefragt, ob nicht die Elektrizität vielleicht *Lebenskraft* sein möchte" (Schelling W, II, S. 5). Neue Erkenntnisse wie die newtonsche Optik und Gravitation, Galvanischer Strom, Phänomene der Verbrennung von Lavoisier und die Ballon-Experimente von Jacques Charles brachten damals einen großen Fortschritt für die Naturwissenschaft und Schelling versuchte, hierfür eine philosophische Grundlage zu erarbeiten.

Man kann die Gravitation, die Elektrizität, den Prozess der Oxydierung und das Gas nicht direkt mit eigenen Augen sehen. Sogar diese Phänomene übertreffen unsere Sinne und die entsprechende mechanische Erklärung scheint zu eng zu sein. Die Ursache und Wirkung der Gravitation provozierte insbesondere eine prinzipielle Kontroverse. Newton versuchte zuerst, für die Fernwirkung der Gravitation eine mechanische Erklärung zu geben: „So may the gravitating attraction of the earth be caused by the continual condensation of some other such like æthereal spirit."[10] Aber diese Erläuterung kann nicht erklären, warum die Gravitation im Vakuum ohne Agens wirkt, weil die materielle Ursache für den Mechanismus unentbehrlich ist. Newton ändert später jedoch seine Meinung zur überphysikalischen Vermittlung: „Tis inconceivable that inanimate brute matter should (without the mediation of something else which is not material) operate upon & affect other matter without mutual contact."[11] Er meint damit, dass das Agens sozusagen ein immaterielles animierendes Wesen, d.h. eine unmittelbare Wirkung von Gottes Hand sein könnte. Leibniz übt starke Kritik an dieser Annahme Newtons und nennt in einem Brief an Samuel Clarke die aus einem solchen mystischen Wesen entspringenden Eigenschaften „qualités occultes."[12] Die Wirkungen der Fernkraft, Verbrennung und Elektrizität sind sicher existent, aber ihre Vermittlung ist unsichtbar und unbegreiflich. Schelling untersucht hierzu ein umfangreiches Prinzip und bringt ein neues naturphilosophisches Konzept der Kraft und Materie ein:

„Die Materie ist nicht wesenlos, sagt ihr, denn sie hat ursprüngliche Kräfte, die durch keine Teilung vernichtet werden. ‚Die Materie hat Kräfte.‘ Ich weiß, daß dieser Ausdruck sehr gewöhnlich ist. Aber wie? „die Materie hat" - hier wird sie also vorausgesetzt als etwas, das für sich und unabhängig von seinen Kräften besteht. Also wären ihr diese Kräfte nur zufällig? Weil die Materie außer euch vorhanden ist, so muß sie auch ihre Kräfte einer äußern Ursache verdanken. Sind sie ihr etwa, wie einige Newtonianer sagen, von einer höhern Hand eingepflanzt? Allein von Einwirkungen, wodurch Kräfte eingepflanzt werden, habt ihr keinen Begriff. Ihr wißt nur, wie Materie, d.h. selbst Kraft gegen Kraft wirkt; und wie auf etwas, das ursprünglich nicht Kraft ist, gewirkt werden könne, begreifen wir gar nicht. Man kann so etwas sagen, es kann von Mund zu Munde gehen, aber noch nie ist es in eines Menschen Kopf wirklich gekommen, weil kein menschlicher Kopf so etwas zu denken vermag. Also könnt ihr Materie ohne Kraft gar nicht denken" (Schelling W, II, S. 22f.).

---

10 Isaac Newton, *Hypothesis explaining the Properties of Light*. In: Thomas Birch (Hrsg.), *The History of the Royal Society*, London, 1757, vol. 3, S. 247-305.
11 Vgl. Brief von Newton an Bentley, 25. Februar 1693.
12 Gottfried Wilhelm von Leibniz, Fünftes Schreiben, Streitschriften zwischen Leibniz und Clarke. In: K. I. Gerhardt (Hrsg.), *Die philosophischen Schriften von Gottfried Wilhelm Leibniz*, Weidmannsche Buchhandlung, Berlin, 1890, Bd. 7, S. 417.

Schelling bezweifelt, dass man die Materie als Substanz feststellen und davon die Kraft als eine zufällige Nebenwirkung oder Wirkung Gottes abtrennen kann. Er versucht den Gegenstand nicht in einem esoterischen Bereich als *qualitas occulta*, sondern innerhalb des menschlichen Erkenntnisvermögens zu erforschen. Dabei sucht er die Materie unmittelbar mit der Kraft zu vereinigen und somit der Annahme der notwendigen Existenz des Agens selbst zu entsagen. Goethe las in Schellings *Ideen* wahrscheinlich schon kurz nach ihrer Veröffentlichung, [13] aber er betrachtete Schellings Buch zunächst kritisch. In einem Brief an Schiller vom 6. Januar 1798 schreibt er:

> „Bei Gelegenheit des Schellingischen Buches habe ich auch wieder verschiedene Gedanken gehabt, über die wir umständlicher sprechen müssen. Ich gebe gern zu daß es nicht die Natur ist die wir erkennen, sondern daß sie nur nach gewissen Formen und Fähigkeiten unsers Geistes von uns aufgenommen wird. Von dem Appetit eines Kindes zum Apfel am Baume bis zum Falle desselben, der in Newton die Idee zu seiner Theorie erweckt haben soll [...] Der transcendentelle Idealist glaubt nun freylich ganz oben zu stehen; eins will mir aber nicht an ihm gefallen, daß er mit den Vorstellungsarten streitet, denn man kann eigentlich mit keiner Vorstellungsart streiten. [...] Eben so mag sich der Idealist gegen die *Dinge an sich* wehren wie er will, er stößt doch ehe er sichs versieht an die *Dinge außer ihm* [...]" (WA IV, 13, S. 10ff.).

Schellings Philosophie erscheint Goethe als eine fremdartige und künstliche Theoretisierung, die sich gegen die Natur richtet. In der Weise, wie er den Appetit nach dem Apfel mit der Gravitation vergleicht, versucht Schelling auch die Natur gemäß ihrer spezifischen Eigenart auszulegen und sie auf den Geschmack zu beziehen. Goethe kritisiert die schellingsche Vorstellungsart und seinen Versuch, zu den „*Dinge[n] außer ihm*" zu gelangen, als ein tollkühnes Unternehmen, vor dem bereits Kant gewarnt hatte. Goethe mag inzwischen mit Schiller weiter über Schellings Naturphilosophie gesprochen haben und äußert im Brief an Schiller vom 13. Januar 1798: „[...] ich glaube wieder bey Gelegenheit des Schellingischen Buches zu bemerken, daß von den neuen Philosophen wenig Hülfe zu hoffen ist" (WA IV, 13, S. 19).

Erst fünf Monate nach diesem Brief trifft sich Goethe am 25. Mai 1798 mit Schelling, Schiller und Friedrich Philipp Immanuel Niethammer. Sobald er Schelling kennengelernt hat, unternimmt Goethe mit ihm an den folgenden Tagen Experimente zur Optik. [14] Am ersten Tag des optischen Versuchs mit Schelling schickt Goethe sofort einen Brief an den Geheimen Rat Christian Gottlob

---

13 Dies steht in Goethes Tagebuch: „Früh Schellings Idee." Vgl. Goethe, *Tagebücher*, 1. Januar 1798 (WA III, 2, S. 195).
14 Goethe, *Tagebücher*, 29. und 30. Mai 1798 (WA III, 2, S. 209).

von Voigt und empfiehlt ihm, Schelling als Professor nach Jena zu berufen.[15] Goethe besinnt sich jetzt eines Besseren und schätzt Schelling plötzlich hoch ein: „Es ist ein sehr klarer, energischer und nach der neusten Mode organisirter Kopf."[16] Schelling kann die gesamte Idee der Naturphilosophie, die er in seinem Buch noch nicht detailliert darlegen konnte, mithilfe der Gespräche mit Goethe ergänzen. Er legt seine weiteren Gedanken über das Prinzip des Organismus und die Polarität nicht in seinen *Ideen*, sondern in dem folgenden Buch *Von der Weltseele* (1798) dar. Zudem greift er in der *Weltseele* das Konzept der Metamorphose aus Goethes Morphologie auf, um die geschlechtliche Fortpflanzung konkret zu erklären.[17] Goethe erkennt daraufhin Schellings *Weltseele* an und schreibt an Voigt: „Ich nehme mir die Freyheit sein Buch, ,von der Weltseele,' Ihnen als eigen anzubieten, es enthält sehr schöne Ansichten und erregt nur lebhafter den Wunsch, daß der Verfasser sich mit dem Detail der Erfahrung immer mehr und mehr bekannt machen möge."[18] Schelling lehrt nun neben Fichte als außerordentlicher Professor in Jena und schreibt 1799 eine neue Abhandlung mit dem Titel *Erster Entwurf eines Systems der Naturphilosophie*. Dort stellt er die Idee der Beziehung zwischen Materie und Kraft ausführlicher dar und betont, dass das Wesen der Natur in den polarisierten Kräften liegt und sich von dort aus in einer Reihe zum unorganischen Körper und ferner zum Organismus hin entwickelt.

Schelling thematisiert in seinen *Ideen* unorganische oder allgemeine Phänomene wie Licht, Luft, Elektrizität, Anziehungskraft usw. In seiner *Weltseele* wendet er sich zudem den Organismen zu. Er erläutert hier bereits seinen Grundbegriff von den Naturdingen:

> „Die Dinge sind also nicht Prinzipien des Organismus, sondern umgekehrt, der *Organismus ist das Prinzipium der Dinge*.
> Das *Wesentliche* aller *Dinge* (die nicht bloße *Erscheinungen* sind, sondern in einer unendlichen Stufenfolge der *Individualität* sich annähern) ist das Leben; das *Akzidentelle* ist nur die Art ihres Lebens und auch das *Tote* in der Natur ist nicht an sich *tot* – ist nur das *erloschene Leben*" (Schelling W, II, S. 500).

---

15 Goethe an Christian Gottlob von Voigt, 29. Mai 1798 (WA IV, 13, S. 167ff.).
16 Ebd.
17 Vgl. Schelling W, II, S. 601.
18 Goethe an Christian Gottlob von Voigt, 21. Juni 1798 (WA IV, 13, S. 189). Zudem hält Goethe in seinen *Tag- und Jahresheften* seinen konkreten Eindruck über die *Weltseele* fest: „In der Naturwissenschaft fand ich manches zu denken, zu beschauen und zu tun. *Schellings* Weltseele beschäftigte unser höchstes Geistesvermögen. Wir sahen sie nun in der ewigen Metamorphose der Außenwelt abermals verkörpert. Alles Naturgeschichtliche, das sich uns lebendig näherte, betrachtete ich mit großer Aufmerksamkeit; fremde merkwürdige Thiere, besonders ein junger Elefant, vermehrten unsere Erfahrungen" (WA I, 35, S. 78).

Er wird hierin von Friedrich Heinrich Jacobi beeinflusst und ist deshalb nicht der Auffassung, dass die Materie die Substanz ist und deren Attribut die Kraft, sondern dass jegliches Ding für sein Dasein die Lebenskraft voraussetzt und nur die Art der Entstehung der Materie in der Natur akzidentell ist. Schelling entfaltet diese Idee in seinem *ersten Entwurf* und folgert, dass das Wesen der Materie in der polarisierten Kraft besteht. Diese Tätigkeit geht der Materie voran und die Produkte der Kraft sind die Dinge in der Natur.

In seinem *ersten Entwurf* schreibt Schelling: „Die *Natur* als *Product* kennen wir also nicht. Wir kennen die Natur nur als *thätig*" (Schelling HKA 7, S. 79). Um die Natur als ein solches lebendiges Wesen zu verstehen, braucht es einen Verursacher der Tätigkeit. Schelling führt diesbezüglich einen negativ formulierten Begriff ein, nämlich „das Unbedingte" (Schelling HKA 7, S. 78). Dieses wird als Prinzip einer unendlich konstruierenden Kraft gedacht. Ferner führt er aus, dass dieses Unbedingte keineswegs irgendein Ding oder Produkt ist, weil diese Dinge nur tot seien oder einen Abfall der Tätigkeit selbst bedeuten würden.

Das Produkt kann sich durch das Prädikat „IST" (Schelling HKA 7, S. 77) darstellen, weil es endlich und positiv bestimmbar ist. Aber das Unbedingte ist unendlich, d.h. es ist immer mehr als ein endlich bestimmendes Prädikat, weshalb es eigentlich nur negativ mit dem Präfix Un- formuliert werden kann. Schelling erläutert dies näher: „Denn jenseits des Products reicht unsre Erkenntniß nicht [...]" (Schelling HKA 7, S. 86). Die negative Abgrenzung in der Definition zeigt den Gegenstand einfach als ein grenzenloses Komplement desselben, das man eigentlich nicht zeigen will: Wenn man ein Objekt „A" andeuten möchte, „A" aber nicht direkt zeigen kann und es mit dem negativen Ausdruck „Un-B" oder „Un-C" usw. anzuzeigen versucht, darf man hierfür nicht „A" selbst verwenden, sondern nur eine unendliche Reihe anderer Zeichen wie „D", „F", „1" oder „?" usw.

Das Unbedingte wird also dadurch dargestellt, dass das Bedingte mit einer Verneinung versehen wird, mit anderen Worten, dass es als ein Komplement zum Bedingten aufgefasst wird. Normalerweise soll ein derartiger negativer Ausdruck aufgrund der ungewissen inhaltlichen Benennung vermieden werden, insbesondere dann, wenn es um das Prinzip geht, weil das undeutlich umrissene Prinzip leicht zu Missverständnissen führen kann. Es ist dann nicht mehr möglich, daraus logisch präzise Aussagen oder Theoreme zu deduzieren.

Schelling versucht es also mit dem positiven Ausdruck „Seyn selbst" (Schelling HKA 7, S. 79) zu definieren. Das Unbedingte ist nicht mehr „IST", sondern Sein selbst. Das Wort „Sein" enthält jedoch inhaltlich nichts. Da es einfach ein leeres Wort ist, erweitert es Schelling: „*Darum* behaupten wir: Alles Einzelne (in der Natur) sey nur eine Form des Seyns selbst, *das Seyn* selbst aber = absoluter [sic!] Thätigkeit" (Schelling HKA 7, S. 78). Das Unbedingte wird sozusagen noch nicht prädiziert, sondern ist ein Urprädikat, das noch nicht bestimmt worden ist, aber jederzeit ein bestimmbares Prädikat werden kann. Die einzelnen endlichen Dinge oder Produkte sind objektiv und daher nur „scheinbar." Man kann nicht sagen, dass die Schlussfolgerung Schellings, die vom „*Seyn* selbst" auf die „Thätigkeit" schließt, deutlich ist. Was man jedoch inhaltlich positiv ablesen kann, ist die Beziehung des Begriffs der Tätigkeit zum Sein selbst und dann zum Unbedingten. Das Unbedingte selbst ist nach Schellings Definition eine absolute und unendliche Tätigkeit und nicht in einem einzelnen endlichen Produkt oder Prädikat darstellbar. Schelling erläutert weiter, dass die Natur der Inbegriff des Seins selbst ist und also wesentlich die absolute Tätigkeit des Unbedingten darstellt.

Damit diese Tätigkeit von der absoluten Sphäre zu den endlichen Produkten umgesetzt werden kann, ist eine Gegenkraft nötig. Schelling nennt sie „Hemmung" (Schelling HKA 7, S. 81). Durch die Gegenwirkung der Hemmung kann sich das Unbedingte im endlichen Bereich darstellen. Schelling bezeichnet das Auftreten der dabei wirkenden Kräfte als Qualität: „Die ursprünglichsten Hemmungspuncte der allgemeinen Naturthätigkeit sind in den URSPRÜNGLI-CHEN QUALITÄTEN zu suchen" (Schelling HKA 7, S. 84). Mit diesen Qualitäten verwirklicht sich nun der Raum, weil man den Raum noch nicht im Anfang voraussetzen darf, wenn die Kräfte absolut und ursprünglich sind. Daher wird über das Unbedingte gesagt: „*Es soll Princip aller Raum-Erfüllung seyn*" (Schelling HKA 7, S. 85). Aber das Selbst ist nicht räumlich. Die Qualität besteht aus dem Streit zwischen dem Unbedingten und der Hemmung. Folglich sind es ihre Tätigkeiten, die den Raum erfüllen. In Schellings Naturphilosophie stellen sich die ultimativen Elemente der Natur nicht mehr in Atom und Raum, sondern als die dynamische Duplizität des Unbedingten und der Hemmung dar.[19] Wenn sich die Intensität der Qualität verdichtet, offenbart sie sich in den Dingen: „[...] jede Materie ist also nichts anders als ein *bestimmter Grad von Action*" (Schelling HKA 7, S. 87). Die Erscheinungsart der Dinge leitet sich von der Verschiedenheit dieser Intensität her.

Der realisierte Körper verliert nicht die dynamischen Kräfte, weil die zwei Aktionen keinen gemeinsamen Punkt eines stabilen Gleichgewichts erreichen können. In einem solchen Gleichgewicht würde jegliche Tätigkeit zum Stillstand kommen, weil eben der Raum ausgelöscht wird: „Denn man setze, daß beide an

---

19 Schelling vergleicht die Monadologie von Leibniz mit seiner Lehre: „Unsere Behauptung kann sonach Princip der *dynamischen Atomistik heißen*" (Schelling HKA 7, S. 86).

Einem und demselben Puncte zusammentreffen, so werden sich ihre Wirkungen wechselseitig gegen einander aufheben und das Product wird = 0 seyn" (Schelling HKA 7, S. 82). Die Materie, die zwar still und fest aussieht, hat daher immer einen Impuls nach der unendlichen Entwicklung: „Durch dieses Streben nach Erfüllung eines gemeinschaftlichen Raums müßte ein solcher wirklich continuirlich neu erfüllt werden. – Daher Ruhe nicht absolute Negation der Bewegung, sondern vielmehr gleichförmige Tendenz zur Raumerfüllung und das Beharren der Materie selbst = einem beständigen Reproducirtwerden" (Schelling HKA 7, S. 89). Laut Schelling wird die ursprüngliche Qualität in einem Wirbel produziert, in dem das Unbedingte und die Hemmung ohne ein sich gegenseitig aufhebendes Gleichgewicht nebeneinanderlaufen. Die Naturdinge nehmen in diesem Raum eine bestimmte Gestalt als Resultat der unendlichen Tätigkeit an. Schelling behauptet nun: „Denn der Empirismus zur Unbedingtheit erweitert ist ja Naturphilosophie" (Schelling HKA 7, S. 87).

In welchen Bereichen stimmt Goethe nun mit Schellings Ideen zur Naturphilosophie überein? Der größte Konsens findet sich beim Begriff der Polarität. Goethe kannte dieses Wort und seinen Sinn bereits vor seiner Begegnung mit Schelling.[20] Er versteht sie jedoch nicht wie dieser als eine allgemeine Grundbestimmung der Natur im Sinne eines von der absoluten zur organischen Stufe hin sich erstreckenden Potenzierungsprozesses. Schelling entkleidet die Natur ihres äußeren Scheins und weist ihr Wesen als dynamischen Prozess der entzweiten Kräfte auf. Man beachte den Einfluss Schellings hinsichtlich der Polarität in Goethes Beschreibung, die vermutlich am 2. Oktober 1805 verfasst wurde:

„Was in die Erscheinung tritt, muß sich trennen, um nur zu erscheinen. Das Getrennte sucht sich wieder, und es kann sich wieder finden und vereinigen; im niedern Sinne, indem es sich nur mit seinem Entgegengestellten vermischt, mit demselben zusammentritt, wobei die Erscheinung Null oder wenigstens gleichgültig wird. Die Vereinigung kann aber auch im höhern Sinne geschehen, indem das Getrennte sich zuerst steigert und durch die Verbindung

---

20 Über seinen Plan hinsichtlich der *Polarität* als Leitfaden in der Farbenlehre schreibt Goethe am 02. Juli 1792 einen Brief an Samuel Thomas von Sömmerring: „Mir scheint wenigstens für den Augenblick, daß sich alles gut verbindet, wenn man auch in dieser Lehre zum Versuch den Begriff der Polarität zum Leitfaden nimmt und die Formel von activ und passiv einsweilen hypothetisch ausspricht" (WA IV, 9, S. 317). Zudem schreibt er am 10. September 1797 während der Schweizreise: „Früh mit Professor Kielmeyer, der mich besuchte, verschiedenes über Anatomie und Physiologie organischer Naturen. Sein Programm zum Behuf seiner Vorlesungen wird ehestens gedruckt werden. Er trug mir verschiedene Gedanken vor, wie er die Gesetze der organischen Natur an allgemeine physische Gesetze anzuknüpfen geneigt ist, z.B. der Polarität, der wechselseitigen Stimmung und Korrelation der Extreme, der Ausdehnungskraft expansibler Flüssigkeiten" (WA I, 34i, S. 323).

der gesteigerten Seiten ein Drittes, Neues, Höheres, Unerwartetes hervorbringt" (WA II, 11, S. 166). [21]

Der Nullpunkt, in dem die zwei Kräfte zusammentreffen, enthält kein Produkt mehr, sondern es gibt nur den Wirbel der Kräfte. Ihr Streit formt die Figur der Natur und daraus bestehen die verschiedenen einzelnen Naturdinge. Eine unendliche Kraft wird von einer anderen Kraft stets gehemmt oder verschlungen, woraus dann eine spiralförmige Bewegung entsteht. Dieser Wirbel ist allerdings temporär und instabil, aber er bringt sich tatsächlich als eine Gestalt hervor. Darin besteht die fundamentale Struktur der Natur. Diese Vorstellung des spiralförmigen Naturprozesses, die der junge Goethe als diejenige Kraft erkannt hat, welche Kraft verschlingt, teilt auch der junge Philosoph Schelling und weist Goethe auf philosophisch noch subtilere Weise darauf hin. Der Begriff der polarisierten Kräfte spielt nun in Goethes Naturwissenschaft eine zentrale Rolle und die schellingsche Naturphilosophie ist darin wirksam. [22]

Schelling versteht wie Goethe die Natur als eine im Ursprung tätige Kraft, die sich selbst produziert und abwechslungsreich gestaltet. Goethe sieht in den schellingschen Einsichten einen philosophischen Nachweis, der seinen eigenen naturwissenschaftlichen Überlegungen fehlt. Er entdeckt eine Gemeinsamkeit seiner Naturlehre mit Schellings Naturphilosophie hinsichtlich der tätigen Natur, aber die naturphilosophische Erklärung erfüllt noch nicht den Anspruch einer lückenlosen Theorie und stellt Goethe daher nicht zufrieden. Denn Schellings Erläuterung kann keine Deduktion der konkreten Naturdinge leisten.

Schelling behauptet, dass die zwei Kräfte der Tätigkeit des Unbedingten und der Hemmung die Qualität und den Raum hervorbringen und ein bestimmter Grad der Aktionen die Gestalt der Dinge in der Erfahrung darstellt. Aber es wird noch nicht deutlich, wie die nichträumliche absolute Tätigkeit den materiellen Körper realisiert. Schelling schreibt: Jede Qualität „ist *Action* überhaupt, also nicht *selbst* Materie. Denn wäre sie selbst Materie [...], so müsste sie auch im Raum selbst darstellbar seyn. Im Raum aber ist nur ihre Wirkung darstellbar, sie selbst ist eher als der Raum (extensione prior)" (Schelling HKA 7, S. 86). Die Materie ist das Resultat eines bestimmten Grades der Kräfte. Und wenn die Qua-

---

21 Goethe schreibt zudem an einem anderen Ort im Verzeichnis „Zur Naturphilosophie": „Die Farbenlehre unterwirft sich dualistischen Gesetzen" (WA II, 5ii, S. 191).
22 Schellings Wirkung auf Goethe und dessen literarische Schriften ist in Bezug auf *Die Wahlverwandtschaften* (1809) anerkannt und bezeugt. Nach dem Zeugnis eines Chronisten, Karl August Varnhagen von Ense, vermutlich vom Ende des Jahres 1809, ist es Schelling gewesen, der Goethe allererst zu seinem Roman angeregt hat: „General von Rühle erzählte mir, Goethe selbst habe ihm einmal gesagt: er habe die erste Anregung zu den Wahlverwandtschaften durch Schelling erhalten [...]" (Gespräche, Biedermann, 2, S. 61f.).

lität noch keine Materie ist, muss man den genauen Prozess in seinem jeweiligen Grad klären. Schelling erläutert dies allerdings nicht deutlich[23] und das Problem des Übergangs von der Unendlichkeit zur Endlichkeit oder von der spekulativen Philosophie zur Naturwissenschaft bleibt bestehen. Goethe vermerkt auf einem Zettel zu Schellings *erstem Entwurf*:

> „Unbedingtheit der Natur.
> Das Unbedingte ist das *Seyn*.
> Das *Seyn* selbst ist das *Construiren* selbst.
> Das *Seyn* ist *Thätigkeit*.
> Nichts *zustande gekommenes* soll gelten.
> Die Natur wird als *schlechthin thätig* angesehen.
> Wie erscheint uns dann die Natur.
> Absolute Thätigkeit durch ein unendliches Product darstellbar.
> Möglichkeit der Darstellung des Unendlichen im Endlichen.
> Das *empirisch unendliche*.
> Thätigkeit, die ins unendliche fort gehemmt ist" (WA II, 11, S. 372).

Da es sich hierbei nur um eine kurze Notiz handelt, sollte man Goethes Intention nicht voreilig beurteilen. Aber man kann damit zeigen, worin sein Interesse liegt: Hier werden das Unbedingte und seine gehemmte Darstellung erwähnt und in der Mitte des Textstückes wird eine Frage zur Deduktion der Materie gestellt. Die stärkste Aufmerksamkeit Goethes in dieser Notiz gilt der Entstehung des Naturprodukts als Wirkung der zwei polarisierenden Kräfte. Die Rückbeziehung des Dinges auf die Kraft könnte ein verbindendes Moment zwischen Schellings Naturphilosophie und der Naturlehre Goethes bilden, womit Goethes Überzeugung von der Natur als Kraft gesichert werden könnte. Wie oben erwähnt, ist diese Frage jedoch nicht vollständig beantwortet worden. Goethe muss sich daher folgendermaßen ausdrücken: „Daß das Bedingte zugleich unbedingt sei. Welches unbegreiflich ist ob wir es gleich alle Tage erfahren" (WA II, 11, S. 376). Zudem heißt es: „Die Menschen sind durch die unendlichen Bedingungen des Erscheinens dergestalt obruiert, daß sie das Eine, Urbedingende nicht gewahren können" (WA II, 11, S. 120). Schellings Konzept der Naturdinge und die verdoppelte Kraft sagen Goethe zwar sehr zu, aber dies alles verbleibt noch in der spekulativen Sphäre.

Am 30. Juni 1798, bevor Goethe den *ersten Entwurf* Schellings zu lesen bekommt, äußert er sich bereits über die *Weltseele* in einem Brief an Schiller: „Ich

---

23 Schelling thematisiert in seiner *Allgemeinen Deduktion des dynamischen Prozesses oder der Kategorien der Physik* (1800) Prozesse der Raumerfüllung und der Dynamik, wobei er erstere bei der Entstehung der realen Materie, letztere bei der Genese der möglichen Materie zu erklären versucht. Aber Schelling führt diese Deduktion der Materie nicht weiter aus.

stehe gegenwärtig in eben dem Fall mit den Naturphilosophen, die von oben herunter, und mit den Naturforschern, die von unten hinauf leiten wollen. Ich wenigstens finde mein Heil nur in der Anschauung, die in der Mitte steht" (WA IV, 13, S. 198). Goethe schätzt die *Weltseele* sehr, aber die Methode oder die Vorstellungsart, welche die Natur abstrahiert und die Phänomene aus einem Prinzip deduziert, findet nicht sein Gefallen. Im *ersten Entwurf* stellt Schelling sein Prinzip als ein negativ ausgedrücktes Wesen dar, das niemand jenseits der endlichen Produkte erkennen kann. Goethe hat jedoch eine radikal andere Meinung dazu: Er glaubt, dass solche Naturkräfte jenseits der Dinge wirken oder der Ursprung der Natur bereits vor der Anschauung liegt und durch die Kunst positiv sichtbar gemacht werden kann. Als Methode wendet er weder die Deduktion als spekulative Herleitung des Besonderen aus dem Allgemeinen noch die Induktion als einfache Akkumulation der Erfahrung ohne Einsicht an, sondern vielmehr nutzt er die Anschauung, die das Innerste der Natur erreicht. [24]

Goethe erkennt die Wirkung der schellingschen Naturphilosophie in Form der Idee der polarisierten Kräfte in seiner Naturlehre an. Er äußert jedoch Bedenken hinsichtlich des Zugangs der spekulativen Philosophie zu Naturwissenschaft und Kunst. Hier liegt einer der größten Unterschiede zwischen Goethe und Schelling. Goethe schreibt einen kleinen Artikel darüber unter dem Titel „Naturphilosophie" in Bezug auf die Entwicklung von Mathematik, Geometrie und Mechanik, die Jean Le Rond d'Alembert in seinem „Discours Préliminaire des Éditeurs" in *Encyclopédie* (1751) verfasst hat:

> „Also kommt wie bei der künstlerischen, so bei der naturwissenschaftlichen, auch bei der mathematischen Behandlung alles an auf das Grundwahre, dessen Entwickelung sich nicht so leicht in der Speculation als in der Praxis zeigt: denn diese ist der Prüfstein des vom Geist Empfangenen, des von dem innern Sinn für wahr Gehaltenen" (WA II, 11, S. 263). [25]

Nach d'Alembert entfaltet sich die Geometrie aus einem Grundsatz und entwickelt daraus z.B. einzelne Aussagen. Dies geschieht vor allem durch die Interpretation dieses Grundsatzes. Damit betont d'Alembert die Bedeutung und die Wichtigkeit von Grundsätzen und ihrer jeweiligen Auslegung.[26] Goethe schätzt

---

24 Goethe schreibt in einer Notiz: „Wie das Unbedingte sich selbst bedingen und so das Bedingte zu seinesgleichen machen kann" (WA II, 13, S. 444).
25 Goethe unterscheidet nicht genau zwischen Praxis und Poiesis. Die Praxis bedeutet bei Aristoteles die sittliche politische Handlung und die Poiesis die ästhetische handwerkliche Herstellung. Goethe versteht jedoch die Praxis als umfangreiche Tat, die das Hervorbringen von Menschen, Natur, Gott enthält. Wie er im *Faust* schreibt: „Im Anfang war die *That!*" (WA I, 14, S. 63)
26 Vgl. *Encyclopédie ou Dictionnaire raisonné des sciences, des arts et des métiers*, 1751, Band 1, S. 8.

diese Vorstellung über die Grundwahrheit und ihre Erweiterung von d'Alembert sehr und wendet sie auf die Sphären der Naturwissenschaft und Kunst an. Nach Goethes Ansicht bilden die Bestätigung des Prinzips und seine Umsetzung eine praktische Tat des Forschers. Dieser interpretiert den Grundsatz mithilfe seiner Imagination oder verschiedener Perspektiven im Hinblick auf einen anderen Gegenstand oder Kontext und formuliert neue Aussagen. D'Alembert selbst wendet bereits 1743 in seiner Abhandlung *Traité de dynamique* die newtonsche Dynamik auf die Algebra von René Descartes an. Damit kann er nun algebraische Aussagen in der Dynamik formulieren und leistet einen Beitrag zur modernen mathematischen Physik. Goethe ist der Auffassung, dass dieser Prozess der Entwicklung nicht als eine einfache analytische Gliederung des Prinzips anzusehen ist, sondern dass er eine synthetische Entfaltung durch den schöpferischen, erfinderischen Geist darstellt. Er schafft dadurch eine neue Domäne, wie d'Alembert meint[27], und entwickelt sich weiter.

Für Goethe erfolgt die Entwicklung von Kunst und Naturwissenschaft hauptsächlich nicht durch reine Spekulation, sondern vielmehr durch die kreative Tat oder die Herstellung. Die Bedeutung des Prinzips wird durch die praktische Anwendung des imaginativen Geistes immer wieder neu entdeckt. Goethe zeigt hier mit der Rubrik „Naturphilosophie" eine Beschränkung der spekulativen Naturphilosophie, die nicht eine Deduktion der Materie, d.h. eine lückenlose Ableitung der Kräfte zur Entwicklung vornehmen kann, sondern die Natur nur analytisch auslegt. Die Idee der Natur als Kraft stagniert am Ende in der Sphäre der Theoria. Aber für diese Idee bleibt noch Raum in der Poiesis, wenn man damit noch eine Entfaltung verwirklichen kann, weil der Maßstab der Poiesis nicht die logische Legitimität der Theoria enthält, sondern ihr geschaffenes Werk ist. Goethe schreibt deshalb:

„Durchaus aber bleibt ein Hauptkennzeichen, woran das Wahre vom Blendwerk am sichersten zu unterscheiden ist: jenes wirkt immer fruchtbar und begünstigt den, der es besitzt und hegt; dahingegen das Falsche an und für sich todt und fruchtlos daliegt, ja sogar wie eine Nekrose anzusehen ist, wo der absterbende Theil den lebendigen hindert, die Heilung zu vollbringen" (WA II, 11, S. 264).

Der wahre Grundsatz entwickelt sich weiter zur Entdeckung einer neuen Tatsache oder Domäne und belebt immer wieder die gesamte Forschung. Der Beweis der Wahrheit besteht dann nicht mehr in der bloßen theoretischen Vollkommenheit der Spekulation, sondern in der poiesishaften Erweiterung durch die Tat. Goethe drückt dies in seinem Gedicht „Vermächtnis" in Form einer Losung aus:

---

27 Vgl. ebd., S. 9.

„Was fruchtbar ist, allein ist wahr" (WA I, 3, S. 83).[28] Es geht dann einzig und allein darum, was vom Konzept der Kraft hervorgebracht werden kann. Das Konstruieren, Tun oder Interpretieren kann in diesem Sinne der Poiesis zugeordnet werden und die polarisierenden Kräfte manifestieren sich in einem fruchtbaren Konstruieren. Goethe erblickt hierin sein „Heil". Zudem richtet er sich nun auf die Kunst aus.

1.4. Übernatürliches innerhalb der Natur

Als Goethe im Oktober 1799 von Schellings Naturphilosophie erfährt, ist er offenbar mit einem anderen Thema befasst.[29] In seinen *Tag- und Jahresheften* schreibt er:

> „Und so konnte das Leben nirgends stocken in denjenigen Zweigen der Wissenschaft und Kunst, die wir als die unsrigen ansahen. Schelling theilte die Einleitung zu seinem ‚Entwurf der Naturphilosophie' freundlich mit; er besprach gern mancherlei Physikalisches, ich verfaßte einen allgemeinen Schematismus über Natur und Kunst" (WA I, 35, S. 83).

Aus dem Kontext dieser Sätze geht nicht klar hervor, ob es eine Beziehung zwischen dem von Goethe genannten Schematismus und Schellings Naturphilosophie gibt. Hier stellt sich allerdings die Frage nach dem allgemeinen Schematismus über Natur und Kunst. Goethe gründet im gleichen Jahr zusammen mit Johann Heinrich Meyer eine neue Zeitschrift unter dem Titel *Propyläen*. Die Veröffentlichung dieser Zeitschrift hat Goethe seit 1797 geplant und orientiert sich in ihr an der antiken Kunst. Diese Zeitschrift wird noch eine bedeutende Rolle im Weimarer Klassizismus spielen. In der Einleitung zu den *Propyläen* schreibt Goethe:

> „Soviel zur Entschuldigung des symbolischen Titels, wenn sie ja nötig sein sollte. Er stehe uns zur Erinnerung, daß wir uns so wenig als möglich vom klassischen Boden entfernen, er erleichtere durch seine Kürze und Bedeutsamkeit die Nachfrage der Kunstfreunde, die wir

---

28 Hier lässt sich eine Verbindung des Konzepts der Naturwissenschaft Goethes mit Kants Gedanken des regulativen Prinzips und mit dem Forschungsprogramm von Imre Lakatos ausmachen. Kant erklärt mit dem regulativen Prinzip den Prozess der wissenschaftlichen Methodologie für das organische Wesen. Lakatos betont den heuristischen Charakter der Naturwissenschaft im Verlauf ihrer Entwicklung. Goethe äußert sich über die Wichtigkeit der Fruchtbarkeit bzw. der Heuristik der Wissenschaft und betrachtet diese als ein gründliches Konzept des Verfahrens seiner Wissenschaft der werdenden Natur.
29 Goethe trägt am 29. Oktober 1799 in sein Tagebuch ein: „Überlegung eines allgemeinen Schematis über Natur und Kunst zu etwanigen Vorlesungen."

durch gegenwärtiges Werk zu interessieren gedenken, das Bemerkungen und Betrachtungen harmonisch verbundner Freunde über Natur und Kunst enthalten soll" (WA I, 47, S. 6).

Man kann dieser Äußerung Goethes in den *Propyläen* eine Erklärung der Bedeutung des Schematismus entnehmen. Er erwähnt hier das Wiederaufleben der Antike mit ihrer harmonischen Beziehung von Kunst und Natur. Zudem äußert er sich in den *Propyläen*-Aufsätzen über die griechische Kunst (z.b. über Laokoon oder Niobe), weil die Beziehung der Griechen zu Kunst und Natur für Goethe einen Vorbildcharakter aufweist, wie er im historischen Teil seiner Farbenlehre schreibt: „Die Griechen, welche zu ihren Naturbetrachtungen aus den Regionen der Poesie herüberkamen, erhielten sich dabei noch dichterische Eigenschaften" (WA II, 3, S. 109). Nach Goethes Ansicht betrachten die Griechen die Natur mithilfe einer dichterischen Anschauung und erforschen sie mittels künstlerischer Fähigkeiten.

Goethe betont hier, dass die in diesem klassischen Ursprung waltende Harmonie von Kunst und Natur erneut in den Vordergrund gerückt werden muss. Um die Leser zur antiken Auffassung der Harmonie hinzuleiten, formuliert Goethe ein Leitwort zur Verbindung von Kunst und Naturwissenschaft: „Was man weiß, sieht man erst!" (WA I, 47, S. 13). Er weist darauf hin, dass für die hohen bildenden Kunstwerke „eine allgemeine Kenntnis der organischen Natur unerläßlich" (WA I, 47, S. 12) ist. Die vergleichende Anatomie z.b. ermöglicht dem Künstler die Kenntnis über die Struktur des Knochens, den Aufbau des Muskels und andere Eigenschaften der organischen Natur, damit der Künstler Gegenstände wie Tiere, Pflanzen und Menschen lebendig und bildhaft darstellen kann. In Bezug auf die unorganische Natur vermitteln Ton- oder Farbenlehre auch anwendbare Grundsätze. Goethe richtet sich dabei nicht auf eine oberflächliche Wohlgestaltetheit des Stoffes, sondern auf die Darstellung des Gehalts der Gegenstände:

> „Alles, was wir um uns her gewahr werden, ist nur roher Stoff, und wenn sich das schon selten genug ereignet, daß ein Künstler durch Instinkt und Geschmack, durch Übung und Versuche dahin gelangt, daß er den Dingen ihre äußere schöne Seite abzugewinnen, aus dem vorhandenen Guten das Beste auszuwählen, und wenigstens einen gefälligen Schein hervorzubringen lernt, so ist es, besonders in der neuern Zeit, noch viel seltner, daß ein Künstler sowohl in die Tiefe der Gegenstände als in die Tiefe seines eignen Gemüts zu dringen vermag, um in seinen Werken nicht bloß etwas leicht und oberflächlich Wirkendes, sondern, wetteifernd mit der Natur, etwas Geistig-Organisches hervorzubringen, und seinem Kunstwerk einen solchen Gehalt, eine solche Form zu geben, wodurch es natürlich zugleich und übernatürlich erscheint" (WA I, 47, S. 12).

Nach Goethes Ansicht besteht das höhere Ziel der Kunst in der Gestaltung des Gehalts von „etwas Geistig-Organisch[em]." Es liegt in der Tiefe der Gegenstände, des Geistes der Künstler und der Natur. Der Künstler kann mit seinem Geist die Tiefe der Natur erkennen und sie in seinem Werk darstellen. Die Hauptintention der Künstler besteht dabei also nicht in der scheinbaren Nachahmung der Natur, welche die Gegenstände ohne Gehalt nur exakt abbildet, sondern in der Wiedergabe des Wesentlichen der Natur. Daraus ergibt sich die Frage, was das Wesentliche, die Tiefe oder das „Geistig-Organische" hinsichtlich der Beziehung zwischen der Kunst und der Natur ist. Um diese Frage zu beantworten, ist es sinnvoll, Goethes Artikel *Einfache Nachahmung der Natur, Manier, Styl* heranzuziehen.

Nach Goethes Rückkehr von seiner Italienreise (Juni 1788) erschien dieser Artikel im Februar 1789 in der von Christoph Martin Wieland herausgegebenen Zeitschrift *Der Teutsche Merkur*. Es handelt sich um einen frühen Bericht über die Erfahrungen mit Kunst und Natur, die Goethe in Italien gemacht hat. Er zeigt mit diesem Titel drei Arten oder Stufen des Künstlers und seines Werkes an, die man unter Beachtung des Verhältnisses von Natur und Kunst ermitteln kann.

Die erste Stufe nennt er „einfache Nachahmung". Aus dieser Benennung wird ersichtlich, dass der Künstler die Natur imitiert und so exakt wie möglich abbildet, „[…] nachdem er nur einigermaßen Auge und Hand an Mustern geübt, sich an die Gegenstände der Natur wendete, mit Treue und Fleiß ihre Gestalten, ihre Farben auf das genaueste nachahmte, sich gewissenhaft niemals von ihr entfernte" (WA I, 47, S. 77). Dieses Verfahren erfordert großes handwerkliches Talent und ist von einem hohen und wesentlichen Wert. Goethe meint allerdings, dass dies nur eine „Gegenwart" (WA I, 47, S. 77) darstelle und die werdende Kraft oder der Gehalt fehle: „Diese Art der Nachbildung würde also bei sogenannten toten oder stilliegenden Gegenständen von ruhigen, treuen, eingeschränkten Menschen in Ausübung gebracht werden. Sie schließt ihrer Natur nach eine hohe Vollkommenheit nicht aus" (WA I, 47, S. 78).[30]

---

30 Der Begriff der Nachahmung geht wahrscheinlich auf ein Gespräch mit Karl Philipp Moritz zurück, den Goethe 1786 in Rom kennengelernt hatte. Moritz veröffentlichte 1788 einen Aufsatz *Über die bildende Nachahmung des Schönen* und war vom 4. Dezember 1788 bis zum 1. Februar 1789 bei Goethe in Weimar zu Gast. Goethe schreibt in dieser Zeit den Artikel *Einfache Nachahmung der Natur, Manier, Styl* und ca. fünf Monate später in der Zeitschrift *Der Teutsche Merkur* eine Rezension über den Aufsatz von Moritz. Goethe erinnert sich in *Dichtung und Wahrheit* an diesen Aufsatz: „Ankunft von Moritz. Wiederaufnahme unserer italienischen Unterhaltungen. Dessen Schrift »Über die bildende Nachahmung des Schönen«, das eigentlichste Resultat unseres Umgangs, kommt zu Braunschweig heraus" (WA I, 53, S. 385). Das Konzept der Nachahmung selbst wird schon in der Ästhetik als *imitatio naturae* erwähnt (dieses Wort stammt aus dem Satz *Omnis ars naturae imitatio est* von Marcus Tullius Cicero) und im 18. Jahrhundert z.B. von Edward Young,

Die mittlere Stufe ist die Manier. Sie ist nicht damit zufrieden, die Gegenstände wie in der ersten Stufe nur „nachzubuchstabieren" (WA I, 47, S. 78), sondern enthält bereits eine abstrahierende Ansicht, welche die Verschiedenheit der Gegenstände in einem gemeinsamen Punkt bündelt. Das Verfahren auf dieser Stufe sieht daher folgendermaßen aus: Der Künstler „erfindet sich selbst eine Weise, macht sich selbst eine Sprache, um das, was er mit der Seele ergriffen, wieder nach seiner Art auszudrücken" (WA I, 47, S. 78f.). Er zeigt seinen persönlichen Geschmack, aber diese Adaption ist einigermaßen willkürlich, denn der Künstler „wird ihre Erscheinungen bedächtiger oder leichter fassen, er wird sie gesetzter oder flüchtiger wieder hervorbringen" (WA I, 47, S. 78)

In der dritten Stufe „Styl" stellt der Künstler den Ursprung der Gegenstände in seiner naturgemäßen Entwicklung ohne Abstrahierung nach eigenem Gutdünken dar:

> „Gelangt die Kunst durch Nachahmung der Natur, durch Bemühung, sich eine allgemeine Sprache zu machen, durch genaues und tiefes Studium der Gegenstände selbst endlich dahin, daß sie die Eigenschaften der Dinge und die Art, wie sie bestehen, genau und immer genauer kennenlernt, daß sie die Reihe der Gestalten übersieht und die verschiedenen charakteristischen Formen nebeneinanderzustellen und nachzuahmen weiß: dann wird der Stil der höchste Grad, wohin sie gelangen kann, der Grad, wo sie sich den höchsten menschlichen Bemühungen gleichstellen darf" (WA I, 47, S. 79f.).

Der Künstler imitiert auf der ersten Stufe die Natur und fasst in der zweiten die Gegenstände mithilfe seines Geschmacks in seinem Ausdruck zusammen. Auf der dritten Stufe untersucht er die Gegenstände mithilfe einer unparteiischen, wissenschaftlichen Analyse und begreift die Tiefe der Natur, die eine Perspektive für die Mannigfaltigkeit der Gegenstände eröffnet. Für Goethe bildet der Stil in der Kunst das höchste Niveau, das ein Künstler erreichen kann.

Goethe veranschaulicht in diesem Artikel mit einem Beispiel den Unterschied der drei Arten von Kunst: In den Stillleben von Jan van Huysum und Rachel Ruysch sind Blumen in frischem Zustand ohne eine Generalisierung oder Manipulation nachgebildet worden. Die Rosen, Nelken und Kirschen sind mit der Harmonie der Farben, dem Licht und Schatten „durch eine ruhige nachahmende Betrachtung des simpeln Daseins" (WA I, 47, S. 81) treffend gemalt worden. Goethe beschreibt den Übergang von der Nachahmung zum Stil und zeigt damit, was der Stil erreichen muss:

Gotthold Ephraim Lessing, Johann Georg Hamann, Immanuel Kant hinsichtlich des Begriffs des Genies diskutiert. Terence James Reed meint daher aus einem anderen Aspekt heraus, dass *Einfache Nachahmung der Natur, Manier, Styl* „leicht Kantisch formuliert" wird (vgl. Terence James Reed, Goethe und Kant: Zeitgeist und eigner Geist, In: Goethe-Jahrbuch, 2001, 118, S. 68).

„Es ist offenbar, daß ein solcher Künstler nur desto größer und entschiedener werden muß, wenn er zu seinem Talente noch ein unterrichteter Botaniker ist; wenn er von der Wurzel an den Einfluß der verschiedenen Teile auf das Gedeihen und den Wachstum der Pflanze, ihre Bestimmung und wechselseitigen Wirkungen erkennt, wenn er die sukzessive Entwicklung der Blätter, Blumen, Befruchtung, Frucht und des neuen Keimes einsieht und überdenkt. Er wird alsdann nicht bloß durch die Wahl aus den Erscheinungen seinen Geschmack zeigen, sondern er wird uns auch durch eine richtige Darstellung der Eigenschaften zugleich in Verwunderung setzen und belehren" (WA I, 47, S. 81).

Der Künstler kann mithilfe von Kenntnissen aus der Botanik eine höhere Darstellung der Gegenstände erzielen. Er stellt dann nicht mehr nur die stille Gegenwart oder seinen willkürlichen Geschmack dar, sondern malt die lebendige Natur selbst. So kann er z.b. in einem Bild eine Pflanze in ihrer wesenhaften Gestalt malen, die sie von der Wurzel bis zur Spitze konstituiert und bestimmt. Dieses Bild enthält eben die Tätigkeit und die Ganzheit der Gegenstände oder mit einem Wort: das Organische.

Die Pflanzenkunde stellt ein wichtiges Element in Goethes Naturlehre dar. Goethe thematisiert dabei die Metamorphose der Pflanzen. Sein oberstes und alleiniges Ziel ist dabei die Erläuterung der Bildung und Umbildung des Organismus.[31] Das organische Wesen ändert sich unaufhörlich in seiner Wechselwirkung mit der Umgebung. Es geht daher nicht darum, dass man eine Pflanze nur in einer ruhenden, ewigen Gegenwart als ein abstrahiertes Lebewesen ansieht und sie in ihrem äußeren funktionalen Verhältnis der stofflichen Konstitutionen wie eine Maschine exakt analysiert. Für Goethe hat das Organische seine Wirklichkeit ausschließlich in der Entwicklung, während der ruhende Zustand eines Organismus nur scheinbar ist und eine willkürliche Suspendierung des Beobachters darstellt. Rosen, Nelken oder Kirschen zeigen in sich ihre Geschichte des Wachstums vom primitiven Keim zu den seriellen Knoten und Blumenblättern. Daher muss der Künstler dieses Wachstum der geschichtlichen organischen Gegenstände darstellen, wodurch ihm dann auch die naturgemäßere Darstellung, d.h. der Stil, gelingt.

Das soeben näher umrissene Verhältnis von Natur und Kunst bei Goethe kann noch weiter vertieft werden. Ungefähr zehn Jahre später zeigt Goethe in *Einfache Nachahmung der Natur, Manier, Styl* hinsichtlich der Wissenschaft und der Natur die gleiche Beziehung auf. Er beschreibt sie in dem Aufsatz *Das reine*

---

31 Goethe entdeckt seinen zentralen Begriff der Pflanzen, nämlich die Urpflanze, bereits 1787 in Neapel während seiner Italienreise. Man muss den Begriff des Stils in diesem Kontext parallel mit dem Begriff der Urpflanze betrachten. Die Wesenhaftigkeit der Urpflanze wird im folgenden Kapitel erklärt werden.

Phänomen am 15. Januar 1798 und erklärt darin wieder drei Stufen der Naturbe-obachtung:

„1. Das empirische Phänomen,
das jeder Mensch in der Natur gewahr wird, und das nachher
2. zum wissenschaftlichen Phänomen
durch Versuche erhoben wird, indem man es unter andern Umständen und Bedin-gungen, als es zuerst bekannt gewesen, und in einer mehr oder weniger glücklichen Folge darstellt.
3. Das reine Phänomen
steht nun zuletzt als Resultat aller Erfahrungen und Versuche da. Es kann niemals isoliert sein, sondern es zeigt sich in einer stetigen Folge der Erscheinungen. Um es darzustellen, bestimmt der menschliche Geist das empirisch Wankende, schließt das Zufällige aus, sondert das Unreine, entwickelt das Verworrene, ja entdeckt das Unbekannte" (LA I, 11, S. 40).

Wie der Künstler ein umfangreiches naturgemäßeres Werk zu gestalten versucht, so erforscht der Naturwissenschaftler eine Allgemeinheit der Gegenstände. Er untersucht das Phänomen als Faktum und sammelt davon so viel wie möglich. Wenn man jedoch keine Perspektive oder Einsicht in die verschiedenen Phäno-mene gewinnen kann, genügt eine Sammlung der Phänomene nicht mehr: „[...] so ist ein Meer auszutrinken, wenn man sich an der Individualität des Phänomens halten und diese beobachten, messen, wägen und beschreiben will" (LA I, S 39).

Die erste Stufe des Phänomens ist wie jene einfache Beobachtung noch nicht adäquat gegliedert und zusammengesetzt. Die zweite wissenschaftliche Stufe fasst die Phänomene zwar in einer Folge zusammen, aber erforscht nicht ausführ-lich die andere Seite des Gegenstandes. Goethe erscheint Newtons Optik als Untersuchung einer speziellen Reihe von Farben, die man nur in einer Dunkel-kammer gut beobachten kann. Die Farben haben jedoch viele Seiten und Facet-ten: So gibt es physiologische, physikalische oder psychologische Farben und jedes Gebiet der Farben organisiert eine eigene Folge der Erscheinungsart. Um die Phänomene vielseitig und intensiv erforschen zu können, muss ein noch höheres Phänomen, und zwar das *reine Phänomen*, etabliert werden. In Goethes Farbenlehre besteht das reine Phänomen, das er auch das *Urphänomen* nennt, aus dem Licht, der Finsternis und der Trübe. Das Verhältnis dieser drei Elemente ist auf allen Seiten des Farbphänomens unentbehrlich. Es stellt die Vielseitigkeit und stetige Folge der Erscheinungen dar, aber dieses reine Phänomen enthält nur eine schlichte Struktur. Trotz der Einfachheit des reinen Phänomens können daraus unter verschiedenen Bedingungen mannigfaltige Farben entstehen. Goe-the beschreibt diese zwei Seiten des reinen Phänomens als „Einerleiheit und Veränderlichkeit" (LA I, S. 40). Die oberste Stufe der Wissenschaft stellt die

Veränderlichkeit der Natur in einem Phänomen dar. Das reine Phänomen ist nach Goethes Ansicht ein prägnanter Punkt, aus dem die Diversität der Erscheinung entsteht.

Die wissenschaftliche Forschung steigt über drei Stufen zum reinen Phänomen auf. Dies verhält sich analog zu den künstlerischen Stufen zum Stil. In beiden Fällen erreichen die Steigerungsstufen am Ende die Produktivität oder das Entwicklungsprinzip des Gegenstandes, weil der Stil in einem ästhetischen Werk „die Reihe der Gestalten" darstellt und das reine Phänomen die „stetige Folge der Erscheinungen" formuliert.

Goethe beschreibt hier die Beziehung zwischen Natur und Kunst und ferner zwischen Natur und Wissenschaft. Die Bedeutung des Wiederaufblühens der Antike – hier besonders die Harmonie oder der Schematismus zwischen Natur, Kunst und Wissenschaft – wird an dieser Stelle deutlich. Als Goethe noch jung war, verstand er die Natur als eine Kraft, welche die Kraft verschlingt, und setzte dieser ungeheuren Kraft das Widerspiel der Kunst entgegen. Er stellte der Natur (d.h. der organischen Entwicklung der Natur) die Kunst (als ästhetische Herstellung) gegenüber. Durch die Erfahrungen, die er im Zuge seiner Naturbeobachtungen und auch während der Italienreise machen konnte, entdeckte er zudem die Gemeinsamkeit von Kunst und Wissenschaft, dass ihn die ernsthafte Naturforschung durch bestimmte Stufen zum Wesentlichen des Organismus leitet und die ästhetische Herstellung durch ähnliche Stufen zur Tiefe hinführt.

Goethes Morphologie und Farbenlehre zeigen die Metamorphose der Organismen und Farberscheinungen, dass die Organismen wachsen und die Farben sich allmählich, aber ständig verändern, weil sie in den dynamischen Kräften oder der polarisierten Tätigkeit bestehen. Die goethesche Naturwissenschaft versucht, die Metamorphose der Natur im reinen Phänomen zu fassen. Dieses Phänomen zeigt die geschichtliche Umwandlung in einer steten Reihe als ein Bild.

Und die Kunst stellt nicht einfach nur eine Nachahmung oder den eigenwilligen Geschmack des Künstlers dar, sondern durch die Beobachtung der vollständigen Reihe des Gegenstandes zeigt sie ein Werk, nämlich den Stil. Die Kunst hat sozusagen einen Berührungspunkt mit der Natur in Bezug auf die Produktivität.[32] Nach Goethe wird der Ursprung der Natur mit ihren Kräften oder mit dem Bildungstrieb[33] oder der Produktivität enthüllt. Der Künstler gestaltet mit seinem

---

32 Im Mittelalter verwendete man die Begriffe „*creatio*" oder „*productio*" statt der Poiesis. Nikolaus von Kues z.B. versteht unter *creatio* die Schöpfung des Seins aus dem Nichts und *productio* als das Hervorbringen aus der Existenz.
33 Goethe übernimmt diesen Begriff von Johann Friedrich Blumenbach. Vgl. WA II, 7, S. 71ff.

Stil die Produktivität der Natur und der Wissenschaftler betrachtet den Bildungs-trieb im reinen Phänomen. Wissenschaft und Kunst bilden für Goethe die Vor-der- und Rückseite der Poiesis als Widerspiel gegen die Natur. Jene Seite ver-stärkt diese Seite und diese ergänzt jene. Nach diesem Prozess der Vereinigung von Kunst und Wissenschaft steht Goethe jetzt wieder vor der Natur und schreibt schließlich in dem Artikel *Über Wahrheit und Wahrscheinlichkeit der Kunstwer-ke* in der Zeitschrift *Propyläen* (1798):

> „ZUSCHAUER: Nun so sagen Sie mir: warum erscheint auch mir ein vollkommnes Kunst-werk als ein Naturwerk?
> ANWALT: Weil es mit Ihrer bessern Natur übereinstimmt, weil es übernatürlich, aber nicht außernatürlich ist. Ein vollkommnes Kunstwerk ist ein Werk des menschlichen Geistes und in diesem Sinne auch ein Werk der Natur" (WA I, 47, S. 264).

Kunst und Wissenschaft sind menschliche Handlungen. Ihre Ursache liegt nicht in der Natur, sondern im Herstellen. Daher können ihre Werke auch als „übernatürlich" bezeichnet werden. Sie sind jedoch insoweit noch naturgemäß, als der Künstlergeist die Produktivität der Natur berührt. Der Künstler bringt sein Werk mit den gleichen Kräften wie die Natur hervor. Er steht auf demselben Niveau wie die Natur und ist harmonisch mit ihr verbunden, aber er verliert nicht seine Individualität im ewigen verschlingenden Wesen der Natur, weil er übernatürlich ist.[34]

---

34 Hierin kann man den Grund dafür erkennen, warum Goethe sich nicht für den ästhetischen Teil von Kants *Kritik der Urteilskraft* interessiert. Goethe schreibt in einem Brief an Johann Friedrich Reichardt am 25. Oktober 1790 dazu: „Kants Buch hat mich sehr gefreut und mich zu seinen früheren Sachen gelockt. der teleologische Teil hat mich fast noch mehr als der ästhetische interessiert" (WA IV, 9, S. 235f.). Dieses kurze Schreiben ist Goethes erste Aufzeichnung zur dritten Kritik Kants. Goethe ist ursprünglich ein Dichter, d.h. ein Künstler. Warum zeigt er dann an dem teleologischen Teil ein deutlicheres Interesse als am ästhetischen Teil? Kants Überlegungen zur Ästhetik lassen sich folgendermaßen skizzieren: Kant zerlegt zuerst das ästhetische Urteil in zwei Teile, nämlich das einfache Geschmacksurteil und das Urteil der Schönheit. Angenehm oder unangenehm ist ein Geschmacksurteil des bloßen Subjekts, und dies ist immer mit Interesse verbunden: „Ich möchte etwas essen" oder „Ich möchte etwas haben, um meine Begierde auszufüllen." Aber Schönheit hat kein bestimmtes Interesse oder nur ein bloßes Interesse ohne Eigennutz. Schönheit besteht im freien Spiel der Einbildungskraft, und wenn diese Einbildungskraft sich auf den Verstand selbst bezieht, dann erzeugt sie eine zwecklose Gesetzmäßigkeit: die Schönheit. Diese zwecklose Gesetzmäßigkeit ist wie ein Naturding oder, genauer gesagt, wie ein Organismus beschaffen: Die Natur hat keinen Zweck, aber sie hat immer eine Gesetzmäßigkeit. Aus diesem Grund behauptet Kant, dass man die Schönheit prinzipiell als ein Naturprodukt behandeln kann und dass die Schönheit tatsächlich subjektiv ist. Aber sie weist eine gewisse Allgemeinheit auf: die „subjective Allgemeinheit" (Kant KU, AA 05: S. 212). Diese Verbindung zwischen der Natur und der Kunst in der dritten Kritik Kants findet Goethes Zustimmung und er schreibt am 25. Oktober 1792 in *Kampagne in Frankreich*: „Wenn Kant in seiner ‚Kritik der Urtheilskraft' der ästhetischen Urtheilskraft die teleologische zur Seite stellt, so ergibt sich daraus, daß er andeuten wollte: ein

Kapitel 2. Die vier Sphären der Farben

2.1. Der farbige Schatten und die wahre Farbe

Wir haben Goethes Naturerlebnis und seine Beziehung zu Kunst und Wissenschaft kennengelernt. Goethe sieht das reine Phänomen als höchste Stufe der Wissenschaft an, die Forscher im Studium der Natur formulieren können. Das reine Phänomen ist von einem dynamischen Naturtrieb bestimmt, und hierin liegt die Gemeinsamkeit zwischen der Natur und der Kunst. Einige Fragen treten nun in den Vordergrund: Was hat Goethe in seiner Naturwissenschaft konkret geleistet und worin bestehen die Eigenschaften des reinen Phänomens? Ich erörtere zuerst die besonderen Leistungen in *Zur Farbenlehre* und dann die Schlüsselidee von Goethes Farbenlehre: das Urphänomen.

Wie oben bereits erwähnt, unternimmt Goethe im Mai 1791 ein kleines optisches Experiment mit Prismen und stößt dabei auf einen Irrtum in der newtonschen Optik. Im gleichen Jahr verfasst er seinen ersten Artikel zur Farbenthematik unter dem Titel *Über das Blau*. Goethes Untersuchungen über die Farben sind bisher in drei zeitliche Phasen gegliedert worden. Die erste verläuft von 1791-1794. In dieser Phase ragen als wichtiges Werk die *Beiträge zur Optik* heraus. Die zweite Periode kann auf die Jahre 1795-1810 datiert werden, in denen Goethe das zentrale Werk *Zur Farbenlehre* verfasst. Die dritte Phase verläuft von 1813-1820. In dieser Zeit erforscht Goethe vornehmlich die entoptischen Farben.

Es ist allerdings nicht klar, wann Goethe mit seiner Erforschung der Farben tatsächlich begonnen hat. Wie oben ausgeführt, nähert er sich der Farbenforschung zunächst von der künstlerischen Seite her und versucht, eine Perspektive zur Farbentheorie für die Malerei zu geben. Er hatte bereits in Museen und in der Natur viele Erfahrungen über die Farben sammeln können und einige Artikel zur Kunst geschrieben, in denen er das Kolorit erwähnt. Obwohl sein Interesse an der Farbenthematik bereits vor der ersten Periode 1791 feststellbar ist, treten die

---

Kunstwerk solle wie ein Naturwerk, ein Naturwerk wie ein Kunstwerk behandelt und der Werth eines jeden aus sich selbst entwickelt, an sich selbst betrachtet werden. Über solche Dinge konnte ich sehr beredt sein und glaube dem guten jungen Mann einigermaßen genutzt zu haben" (WA I, 33, S. 154). Kant analysiert die Kunst aus der Sicht des Beobachters oder Zuschauers und bestimmt das Verhältnis von Natur und Kunst als ein abkünftiges. Goethe, der selbst ein Dichter ist, schafft Kunstwerke und erfährt diese Beziehung. Goethes Erklärung besteht daher aus dem dynamischen Prinzip des Herstellers, während Kant sich als ein philosophischer Gesetzgeber mit der Theoria beschäftigt.

Ergebnisse seiner Erfahrungen erst danach in wissenschaftlichen Schriften deutlich hervor. Seine Farbenlehre reift allmählich mit seinem Naturverständnis zu einem wissenschaftlichen Ergebnis, und diese zeitliche Gruppierung ist als eine fließende Grenzlinie zu betrachten. Innerhalb der drei Phasen gibt es auch keine Trennung der Perioden, sie entwickeln sich einfach kontinuierlich. Das zentrale Werk aus der ersten Phase, die *Beiträge zur Optik,* leitet über zur zweiten Periode. Goethe fasst die in dieser Zeit gewonnenen Erkenntnisse in seinem Text *Zur Farbenlehre* zusammen und erweitert sie zu einer neuen Entdeckung der Phänomene.

Das Werk *Zur Farbenlehre* besteht aus drei Teilen: Der erste ist betitelt mit *Entwurf einer Farbenlehre* oder didaktischer Teil, der zweite, vom Autor selbst „polemisch" genannte Teil, heißt *Enthüllung der Theorie Newtons* und der dritte, historische Teil, trägt den Titel *Materialien zur Geschichte der Farbenlehre.* Diese Texte bilden ohne Zweifel die Hauptwerke der Farbenlehre Goethes. Der didaktische Teil enthält die Eigentümlichkeit und die Hauptthese der goetheschen Farbenlehre. Da es zum didaktischen Teil bereits viele Erläuterungen und Darlegungen der Goethe-Forschung gibt, werde ich hier nicht eine allgemeine Zusammenfassung dieses Teils wiederholen, sondern nur einige wesentliche Grundzüge der vier Gliederungen des didaktischen Teils in Bezug auf die Methodologie der Farbenlehre erläutern.

Goethe eröffnet die Farbenlehre mit der Behandlung der physiologischen Farbe. Hierbei thematisiert er die Verbindung der Farben mit dem Auge. Dies stellt die eigentliche wissenschaftliche Leistung Goethes in der Wissenschaftshistorie dar. Er führt aus, dass die physiologischen Farben bislang nicht als wesentliches Phänomen in der Geschichte des Farbenstudiums angesehen wurden, bevor er sie systematisch und gesetzmäßig dargestellt hat: Die physiologischen Farben „wurden bisher als außerwesentlich, zufällig, als Täuschung und Gebrechen betrachtet" (WA II, 1, S. 1). Was meint Goethe mit dem Wort „physiologisch"? Er erläutert die Verwendung dieses Wortes folgendermaßen: „Wir haben sie physiologische genannt, weil sie dem gesunden Auge angehören, weil wir sie als die nothwendigen Bedingungen des Sehens betrachten, auf dessen lebendiges Wechselwirken in sich selbst und nach außen sie hindeuten" (WA II, 1, S. 2). Goethe meint hier mit „physiologisch" eine körperliche Funktion des Auges und die Beziehung zwischen dem äußerlichen physikalischen Reiz und seiner organischen oder vitalen Reaktion im Inneren. Goethe schreibt weiter in den Paralipomena zum didaktischen Teil:

nennen wir diejenigen welche durch Wirkung und Gegenwirkung der Retina zu entstehen scheinen, indem sie bey Erregungen, welche durch Licht, durch mechanische oder krankhafte Impulsionen verursacht werden, uns das Phänomen von Farben vor die Seele bringen, ohne daß sich außerhalb des Auges eine specificirte physische Wirkung, oder ein andres identisch correspondirendes, körperliches Phänomen bemerken läßt. Vielmehr geschieht es, daß bey Erblickung von bestimmten Farben, denen wir auf eine oder die andre Weise eine Existenz außer dem Auge zuschreiben, innerhalb desselben eine gewisse entgegengesetzte Stimmung hervorgebracht wird, die, weil sie zugleich Totalität involvirt, auf Harmonie deutet, und lebendig in sich selbst den Farbenkreis abschließt. Das Kennzeichen der physiologischen Farben ist das augenblickliche; sobald sie dauern ist es ein pathologisches Phänomen" (WA II, 5ii, S. 20).

Die physiologischen Farben werden innerhalb der Retina durch eine mechanische Wirkung von außen oder durch ihre Gegenwirkung von dem krankhaften Auge verursacht. Es ist nicht möglich, diese Farben direkt aus der physikalischen Eigenschaft des Lichtes zu deduzieren. Eine eigentümliche Beschaffenheit des gesunden Auges kommt z.b. darin zum Ausdruck, dass man in der Dunkelheit die Farbe Rot kaum wahrnehmen kann, weil das Auge entsprechend der Leuchtkraft der Farben unterschiedliche Farbempfindungen entwickelt. Wenn man außerhalb der Dunkelheit das Rot nicht gut sehen kann, handelt es sich einfach um eine Krankheit der Retina, die Farbenfehlsichtigkeit, und Goethe nennt ein solches krankhaftes Phänomen „pathologische Farben". Goethe verwendet hier einerseits den anatomischen Begriff „Retina" und greift andererseits auf eine Art materieller mechanischer Erklärung zurück. Was hat Goethe in der Thematisierung der physiologischen Farben geleistet und was bedeutet der Begriff der Physiologie für ihn?

„Physiologie" (φυσιολογία) leitet sich von dem antiken griechischen Wort „Physis" (φύσις) her und meint die Kunde vom Lebewesen im Allgemeinen. In einem weiteren Sinn ist damit auch die Physik angesprochen, welche das leblose Wesen thematisiert. Der griechische Arzt Galen (2. Jh. n. Chr.) spielte eine wichtige Rolle in Bezug auf den Gebrauch des Wortes Physiologie. Die Physiologie unterhält enge Beziehungen mit der Anatomie, denn beide entwickeln sich stets miteinander. Eine Untersuchung durch die Anatomie erklärt zwar die materielle Struktur des Lebewesens, aber die endgültige Ursache der Funktion und der Aktivität des Lebewesens lässt sich damit noch nicht finden. Wenn man diese Trennung als Gegensatz zwischen der Materie und der Seele betont, taucht das philosophische Leib-Seele-Problem auf. Galen verbindet jedoch den Körper und die Aktivität des Lebewesens innerhalb der Materie miteinander und versucht in seinem Buch *De usu partium corporis humani* die Doktrin von Aristoteles und der Forscher in Alexandria, welche die Leistung des soliden Organs betonen, mit der Lehre von Hippokrates zu verbinden, in der die materielle Flüssigkeit im Körper – wie z.b. das Blut – als essenzielle Ursache angesehen wird.[35] Diese Tradition der materiellen Erklärung der lebendigen Aktivität wird z.b. von Jean François Fernel und von Albrecht von Haller übernommen.

Von Hallers Lehre von der „Sensibilität" des Nervs und der „Irritabilität" des Muskels erklärt die körperliche Reaktion von Muskeln und Nerven auf einen physikalischen Reiz sowie die Proportion ihrer inneren Empfindlichkeit gegenüber einem bestimmten äußeren Stimulus durch das anatomische Experiment. Seine Lehre war neben der von Luigi Galvani sehr einflussreich und so wurden zum Beispiel Philosophen wie Kant, Herder und Schelling von der Lehre von Hallers stark beeinflusst. Goethe war ebenso unter den Einfluss dieses Lehrgebäudes geraten und erwähnt von Haller mit großem Respekt: „Die Namen Haller, Linné, Buffon hörte ich mit großer Verehrung nennen" (WA I, 27, S. 67). Goethes Verständnis der Physiologie ist auch von der von hallerschen Reiz-Reaktions-Lehre geprägt. Goethe schreibt 1795 einen kleinen Artikel über *Vorarbeiten zu einer Physiologie der Pflanzen* mit dem Untertitel *Begriffe einer Physiologie*:

> „Die Metamorphose der Pflanzen, der Grund einer Physiologie derselben.
> Sie zeigt uns die Gesetze, wonach die Pflanzen gebildet werden.
> Sie macht uns auf ein doppeltes Gesetz aufmerksam:
> 1. Auf das Gesetz der innern Natur, wodurch die Pflanzen constituiert werden.
> 2. Auf das Gesetz der äußern Umstände, wodurch die Pflanzen modificiert werden" (WA II, 6, S. 286).

Goethe übernimmt die Reiz-Reaktions-Relation als Beziehung der äußeren Umstände und inneren Natur des Geschöpfs. Es ist feststellbar, dass der Trieb des Lebewesens zum Wachstum durch die Bedingungen der Umgebung modifiziert wird und die vorläufige Gestalt der Pflanze ein Ausdruck des Übereinkommens mit dem Klima und der Erde ist. In seiner *Metamorphose der Pflanzen* bezeichnet Goethe zudem die essenziellen Flüssigkeiten im Körper als „feinere Säfte"[36] (WA II, 6, S. 37). Diese Säfte in der Pflanze bestimmen ihr Wachstum und leiten die Anastomose, welche mithilfe der Blutgefäße oder der Rippen im Pflanzenblatt die unterschiedlichen anatomischen Strukturen miteinander verbindet. So

---

35 Vgl. Mario Vegetti, *Historiographical strategies in Galen's physiology (De usu partium, De naturalibus facultatibus)*. In: Philip J. Van der Eijk (Hrsg.), *Ancient Histories of Medicine. Essays in Medical Doxography and Historiography in Classical Antiquity*, Brill, Leiden, 1999, S. 383-395.
36 Goethe benutzt hierfür auch eine andere Begrifflichkeit, so zum Beispiel „feinere Luftarten" (WA II, 6, S. 36), „die feine Materie" (WA II, 6, S. 58).

werden durch diesen Vorgang z.B. die Knoten der Pflanze über die Rippen mit den Blättern oder auch das Staubblatt mit dem Stempel (Pistill) verbunden.

Goethe steht in der galenischen Tradition der Physiologie und nimmt daher kaum eine geistige oder seelische Ursache der Aktivität des Lebewesens an.[37] Die physiologische Farbe ist die Beziehung zwischen dem Reiz und der Reaktion sowie ein Versuch der Verbindung zwischen der inneren Natur und den äußeren Umständen. Die innere Natur bedeutet deshalb nicht die geistige Wirkung der endgültigen Ursache der Funktion, sondern die materielle Reaktion eines Organs, nämlich des Auges.

Die größte Leistung in Goethes Theorie der physiologischen Farben liegt in der Entdeckung der Gesetzmäßigkeit der Komplementärfarbe. Wie die Ärzte beim chirurgischen Eingriff einen grünen Operationsmantel gegen das rote Blut überziehen, fordert jede Farbe eine Komplementärfarbe. Im folgenden Zitat berichtet Goethe über eine frühere Erfahrung mit der Komplementärfarbe:

„Als aber die Sonne sich endlich ihrem Niedergang näherte und ihr durch die stärkeren Dünste höchst gemäßigter Strahl die ganze mich umgebende Welt mit der schönsten Purpurfarbe überzog, da verwandelte sich die Schattenfarbe in ein Grün, das nach seiner Klarheit einem Meergrün, nach seiner Schönheit einem Smaragdgrün verglichen werden konnte. Die Erscheinung ward immer lebhafter, man glaubte sich in einer Feenwelt zu befinden, denn alles hatte sich in die zwei lebhaften und so schön übereinstimmenden Farben gekleidet, bis endlich mit dem Sonnenuntergang die Prachterscheinung sich in eine graue Dämmerung, und nach und nach in eine mond- und sternhelle Nacht verlor" (WA II, 1, S. 35).

Am 10. Dezember 1777 besteigt Goethe den Brocken im Harz und erlebt dabei eine merkwürdige Farberscheinung. Eigentlich gibt es im Schatten lediglich das schwache Abendlicht als objektive physikalische Welle des Lichtes und daher dürfte nur ein dunkles Rot oder einfach ein Grau erscheinen. Aber im Gegensatz dazu erscheint vor dem menschlichen Auge ein Grün. Goethe bemerkt dabei die Möglichkeit einer Gesetzmäßigkeit der Farben. Er formuliert diese Erfahrung der Komplementärfarbe später im Farbenkreis. Im Farbenkreis fordert das Rot das Grün, das Blau erweckt das Orange, d.h. eine Farbe fordert eine gegenseitige Farbe. Damit wird im Farbenkreis eine neue Beziehung von gegenseitigen Farben angezeigt.

---

37 Goethe erwähnt bereits den Geist in der Physiologie z.B. in den folgenden Textstellen: „Da nun die Physiologie diejenige Operation des Geistes ist [...]" (WA II, 6, S. 289f.) oder in seiner *Metamorphose der Pflanzen*: „[...] so sind wir nicht abgeneigt, die Verbindung der beiden Geschlechter eine geistige Anastomose zu nennen, [...]" (WA II, 6, S. 58). Aber er wendet dies nicht als Grund der Erklärung für seine Lehre an, sondern versteht es als einen Hinweis auf eine ungelöste Aufgabe, die möglicherweise in der Zukunft ein neues Forschungsgebiet eröffnen könnte oder als ein Nachhall der Tradition zu werten ist.

Es handelt sich sozusagen um eine polarisierte oder metaphorische Verbindung der Farben. Die Farben wiesen bislang nur Ähnlichkeiten auf wie das Rot zum Orange. Nun erreichen sie den direkten Übergang zur Rückseite des Farbenkreises wie vom Rot zum Grün innerhalb der materiellen Physiologie. Die Anordnung der Farben im Farbenkreis wird vollständig bestimmt und etabliert eine Ganzheit oder eine Harmonie der Farben. Diese Untersuchung des farbigen Schattens zeigt eine Eigentümlichkeit des Verfahrens in Goethes Theorie der physiologischen Farben, nämlich dass es sozusagen eine bewundernswerte Entdeckung ist, die grüne Schattenfarbe im Abendlicht zu finden. Es scheint eine einfache Entdeckung zu sein, aber trotzdem ist sie nicht leicht zu machen, weil sie meistens nur als bloße Täuschung angesehen wird. Die Schattenfarbe wurde bereits vor Goethe entdeckt: Wie Goethe selbst erwähnt, nennt Athanasius Kircher sie z.B. „Lumen opacatum" (WA II, 1, S. 31). Obwohl es bereits Berichte darüber gibt, wird sie nach Goethes Meinung doch nur als „zufällig" (WA II, 4, S. 196) angesehen.

Diese Interpretation des Phänomens bedeutet, dass die Farbe, die man gerade sieht, eine scheinbare Farbe oder schlicht eine Illusion darstellt und die eigentliche Farbe eine andere ist. Diese Meinung über die Wahrheit der Farbe kann man jedoch so nicht stehen lassen, weil es keine wahre Farbe außerhalb der Wahrnehmung gibt und insbesondere in der physiologischen Farbe keine lineare Verbindung mit der reinen objektiven physikalischen Farbe existiert. Niemand kann verneinen, was der eine sieht und was der andere empfängt.[38] Die vor den Augen erscheinende Farbe ist bereits ursprünglich und bedarf keines nachfolgenden Beweises. Ein solcher Beweis wäre nämlich einfach nur eine Kopie des Originals, mit der man das Original nicht verifizieren kann. Wenn man ein gebleichtes Papier, das unter dem Tageslicht weiß erscheint, am Abend neben das Kerzenlicht legt, würde es niemand ein orangenes Papier nennen. Ein weißer Kubus unter einer Lichtquelle hat eine helle und eine dunkle Seite, weil eine Seite mehr als die andere das Licht reflektiert. Niemand würde sagen, dass die helle Seite

---

38 Ludwig Wittgenstein thematisiert dieses Problem als Sprachspiel in seinen *Bemerkungen über die Farben*. Er führt aus, dass die Farben, die wir mithilfe von Sprache ausdrücken, in einer „Lebensform" entstehen. Die Lebensform gliedert aktiv die Erkenntnis über die Welt und konstruiert eine syntaktische Struktur der Wahrnehmung. Seiner Meinung nach nehmen wir keine nackten Phänomene wahr, welche von dem Gesamtkontext der Kommunikation isoliert sind, sondern nur die durch die Lebensform gegliederten Erscheinungen. Eine weiße Sache unter einem dunklen Licht heißt daher nicht eine graue Sache, sondern nach wie vor eine weiße, weil die grammatische Struktur der Farbe schon bestimmt, wie das Weiß heißen und wie man es wahrnehmen soll. Die Lebensform entscheidet über die Farbwahrnehmung ohne Bezug auf die dem Auge erscheinende Farbe. Wittgenstein stellt der phänomenologischen Wahrnehmung der Farben seine Grammatik der Farben aus der logisch-sprachlichen Untersuchung gegenüber.

weiß und die dunkle Seite grau ist, sondern dass alle Seiten des Kubus weiß sind, obwohl sie phänomenologisch als unterschiedliche Farben erscheinen.[39]

Goethe würde jedoch hierzu sagen: „Die Sinne trügen nicht, das Urtheil trügt" (WA I, 42ii, S. 390). Er versucht eine reine Erscheinung auf dem Auge zu untersuchen und eine körperliche Reaktion des äußeren Anreizes so sauber wie möglich zu messen. Die goethesche Untersuchung schließt scheinbare Farben nicht aus, sondern sucht ihre Regelmäßigkeit zu ermitteln und sie in seine Lehre aufzunehmen, weil er die Gegenstände gemäß der Erscheinung selbst erforscht und für ihn das Phänomen bereits originell ist. Und selbst dann, wenn die Farbwahrnehmung später durch die Gewohnheit oder die Kultur des Sehens modifiziert wird, bleibt Goethe bei dem ursprünglichen Zustand der Erscheinung.[40] Er würde sagen, dass das Papier unter der Kerze orange und die dunkle Seite des Kubus grau scheinen. Mit dieser Methode erforscht Goethe die physiologischen Farben und entdeckt dabei den farbigen Schatten.

2.2. Die physikalischen Farben in der Dunkelheit

Im folgenden Kapitel äußert sich Goethe über die physikalischen Farben. Er thematisiert dort dioptrische, katoptrische, paroptische Farben (Diffraktion) sowie epoptische Farben (Interferenz). Diese Gegenstände der physikalischen Farbe sind nicht neu und fast identisch mit der newtonschen Optik. Die Eigentümlichkeit von Goethes physikalischen Farben ist die Farberscheinung bei der Refraktion mit den subjektiven Versuchen. Das subjektive Experiment der Refraktion bei Goethe beinhaltet Farben des Spektrums, die erscheinen, wenn man durch das Prisma eine Grenze zwischen den hellen und dunklen Flächen erblickt. Dies weist Ähnlichkeiten zu dem Versuch im Mai 1791 auf, als Goethe einen Irrtum Newtons entdeckt hatte.[41]

---

39 Vgl. zur Rezeption von Goethes Naturwissenschaft durch die Schule der Phänomenologie Husserls: Ludwig Binswanger, Hedwig Conrad-Martius, Hans Lipps, Josef König, Hermann Schmitz, Georg Misch.

40 Goethe behandelt diese kulturellen Farben im sechsten Kapitel der sinnlich-sittlichen Wirkung der Farbe und im historischen Teil der Farbenlehre.

41 Der Unterschied zwischen Subjekt und Objekt in Goethes Farbenlehre liegt im Ort der Farberscheinung, d.h. diejenigen Farben, die durch das Prisma auf dem Auge erscheinen, heißen subjektiv, und die Farben, welche mit dem Prisma auf der Wand oder irgendeinem Körper entstehen, heißen objektiv. Laut der Transzendentalphilosophie sollen diese beiden Farberscheinungen subjektiv heißen, weil sie endgültig durch unseren Sinn wahrgenommen werden. Goethe formuliert in der Farbenlehre kein Konzept über die „Dinge an sich", die das Erkenntnisvermögen nicht erreichen

Das Farbspektrum bei dem subjektiven Versuch ist anders als dasjenige, was Newton aufgezeigt hat und kann nach Goethes Meinung mit der newtonschen Optik nicht erklärt werden. Im newtonschen Spektrum folgen der Reihe nach das Rot, Gelb, Grün, Blau und Violett, wohingegen Goethes durch das Prisma gesehene Farbenfolge das „Blau / Blaurot / Purpur / Gelbrot / Gelb" (WA II, 1, S. 89) beinhaltet.[42] Bei dem newtonschen Spektrum dringt das Licht durch die Mitte des Prismas und zeigt die Reihenfolge der Farben wie bei einem Regenbogen. Statt des Lichts kommt in Goethes Farbspektrum die Finsternis im Prisma durch und die Farbenfolge Türkis, Purpur und Gelb wird sichtbar. Wenn man dieses Finsternis-Spektrum mithilfe der erweiterten newtonschen Denkweise zu erläutern versucht, kann man es so ausdrücken, dass das Licht nur in den oberen und unteren Teil des Prismas einfällt.

Es handelt sich bei Goethes Farbenlehre um die Beziehung zwischen dem Licht und dem Schatten als Polarität. Weil die Dunkelheit für uns wahrnehmbar ist, wird sie als unentbehrliches Element behandelt, und sie ist eines der entscheidenden Momente der dynamischen Entwicklung der Farben. Die Finsternis spielt eine wichtige, aktive Rolle in der Farbenlehre Goethes, während sie in der newtonschen Optik keinen Platz hat. Für Newton ist sie einfach nur Abwesenheit des Lichts, er fokussiert daher seine Aufmerksamkeit allein auf das Licht. Während die newtonschen Farben aus dem Unterschied des Brechungsindex' des Lichtes bestehen, geht es bei Goethe um die Polarität des Lichts und des Schattens. Goethe erkennt, dass sein Farbspektrum entsteht, weil das Licht durch das Prisma auf die Seite zur Finsternis hin verschoben wird und dass der Schatten beim subjektiven Experiment als ein gesetzmäßiges Element unterstützt wird.

Goethe erweitert nun seine Beobachtungsgegenstände und erklärt, warum der Himmel blau erscheint: „Wird hingegen durch ein trübes, von einem darauffallenden Lichte erleuchtetes Mittel die Finsterniß gesehen, so erscheint uns eine blaue Farbe" (WA II, 1, S. 62). Die Finsternis des Himmels erscheint durch die helle Luft als Blau und die Farbe eines dunklen Waldes sieht von einem fernen Ort wie ein dunstiges und blasses Blau aus.[43] Die Dunkelheit zeigt eine enge Verwandtschaft mit dem Blau und wird durch das Licht auf die Seite

---

können. In Goethes Farbenlehre scheint der Unterschied zwischen den physiologischen und physikalischen Farben unklar zu sein. Dies erläutere ich im nächsten Kapitel in Bezug auf die Trübe.
42 Die Farben und die Aufeinanderfolge des Spektrums innerhalb des subjektiven Experiments ändern sich nach den jeweiligen Bedingungen des Versuchs. Die Entdeckung eines anderen Spektrums ist immer möglich und Goethes Versuch beinhaltet die Erfüllung der Mannigfaltigkeit der Farberscheinungen. Vgl. zur Erweiterung des goetheschen Spektrums Ingo Nussbaumer, *Zur Farbenlehre: Entdeckung der unordentlichen Spektren*, Edition Splitter, Wien, 2008.
43 Diese Phänomene werden heute durch den Unterschied der Wellenlänge des Lichts und der Regel von der Rayleigh-Streuung erklärt.

des Blaus verschoben. Zwar vermag diese goethesche Erklärung heutzutage kaum noch zu überzeugen, aber sie mündet in Goethes wissenschaftlichem Programm zur Beachtung des Schattens. Dies stellt eine neue Entdeckung dar, die dem Schatten einen eigenen Wert in der Farbenlehre verleiht.

Goethe konnte dies z.b. bereits in den Werken von Jan Evangelista Purkyně finden. Dieser untersucht die Farbenerscheinung und etabliert ein physiologisches Farbphänomen in der Finsternis, auch bekannt als Purkinje-Effekt aus dem Jahr 1825. Dieser besagt, dass das Rot in der Finsternis seinen Charakter schnell verliert und schwer erkennbar wird, während umgekehrt das Blau leichter wahrnehmbar ist. Ohne positive Beurteilung der Dunkelheit ist es kaum vorstellbar, dass man die Farberscheinung unter den dunklen Bedingungen des Experiments wie beim Purkinje-Effekt als Forschungsobjekt wahrnimmt. Purkyněs Dissertation *Beiträge zur Kenntniss des Sehens in subjectiver Hinsicht* von 1819 zieht bereits im Jahr 1820 Goethes Aufmerksamkeit auf sich. Er verfasst einen Artikel darüber, in dem er Purkyně beipflichtet: „Auch wir betrachten Licht und Finsternis als den Grund aller Chroagenesie, sind überzeugt, daß alles, was innen ist, auch außen sei und daß nur ein Zusammentreffen beider Wesenheiten als Wahrheit gelten dürfe" (WA II, 11, S. 270). Purkyně besucht Goethe im Dezember 1822 und seitdem beeinflussen sie sich gegenseitig. Für die Augen ist die Dunkelheit sichtbar und ein ebenso wichtiges Element wie das Licht, insofern die Farben durch das Auge und den Geist wahrgenommen werden. Der Finsternis wird in der phänomenologischen Untersuchung eine prägnante Bedeutung zugewiesen.

2.3. Das Weiße des Schnees

Das dritte Kapitel der Farbenlehre wendet sich der chemischen Farbe zu. Dabei werden die Farben auf der Oberfläche der Körper untersucht: Farben des Minerals, unorganische Pigmente für die Malerei, Farben des Organismus wie die Feder der Vögel oder die Farben des Holzes. Die Dualität zwischen der säuerlichen und alkalischen Eigenschaft der Gegenstände ergibt für Goethe eine grundlegende Richtung der chemischen Farben. Wenn Eisen erhitzt wird, wird die Oberfläche rot. Dieses rote Eisen geht in eine gelbe Farbe über, wenn es noch stärker erhitzt wird. Goethe weist darauf hin, dass diese Farben im Prozess der Oxydation innerhalb des Farbenkreises steigen. Das völlig oxydierte Holz wird wegen des restlichen Kalziums und Kaliums eine alkalische Eigenschaft haben und es sieht manchmal wie eine blaue Farbe aus. Die Alkalien haben im Allgemeinen die Eigenschaften von kalten Farben und die Farbwechsel der Säure richten sich auf die warmen. Goethe erklärt weitere Farberscheinungen auf verschiedenen Körpern: die Dichtigkeit der Farben und ihr Farbwechsel bei der Färbung, die Farbvermischung bei der sich drehenden Scheibe, die Farbveränderung während des Wachstums des organischen Wesens wie bei den Pflanzen, die am Anfang ein blasses Grün und später dann ein intensiveres Grün zeigen, sowie der Farbsprung vom Blatt zum Blütenblatt.

Um es kurz zusammenzufassen, behandelt Goethe im Kapitel über die chemischen Farben hauptsächlich die charakteristische Veränderung, wie wir sie auch bei der additiven Farbmischung in der gegenwärtigen Optik finden. Goethe meint in Bezug auf die chemischen Farben, dass diese durch die Dauer der physiologischen und physikalischen Farben bestimmt werden. Bei den physiologischen Farben verschwindet die Farbe schnell vor den Augen, wenn man diese schließt, und das farbige Nachbild ist dabei nur einige Minuten zu sehen. Die physikalischen Farben erscheinen, solange die Lichtquelle fortbesteht und das Prisma richtig gesetzt wird. Die chemischen Farben erhalten sich dagegen relativ länger und Goethe stellt fest: „Die Dauer ist meist ihr Kennzeichen" (WA II, 1, S. 200).

Weil Goethe im Zusammenhang mit den chemischen Farben sehr viele Themen behandelt, ergeben sich daraus zahlreiche Forschungsaufgaben. Diese erwecken jedoch einen wenig fassbaren Eindruck. Es wird in Zukunft noch nötig sein, einen Leitfaden zu den mannigfaltigen Themen bezüglich der chemischen Farben zu entwickeln. Ich erwähne hier eine der größten Eigentümlichkeiten dieser Farben, nämlich die Art und Weise der Ableitung der einzelnen Farbe. Das erste Thema der chemischen Farben in Goethes Farbenlehre ist die „Ableitung des Weißen" (WA II, 1, S. 203). Goethe erwähnt dort vor allem den Schnee und erklärt, dass das Weiße erst entsteht, wenn das rein durchsichtige Wasser kristallisiert und damit allmählich seine Transparenz verliert. Seine Beschreibung des Weißen in *Beiträge zur Optik* ist bemerkenswert und Goethe fasst sie später in *Zur Farbenlehre* zusammen:

> „Es gehe nun das reinste Wasser in seinen kleinsten Teilen in *Festigkeit und zugleich in Undurchdringlichkeit über*, und wir werden sodann den Schnee haben, dessen Anhäufung uns die reinste Fläche darstellt, welche uns nunmehr einen vollkommenen und unzerstörlichen Begriff des Weißen gibt" (WA II, 5, S. 130).

Was wir „das Weiße" nennen, ist nicht einfach ein Name oder ein Begriff, d.h. eine bloße gesprochene oder gegenstandslose, traditionelle Bezeichnung. Vielmehr enthält es jenes Gefühl der Erfahrung des Schnees, jenen gerade wahrgenommenen Eindruck der Farbe. Goethe erwähnt nicht den Schnee als konkretes Beispiel für das Weiße, das z.b. mit dem Terminus des hohen reflektorischen Index' oder der starken Helligkeit objektiv definiert wird. Der Ansatz seiner Forschung muss immer das Phänomen sein. Der Schnee ist also kein Indizienbeweis dafür, wie das Weiße heißt, sondern er ist gerade das Weiße selbst. Von jenem Eindruck des Schnees lässt sich der Begriff des Weißen zunächst ableiten.

Der Schnee bezieht sich sozusagen synekdochisch auf das Weiße, weil ein konkretes Objekt die Ganzheit der Gegenstände in einem Bereich repräsentiert. Dieser Ausdruck vermittelt dem Leser der Farbenlehre den Eindruck, dass man dem Weiß zum ersten Mal begegnet. Der kontinuierliche Prozess vom reinen Wasser zur undurchsichtigen Festigkeit zeigt somit die ursprüngliche Entstehung des Weißen. Der Beobachter sieht genau den Moment der Hervorbringung der Farbe und beobachtet in sich selbst ein Gefühl der Neuheit.[44] Zwar wird der Begriff des Weißen später als ein Schema für die Anschauung und den Verstand dargestellt und weiter als Verstandesbegriff formuliert, aber der Ansatz der Forschung beruht ausschließlich auf einem unbestimmten, einzelnen Eindruck. Dadurch wird später das Schema als ein Produkt der Einbildungskraft hervorgerufen.

Neben der Darlegung seines Forschungsansatzes nimmt Goethe die Erwähnung des Schnees als Inbegriff des Weißen aufgrund der rhetorischen Denkweise an, weil ein rhetorisches Mittel, die Synekdoche, sich auf die Beziehung zwischen dem Einzelnen und dem Allgemeinen bezieht. Wenn man dies in Verbindung mit der logischen Formel sieht, stimmt die logische Extension des Einzelnen mit dem Allgemeinen überein, weil diese beiden im Punkt der Einzigartigkeit übereinstimmen. Goethes Darlegung lässt uns eine ursprüngliche Erfahrung mit den Farben wiedererleben und zeigt die Ableitung des allgemeinen Farbenbegriffs aus dem einzelnen Eindruck auf. Goethe leitet beispielsweise den Begriff des Schwarzen oder der anderen Farben auf diese Weise ab.

---

44 Der Färber Yusuke Tsubokura (geb. 1970) hat wegen eines Autounfalls im Alter von 18 Jahren sein Gedächtnis verloren. Seitdem versteht er nicht mehr Sinn und Bedeutung der Erscheinungen, sondern sieht immer nur das nackte Phänomen. Er bemerkt z.B. ein sonderbares Gefühl im Bauch, aber er versteht es nicht, weil er den Begriff des Hungers vergessen hat. Oder er zittert im Bad und spricht vor sich hin, dass etwas mit ihm nicht stimmt, weil er sich nicht mehr daran erinnert, was Kälte ist. Er beschreibt sein Erstaunen über die Farben: Er bewundert, dass jeder eine seltsame smaragdene Flüssigkeit trinkt und wunderschöne perlweiße Teilchen isst. Diese sind für ihn nicht mehr nur Tee und Reis, sondern stellen eine erstaunliche Materie und ein buntes Phänomen dar. Vgl. Yusuke Tsubokura, *Wir alle leben: Erinnerungen eines Jungen, der im Alter von 18 Jahren sein Gedächtnis verlor* (auf Japanisch), Gentosha, Tokio, 2001.

2.4. Die Unmittelbarkeit des Farbgefühls und des Farbenkreises

Im sechsten und letzten Kapitel behandelt Goethe die sinnlich-sittliche Wirkung der Farbe, d.h. die ästhetische Wirkung allgemein. Goethes eigentliche Absicht der Farbenlehre wird hier deutlich und es ergeben sich daraus die Fragen, wie die Farben, ihre Kombination oder der kulturelle Unterschied der Farben unterschiedliche Emotionen beim Beobachter hervorrufen. So kann z.b. gefragt werden, warum ein Scharlachrot, das ins Gelbe übergeht, den Franzosen gefällt, und ein anderes Scharlachrot, das ins Blau übergeht, den Italienern. Dabei wird dies mit dem Farbenkreis erklärt, in Verbindung mit den nachbarlichen oder gegenseitigen Farben in diesem Kreis.

Goethe legt mit dem Kreis die Kombination der Farben und ihr jeweiliges Gefühl dar. Er verwendet dabei ganz andere Begriffe als bei den physikalischen oder chemischen Farben. So schildert er z.b. den Charakter der Farben: Die Farbe Gelb „führt in ihrer höchsten Reinheit immer die Natur des Hellen mit sich und besitzt eine heitere, muntere, sanft reizende Eigenschaft" (WA II, 1, S. 310). Die Farbe Blau „macht für das Auge eine sonderbare und fast unaussprechliche Wirkung. Sie ist als Farbe eine Energie; allein sie steht auf der negativen Seite und ist in ihrer höchsten Reinheit gleichsam ein reizendes Nichts. Es ist etwas Widersprechendes von Reiz und Ruhe im Anblick" (WA II, 1, S. 314). Das Rot „gibt einen Eindruck sowohl von Ernst und Würde als von Huld und Anmut. Jenes leistet sie in ihrem dunklen verdichteten, dieses in ihrem hellen verdünnten Zustande. Und so kann sich die Würde des Alters und die Liebenswürdigkeit der Jugend in eine Farbe kleiden" (WA II, 1, S. 319). Die Kombinationen erklärt Goethe mit dem Farbenkreis:

> „Wenn wir beim Gelben und Blauen eine strebende Steigerung ins Rote gesehen und dabei unsre Gefühle bemerkt haben, so läßt sich denken, daß nun in der Vereinigung der gesteigerten Pole eine eigentliche Beruhigung, die wir eine ideale Befriedigung nennen möchten, stattfinden könne. Und so entsteht bei physischen Phänomenen diese höchste aller Farbenerscheinungen aus dem Zusammentreten zweier entgegengesetzten Enden, die sich zu einer Vereinigung nach und nach selbst vorbereitet haben" (WA II, 1, S. 318).

Ausdrücke wie „heitere, muntere, sanft reizende", „Ernst und Würde [...], Huld und Anmut" oder „eine ideale Befriedigung" erscheinen schlicht als Ausdruck einer bloß subjektiven Meinung. Dies alles klingt wie eine mystische Annahme, weil es objektiv eine bestimmte physikalische Welle des Lichts betrifft, die mit dem persönlichen Geschmack verbunden wird.

Dieser Verdacht der Schwärmerei taucht verständlicherweise auf, weil Goethe seine Farbenforschung als Teil einer wissenschaftlichen Lehre veröffentlicht.

Hier verbinden sich, wie oben erwähnt, typische Elemente des Ansatzes der goetheschen Wissenschaft, und zwar der Zugang zur Farbenlehre über die Malerei sowie die ursprüngliche Erfahrung, auf die Goethe großen Wert legt. Er betrachtet die Gegenstände durch ein ästhetisches Auge, d.h. er befasst sich immer mit dem unmittelbaren Erlebnis des Gegenstandes. Da seine wissenschaftliche Untersuchung zu Beginn kaum Voraussetzungen hat, gehört sie zu den orthodoxesten Erfahrungswissenschaften. Die ästhetischen Farben beruhen auf einer ursprünglichen Beziehung mit der Natur, in der die Grenze zwischen Subjekt und Objekt nicht genau gezogen werden kann. Weil die letzte Abteilung der Farbenlehre uns zur Wiederherstellung eines uralten Gefühls leitet, enthält sie, wie oben erwähnt, mystische oder naive Ausdrücke. Eine Aussage, die direkt aus dem nackten Phänomen entspringt, klingt sehr seltsam oder irgendwie poetisch.

Jeder Mensch hat jedoch schon ein solches Gefühl oder einen ungetrennten Zustand des Ichs und des Anderen erlebt, als er noch ein kleines Kind war: So sieht ein Kind draußen einen Baum, dessen Blätter im starken Wind flattern und brausen, und sagt: „Der Baum ist traurig." Diese Aussage des Kindes klingt einfach merkwürdig für Erwachsene und sie mögen es als ein ungebildetes Denken des kleinen Kindes ansehen oder, wenn sie freundlicher urteilen, als ein empathisches Gefühl des sensiblen Kindes verstehen. Wenn man es objektiv betrachtet, hat der Baum kein Selbstbewusstsein und kann folglich nicht traurig sein. Das Kind projiziert einfach sein Gefühl auf den Baum. So kann man dann sagen, dass in Wahrheit das Kind traurig ist. Gleichfalls denkt man, dass die Farben kein Gefühl haben und daher nur mit der privaten Stimmung vermischt worden sind. Diese Analyse taucht jedoch erst später auf. Wenn man durch Erziehung, Reife und zunehmende Bewusstheit über den eigentlichen Sachverhalt aufgeklärt wird, wird der Unterschied zwischen Subjekt und Objekt klar und man kann seinen eigenen Zustand analysieren. Aber jeder durchläuft ursprünglich den geschilderten ungebildeten, primitiven Zustand, in dem sich innerhalb der Anschauung der Verstand noch nicht artikuliert, sondern einfach in der Imagination besteht.

Goethe verneint nicht das analytische Verfahren, aber er verharrt in dieser ursprünglichen Beziehung mit der Natur und behauptet: „Das Höchste wäre: zu begreifen, daß alles Faktische schon Theorie ist. Die Bläue des Himmels offenbart uns das Grundgesetz der Chromatik. Man suche nur nichts hinter den Phänomenen; sie selbst sind die Lehre" (WA II, 11, S. 131). Das Phänomen selbst erläutert bereits den Grundsatz und manifestiert sich selbst als eine Lehre. Man benötigt eigentlich keine abstrakte Theorie, insbesondere in der Farbenlehre.

Die Entstehung des Farbenkreises zeigt ein solches theoretisches Phänomen. Die Diversität der Farben verwirrt uns, oder, genauer gesagt, unseren Verstand. Aber das Auge irrt sich nicht. Nehmen wir an, dass man die farbigen Dinge nur seinem Auge gemäß zu sammeln versucht. Man kann leicht ähnliche Farben ohne Nachdenken erkennen. Wenn man diese Dinge nach der offensichtlichen Gleichartigkeit sortiert, entstehen blaue, gelbe und grüne Farbgruppen und so fort. Vergleicht man weiter eine farbige Gruppe mit einer anderen, so bemerkt man zusätzlich die Ähnlichkeit der Gruppen. Das rote Ding kommt neben das violette, das violette neben das blaue, das blaue neben das grüne, das grüne neben das gelbe, das gelbe neben das orangefarbene und zuletzt kommt das orangefarbene neben das rote. Das Ende tritt mit dem Anfang in Verbindung und bildet so einen Kreis. Goethe nennt ihn den Farbenkreis und definiert ihn als gesetzmäßig. Bis zu diesem Punkt benötigt er jedoch noch keine Theorie oder verstandesmäßige Unterstützung dafür, denn der Farbenkreis entsteht nur gemäß dem Auge von sich aus.

Wenn man ihn vom Standpunkt der modernen Physik aus betrachtet, hat man keinen Anlass zum Nachdenken, weil er einfach subjektiven Charakter hat und das Farbspektrum linear ist. Die spektralen Farben zeigen durch das Prisma eine geradlinige Figur und nicht einen Kreis. Der Farbenkreis selbst ist allerdings keine eigene Entdeckung Goethes. Newton hatte bereits 1704 darüber geschrieben, Claude Boutet 1708 und Ignaz Schiffermüller 1772. Newtons Kreis ist jedoch ein Ergebnis physikalischer Experimente und wird im Vergleich mit der musikalischen Proportion wie ein Akkord gedacht. Was Goethes Farbenkreis besonders macht, ist – wie bei den physiologischen Farben erwähnt – die Verbindung mit der Komplementärfarbe. Die gegenseitigen Farben im Kreis sind nicht mehr kontingent vorhanden, sondern mit der Gesetzmäßigkeit der Komplementärfarbe kombiniert. Der Farbenkreis wird nun durch die Kontiguität und das Komplement der Farben reguliert.

In Goethes Lehre zeigt sich zu Beginn, dass er einfach einzelne triviale Fälle von Phänomenen erwähnt, aber keine Zusammenfassung oder allgemeine Theorie dazu entwickelt. Der Farbenkreis entsteht aus sich selbst ohne jegliche Theorie und etabliert sich durch die Komplementärfarbe. Goethes Intention beruht auf dem reinen Phänomen und damit der ursprünglichen Entstehung der Mannigfaltigkeit. Sie zeigt somit die Fruchtbarkeit der Erscheinung selbst. Die Theorie entsteht immer erst einen Schritt später. Aber bereits vor jeglicher Theorie gibt es die Phänomene selbst. Die verschiedenen Möglichkeiten der Metamorphose der Natur haben sich auf dieser ursprünglichen Ebene des Phänomens manifestiert. Goethes vier Versuche zur Farbenlehre haben darin ihre Gemeinsamkeit und Eigentümlichkeit. Sie zeigen uns mithin ein Urverfahren der empirischen Wissenschaft.

Kapitel 3. Das Urphänomen

3.1. Realität und Idealität des Urphänomens

Die größte Eigentümlichkeit von Goethes Naturwissenschaft besteht im „Urphänomen".[45] Dabei kommt der konkreten Morphologie ein deutlicher Vorrang vor einer abstrakten Theorie zu. Der Gehalt des Urphänomens in der goetheschen Farbenlehre formiert sich aus dem Licht, dem Schatten und der Trübe. Dieselbe Bezeichnung verwendet Goethe in seiner Meteorologie und meint damit den Luftdruck, der im Barometer angezeigt wird. In der Mineralogie wurde der Granit früher „Urgebirge", „Urgestein" oder „Grundgebirge" genannt. „Urpflanze" oder „Typus" bezeichnen in der Morphologie nach Goethe eine Gestalt, die sich von einer fundamentalen Form zu verschiedenen Figuren des Lebens entwickelt.

Diese Begriffe enthalten die höchste Stufe, welche der Forscher erreichen kann, und sie gelten für die Allgemeinheit in den einzelnen von Goethe betriebenen wissenschaftlichen Disziplinen. Goethe vermeidet es, diese Prinzipien in einer bestimmten logischen Form oder einem abstrakten Satz zu umschreiben und belässt sie immer innerhalb des Phänomens selbst. Zudem postuliert er, dass das Allgemeine ein Phänomen sein muss. Eine „konkrete Allgemeinheit" klingt einigermaßen widersprüchlich, weil Allgemeinheit normalerweise immer mehr als eine Einzelheit ist. Worin aber besteht dann der Charakter dieser rätselhaften Grundbegriffe in Goethes Naturwissenschaft?

Goethe äußert sich gegenüber Johann Peter Eckermann am 18. Februar 1829 im Kontext der Farbenlehre:

> „Das Höchste, wozu der Mensch gelangen kann, sagte Goethe bei dieser Gelegenheit, „ist das Erstaunen, und wenn ihn das Urphänomen in Erstaunen setzt, so sei er zufrieden; ein Höheres kann es ihm nicht gewähren, und ein Weiteres soll er nicht dahinter suchen; hier ist die Grenze. Aber den Menschen ist der Anblick eines Urphänomens gewöhnlich noch nicht genug; sie denken, es müsse noch weiter gehen, und sie sind den Kindern ähnlich, die, wenn sie in einen Spiegel geguckt, ihn sogleich umwenden, um zu sehen was auf der andern Seite ist" (Gespräche, Biedermann, 4, S. 72).

---

45 Dieses eigentümliche Konzept heißt sonst „Grunderscheinung", „Grundphänomen", „Urerscheinung", „Grundgestalt" oder „Urtier". Den Begriff „Urphänomen" verwendet Goethe meistens in der Farbenlehre, Meteorologie und Mineralogie und „Urtypus" oder einfach „Typus" in der Morphologie. Dieser Grundbegriff in Goethes Naturwissenschaft hat in jeder Sphäre unterschiedlichen Gehalt, aber sein Charakter und sein Wert sind identisch.

Das Urphänomen bildet die Grenze der Untersuchung in der Farbenlehre. Nach Goethes Auffassung gibt es nichts darüber hinaus. Obwohl es als ein anschauliches Phänomen gesetzt wird, enthält es in sich eine gewisse Ganzheit. In der Regel umfasst das abstrakte Gesetz die Folge der Gegenstände, weil es gemäß seiner transzendenten Eigenschaft eine höhere Stellung als ein normales Phänomen hat. Für Goethe ist jedoch das Phänomen das Höchste und er vergleicht die davon abstrahierenden Wissenschaftler mit Kindern, die eine Welt im Spiegel oder eine metaphysische Welt in der Erde suchen. Über diese zweiseitige Beschaffenheit des Urphänomens, nämlich Einzelheit und Allgemeinheit, schreibt Goethe 1825:

> „Urphänomen: Ideal-real-symbolisch-identisch.
> Ideal als das letzte Erkennbare;
> real, als erkannt;
> symbolisch, weil es alle Fälle begreift;
> identisch, mit allen Fällen" (WA II, 11, S. 161).

Die hier genannten vier Eigenschaften des Urphänomens erläutert Goethe in diesem Abschnitt näher. Ich stelle hier nur kurz die ersten beiden dar. Das Urphänomen bezieht sich in erster Linie auf die Gegenüberstellung von Idealität und Realität. Dass ihm Realität zugesprochen wird, ist verständlich, da das Urphänomen real ist, weil es eine Art von Phänomen darstellt. Aber Goethe gibt ihm zugleich die Eigenschaft der Idealität. Die Idee beinhaltet eigentlich einen reinen Begriff, der laut Kant exklusiv aus dem Verstand stammt und also keineswegs empirisch ist.

Goethes Absicht in diesen kurzen Zeilen ist identisch mit dem, was er oben mit dem Vergleich des Spiegels und der Kinder gezeigt hat: Man sieht im Spiegel eine reflektierte Erscheinung und gewinnt daraus einen gewissen Gehalt der Anschauung. Allerdings existiert die Welt im Spiegel nicht real und daher kann kein Substrat dieser Erscheinung als jenseitige Welt im Spiegel definiert werden. Wenn man diesen Zustand ganz objektiv aus der Sicht eines Erwachsenen betrachtet, dann erhält man lediglich einen zurückgestrahlten Lichtschein des Diesseits, der nur als Substrat des Diesseits vorhanden ist. Kinder verstehen aber eine solche transzendentale Auffassung noch nicht und unterscheiden folglich auch nicht zwischen dem Diesseits und dem Jenseits oder dem Schein und dem Substrat. Aus diesem Grund ist der Schein des Spiegels für die phantasiebegabten Kinder und für Goethe einfach real. Ihrer Realität nach existiert der Schein im Spiegel wirklich. Weil trotz des bloßen Lichtscheins tatsächlich ein Inhalt der Erscheinung wahrgenommen wurde, bei dem sich aber kein materielles Substrat mehr zeigt, ist festzuhalten, dass dies das letzte Erkennbare im Sinne der naiven Erscheinungswelt ist.

Das Urphänomen bildet die letzte Grenze, die man auf dieser Welt erreichen kann. Dennoch kann man sagen, dass es sich hier nur um einen Vergleich handelt und dass der logische und erkenntnistheoretische Widerspruch der Einheit von Idealität und Realität des Urphänomens noch nicht gründlich aufgelöst worden ist. Diese widersprüchliche Beschaffenheit des Urphänomens verwirrt uns und es scheint zunächst, dass Goethes Vorstellung der sichtbaren Idee lediglich ein esoterischer Versuch oder eine bloße Phantasie ist. Dieses Problem wird schon zu Goethes Zeit sichtbar und er diskutiert darüber mit Schiller. Bevor ich jedoch zu Goethes Diskussion mit Schiller übergehe, erläutere ich zunächst den weiteren Inhalt und die strukturellen Elemente des Urphänomens und der Urpflanze.

3.2. Die ursprüngliche Identität aller Pflanzenteile

Goethe beschreibt seinen ersten Entwurf zum Grundkonzept der Morphologie am 25. März 1787 während seiner Italienreise in Neapel. Zwei Monate später, am 17. Mai, sendet er einen Brief über die Urpflanzen an Herder:

> „Ferner muß ich dir vertrauen, daß ich dem Geheimniß der Pflanzenzeugung und Organisation ganz nahe bin und daß es das Einfachste ist, was nur gedacht werden kann. Unter diesem Himmel kann man die schönsten Beobachtungen machen. Den Hauptpunct, wo der Keim steckt, habe ich ganz klar und zweifellos gefunden; alles Übrige sehe ich auch schon im Ganzen, und nur noch einige Puncte müssen bestimmter werden. Die Urpflanze wird das wunderlichste Geschöpf von der Welt, um welches mich die Natur selbst beneiden soll. Mit diesem Modell und dem Schlüssel dazu kann man alsdann noch Pflanzen ins Unendliche erfinden, die consequent sein müssen, das heißt: die, wenn sie auch nicht existiren, doch existiren könnten und nicht etwa malerische oder dichterische Schatten und Scheine sind, sondern eine innerliche Wahrheit und Nothwendigkeit haben. Dasselbe Gesetz wird sich auf alles übrige Lebendige anwenden lassen" (WA I, 31, S. 239).

Goethe behauptet hier, dass man von der unreifen Gestalt – d.h. aus der Gestalt des Keimes – die Verschiedenheit der Pflanzen bis ins Unendliche hinein erfinden kann. Pflanzen, die unter der hellen Erde und dem warmen Klima Italiens wachsen, setzen Goethe in Erstaunen und er beobachtet die Vielgestaltigkeit der Pflanzen z.B. im Botanischen Garten in Palermo im April 1787.

Was seit langem Goethes Aufmerksamkeit erregt, ist das Wachstum der Pflanzen. Dem Wechsel der Jahreszeiten und den jeweiligen Umweltbedingungen entsprechend, verwandeln alle Pflanzen ihre Gestalt. Der Gang des Pflanzenwachstums offenbart sich zuerst in einem grünen Zweig. Anschließend treiben Halme in die Höhe. Weiter gestalten sich Kelchblätter in Blütenblätter um und letztlich tragen die Pflanzen Früchte. Goethe entwickelt ein umfangreiches Modell, das dem Wachstum der verschiedenen Pflanzen eine Perspektive gibt. Durch die Beobachtung der vielfältigen Pflanzen in Italien entwickelt er nun die Idee der Urpflanze, die nicht nur für einige Pflanzenarten, sondern auch für jede Pflanze in der Welt gültig ist. Goethe ist überzeugt davon, dass er „die *ursprüngliche Identität* aller Pflanzenteile" (WA II, 6, S. 121) freigelegt hat und dass dies nicht nur ein bloßes Phantasiegebilde ist.

Die Pflanzenkunde war ein Teil der Wissenschaft der Naturhistorie. Das Hauptthema der Naturhistorie bildet die Sammlung und Einordnung der verschiedenen Arten der Pflanzen. Dabei wird diese Systematisierung meistens durch Vergleiche der äußeren Gestalt formuliert. Insbesondere die Taxonomie von Carl von Linné wird als ein typisches Beispiel dieser Forschungsrichtung betrachtet. Die individuelle Pflanze wird in ihrer Taxonomie durch die Angabe von Gattung, Klasse und Ordnung sortiert und systematisiert. Dies wird durch den Unterschied der äußeren Struktur, z.B. der Anzahl des Samens, der Blätter oder der Blattform usw., erreicht und im Ergebnis in einer klassifizierten Tabelle zusammengefasst. Damit wird jeder eingeordneten Pflanze eine Nomenklatur gegeben und ein System der Ähnlichkeit der Gestalt lässt sich strukturieren. Zwar lobt Goethe als ambitionierter Pflanzenforscher die weltbekannte Taxonomie von Linné, allerdings äußert er im Kontext der Kunst über die Blumenmalerei seine Meinung folgendermaßen:

> „Diese Richtung mußte der Künstler gleichfalls verfolgen: denn obgleich der Gesetzgeber Linné seine große Gewalt auch dadurch bewies, daß er der Sprache Gewandtheit, Fertigkeit, Bestimmungsfähigkeit gab, um sich an die Stelle des Bildes zu setzen, so kehrte doch immer die Forderung des sinnlichen Menschen wieder zurück, die Gestalt mit *einem* Blick zu übersehen, lieber, als sie in der Einbildungskraft erst aus vielen Worten aufzuerbauen" (WA I, 49i, S. 381).

„Diese Richtung" meint hier das Verfahren des Künstlers, der alle Pflanzenteile gleichberechtigt behandeln soll, auch wenn sie hässlich und unnötig zu sein scheinen. Goethe übt Kritik an dem Versuch von Linné, auf Grundlage der Sprache eine willkürliche Grenzlinie zur Diversität der Pflanzen zu ziehen, obwohl dies gerade eine Vergewaltigung der freien Natur darstellt. Dieser Versuch von Linné, die Lebewesen quasi mit der Stecknadel zu fixieren, ergibt eine für sich isolierte Gestalt in einem bestimmten Moment des Lebens. Goethe ist der Auffassung, dass man damit allerdings nicht jene Tätigkeit des Geschöpfs begreifen kann, in der mannigfaltige Möglichkeiten der Entwicklung eröffnet werden.

Folglich habe man die Geschichte der Entfaltung der Form von der gegenwärtigen Existenz des Lebewesens abgespalten. Linnés Versuch stellt damit gleichsam ein Einfrieren des tätigen Lebewesens in einem bestimmten Moment dar, der sich nicht dazu eignet, die Entwicklungsgeschichte des Geschöpfs und sein weiteres Wachstum zu berücksichtigen. Alle Lebewesen sind in ihrer gegenwärtigen Gestalt bestimmt von einer geschichtlichen Herkunft und von künftigen Möglichkeiten. Goethe versucht also keineswegs, die Geschichtlichkeit und Lebendigkeit des Lebewesens in einzelne, isolierte Momente zu zerteilen, sondern ist vielmehr bestrebt, die verschiedenen Entwicklungsstadien der Gegenstände „mit *einem* Blick zu übersehen."

Linnés Taxonomie ist tatsächlich ein effektives Verfahren, welches tote Materie mit einer abstrahierenden Sprache verbindet, weil diese sich nicht mehr umgestalten kann. Zudem kann sie durch die sprachliche Systematisierung das Verständnis bei der Untersuchung der vielgestaltigen Pflanzenarten erleichtern. Sind gemeinverständliche Strukturen wie Farbe, Anzahl und Figur des Blattes oder der Frucht die Höhepunkte der Pflanze, die leicht die Aufmerksamkeit der Naturhistoriker auf sich ziehen, so sind unreife Zustände oder abweichende Strukturen der Lebewesen für ihn die fade Mitte, welche die Forscher als inessentielle Exemplare abstrahieren müssen. Weil der momentane Zustand eine bloß unetablierte Mitte darstellt, kann er nicht logisch-sprachlich definiert werden, denn die endgültige Bestätigung der historischen Fakten benötigt immer irgendein Ende oder Abschließen eines Ereignisses.[46] Goethe dagegen hängt vielmehr an dieser beweglichen Mitte und der Anschauung, weil er nicht dem Verfahren der Abstraktion und Deduktion zustimmt, das durch eine lebensferne Sprache die organischen Erscheinungen zu beweisen versucht. Er führt die Idee des anschaulichen Bildes ein, das jedes sich entwickelnde Moment der natürlichen Tätigkeit als eine kontinuierliche Reihe lebendig darstellt. Zugleich möchte er die Ganzheit der Pflanzen in seiner Anschauung entstehen lassen.

Der Versuch Goethes, die ständige Reihe der Entfaltung mit einem Blick zu übersehen, wird in seinen Schriften zur Morphologie zusammengefasst. Goethe wählt als Titel seines Aufsatzes der Pflanzenkunde „*Die Metamorphose der Pflanzen*" oder umfangreicher, als Nebentitel für die Morphologie „*Bildung und Umbildung organischer Naturen.*" Er beabsichtigt, mit dem Begriff der Urpflanze „die *ursprüngliche Identität* aller Pflanzenteile" und dadurch zugleich die

---

46 Vgl. über die Narratologie und ihre Eigenschaft der Affirmation zu den historischen Fakta: Arthur Coleman Danto, *Analytical Philosophy of History*, Cambridge University Press, London, 1965 und Hayden White, *Metahistory: The Historical Imagination in Nineteenth-Century Europe*, Johns Hopkins University Press, Maryland, 1975.

komplette Folge des Wachstums der Pflanzen zu enthüllen. Um die Urpflanze im Geschehen des Wandels zu erfassen, benötigt man eine Gegenwirkung zur Identität, wie es in der schellingschen Naturphilosophie ausgeführt wird.[47] Demgemäß setzt Goethe den Begriff der Metamorphose als einen Pol gegen das Identitätsprinzip. Er erklärt diesen dynamischen Entstehungsverlauf in seiner Pflanzenwissenschaft und beginnt seine Naturkunde des Pflanzenwachstums, die Metamorphose der Pflanzen mit der Kotyledone (Keimblatt) als fundamentales Organ. Diesen Prozess stellt er folgendermaßen dar:

> „Läßt sich nun aber ein Blatt nicht ohne Knoten und ein Knoten nicht ohne Auge denken, so dürfen wir folgern, daß derjenige Punct, wo die Cotyledonen angeheftet sind, der wahre erste Knotenpunct der Pflanze sei. Es wird dieses durch diejenigen Pflanzen bekräftigt, welche unmittelbar unter den Flügeln der Cotyledonen junge Augen hervortreiben, und aus diesen ersten Knoten vollkommene Zweige entwickeln, wie zum Beispiel Vicia Faba zu thun pflegt" (WA II, 6, S. 30).

Die Kotyledone (oder das Keimblatt) beinhaltet die erste Stufe der Metamorphose der Urpflanze und ihr Charakter wird bezeichnet als „der wahre erste Knotenpunkt der Pflanze."[48] Der Keim als Urpflanze wird nicht als ein isolierter Punkt, als ein Gipfel in der ersten Stufe gedacht, sondern als ein Übergangspunkt zum Blatt oder zum folgenden Knoten. Goethe betrachtet diesen Gedanken des Punktes als gültig für alle Stufen wie Knoten, Blumenblatt und Frucht. Ein Knoten verbindet sich mit dem folgenden Knoten, aus dem ein Kelch wächst und weitere Blütenblätter. Die Früchte werden Ansatzpunkte der nachfolgenden Abkömmlinge. Alle Knotenpunkte gestalten sich unaufhaltsam um. Goethe schenkt dem Knotenpunkt seine besondere Beachtung. Der Übergang oder die Mitte und die erste Stufe als Kotyledone schließen sich dabei nicht aus, sondern vielmehr beruhen sie immer auf der unstabilen Mitte des Wachstums und zeigen ihren stetigen Trieb zur Herausbildung weiterer Knoten.

Diese dynamische Idee der Pflanzen spielt zusätzlich in der Untersuchung von Abweichungen eine wichtige Rolle. Goethe thematisiert im späteren Teil

---

47 Schelling äußert sich wie folgt über den Begriff der Metamorphose in einem Brief an Goethe am 26. Januar 1801: „Die Metamorphose der Pflanzen nach Ihrer Darstellung hat sich mir durchgängig als Grundschema alles organischen Entstehens bewährt und mir die innere Identität aller Organisationen unter sich, jetzt schon sehr nahe gebracht [...]" (Schelling, *Briefe und Dokumente*, H. Fuhrmans (Hrsg.), Bonn, 1962, Bd. 1, S. 243).
48 Goethe fasst das Pflanzenwachstum in sechs Stufen in seinem Buch *Die Metamorphose der Pflanzen* zusammen: der Samen, die Kotyledone, der Kelch, das Blumenblatt, Staubwerkzeuge, die Frucht. Diese Einordnung soll nicht als das Wesen der Pflanzen, sondern als eine bloße Erleichterung der sprachlichen Erklärung betrachtet werden. Seine Intention liegt nicht in der Stufe selbst, sondern im Übergang, d.h. die Stufe bedeutet nichts als die temporäre Mitte.

seines Buches *Die Metamorphose der Pflanzen* Phänomene wie die „durchgewachsene Rose" und die „durchgewachsene Nelke." Bei diesen entwickelt sich das Pistill nicht zur Frucht, sondern weiter zum Stängel und zum Knoten. Aus dem Zentrum des Pflanzenteils bricht unerwartet ein Stamm durch. Das Blühen soll eigentlich einer der schönsten Momente der Pflanzen sein, in dem die Blüte sich rein offenbart und durch die Kooperation mit der Biene vom Pistill zur Frucht übergeht. Aber während des Wachstums bohrt sich bei den Abweichungen der Stängel hindurch und zerstört die anmutige Figur der Pflanzen.

Eine derartige Abnormität erfüllt die Menschen mit Abscheu, sie werden die Augen abwenden und sagen, dass dies nicht die wahre Gestalt der Rosen sei, sondern ein unglücklicher Fehler oder ein Mangel und dass dieser abnorme Zustand ignoriert werden sollte. Nach Goethes Ansicht können Linné und die anderen Naturhistoriker dieses Phänomen nicht überzeugend erklären, weil es für sie nicht das wesentliche Thema darstellt, das darin besteht, dass der Gegenstand ihrer naturhistorischen Sammlung möglichst als ein vollständiges Exemplar zu präsentieren ist. Für die gewünschte Sammlung soll immer ein typisches und wohlgestaltetes Probestück gewählt werden.

Für Goethe zeigen diese sogenannten Fehler oder Mängel jedoch eine Gesetzmäßigkeit in der Metamorphose. Hier zeigt sich der Entwurf der Metamorphoselehre Goethes, die Ganzheit der Pflanzenwelt zu erfassen, da nämlich das Leitthema der Morphologie die Herkunft und Entfaltung des Lebewesens sowie die Bildung und Umbildung des Organismus betrifft. Die krankhafte Abweichung stellt dabei auch ein wichtiges Forschungsobjekt für Goethe dar, weil sie eine Art von Umbildung ist.[49] Wenn man diese merkwürdige Gestalt der missgebildeten Pflanze in ihrem Wachstum kontinuierlich beobachtet, erfasst man sie als eine verständliche Entfaltung durch die Wechselwirkung mit weiteren Organen und in anderer Umgebung. Alle Pflanzenteile und Stufen stellen einen bloßen Knotenpunkt dar und haben nach Goethes Ansicht kein unvermeidbares Schicksal, das sie zu einer bestimmten Gestalt werden lässt, z.B. vom Pistill zum Stängel. Dies zeigt laut Goethe die Gesetzmäßigkeit des Rückwärtswachstums der Metamorphose. Die Abweichung stellt das Produkt eines naturgemäßen Prozesses dar und ist in Goethes Morphologie plausibel erklärbar. In

---

49 Goethe weist darauf hin, dass die Metamorphose in seiner Zeit als Phänomen der Missbildung bezeichnet wird: „Freilich wäre hiebei, um nicht, wie bisher, der guten Sache zu schaden, von der eigentlichen, gesunden, physiologisch-reinen Metamorphose auszugehen und alsdann erst das Pathologische, das unsichere Vor- und Rückschreiten der Natur, die eigentliche Mißbildung der Pflanzen darzustellen und hiedurch dem hemmenden Verfahren ein Ende zu machen, bei welchem von Metamorphose bloß die Rede war, wenn von unregelmäßigen Gestalten und von Mißbildungen gesprochen wurde" (WA II, 6, S. 172).

seinen späteren Jahren schreibt er in seinem botanischen Artikel *Wirkung dieser Schrift und weitere Entfaltung der darin vorgetragenen Idee:*

> „Wenn eine Pflanze nach innern Gesetzen, oder auf Einwirkung äußerer Ursachen, die Ge-
> stalt, das Verhältniß ihrer Theile verändert; so ist dieses durchaus als dem Gesetz gemäß
> anzusehn und keine dieser Abweichungen als Miß- und Rückwuchs zu betrachten.
> Mag sich ein Organ verlängern oder verkürzen, erweitern oder zusammenzichn, ver-
> schmelzen oder zerspalten, zögern oder sich übereilen, entwickeln oder verbergen, alles ge-
> schieht nach dem einfachen Gesetz der Metamorphose, welche durch ihre Wirksamkeit so-
> wohl das Symmetrische als das Bizarre, das Fruchtende wie das Fruchtlose, das Faßliche
> wie das Unbegreifliche vor Augen bringt" (WA II, 6, S. 276).

Die Morphologie und die Naturhistorie berücksichtigen ebenso die Mannigfaltigkeit der Gegenstände, aber für die Naturhistorie ist der mittlere Zustand der
Entwicklung nicht das Ziel der Forschung. Für Goethes Morphologie bildet er im
Gegensatz dazu jedoch gerade den thematischen Gegenstand. Goethes Denkweise über den Stellenwert der Abnormität entwickelt sich aus der Perspektive,
welche die proteusartigen Gegenstände nicht auf ein zeitloses, vollendetes Modell reduziert, sondern vielmehr die Veränderlichkeit des Organs in der Reihe
und der Entwicklung serienweise beobachtet. Die Urpflanze in Goethes Morphologie besteht im sich entwickelnden Zustand des unvollendeten Gegenstandes.
Sie schließt daher die Abnormität des Phänomens nicht aus. Die typische Forschung der Morphologie Goethes enthüllt die Abweichungen des Organismus
und deshalb ist Goethe davon überzeugt, dass seine Lehre das naturgemäße Verfahren ist, das die Ganzheit des Gegenstandes als solchen begreift und die kontinuierliche Metamorphose von einem Knotenpunkt zum anderen verfolgt.

3.3. Untersuchung des Ursprungs der Farben

Die Farbenlehre untersucht einen gänzlich anderen Gegenstand als die Pflanzenwissenschaft, aber die oben erwähnten Eigenschaften der Urpflanze zeigen
sich auch im Urphänomen der Farben. Goethe beschreibt das Urphänomen konkret im didaktischen Teil seiner Farbenlehre:

> „Das, was wir in der Erfahrung gewahr werden, sind meistens nur Fälle, welche sich mit ei-
> niger Aufmerksamkeit unter allgemeine empirische Rubriken bringen lassen. Diese subordi-
> nieren sich abermals unter wissenschaftliche Rubriken, welche weiter hinaufdeuten, wobei
> uns gewisse unerläßliche Bedingungen des Erscheinenden näher bekannt werden. Von nun
> an fügt sich alles nach und nach unter höhere Regeln und Gesetze, die sich aber nicht durch
> Worte und Hypothesen dem Verstande, sondern gleichfalls durch Phänomene dem An-
> schauen offenbaren. Wir nennen sie Urphänomene, weil nichts in der Erscheinung über ih-

nen liegt, sie aber dagegen völlig geeignet sind, daß man stufenweise, wie wir vorhin hin-
aufgestiegen, von ihnen herab bis zu dem gemeinsten Falle der täglichen Erfahrung nieder-
steigen kann. Ein solches Urphänomen ist dasjenige, das wir bisher dargestellt haben. Wir
sehen auf der einen Seite das Licht, das Helle, auf der andern die Finsterniß, das Dunkle, wir
bringen die Trübe zwischen beide, und aus diesen Gegensätzen, mit Hülfe gedachter Vermittlung, entwickeln sich, gleichfalls in einem Gegensatz, die Farben, deuten aber alsbald
durch einen Wechselbezug unmittelbar auf ein Gemeinsames wieder zurück" (WA II, 1, S.
72f.).

Goethe erwähnt das Licht, den Schatten und die Trübe als Elemente des Urphänomens und ebenso die anschauliche Methode bei der Untersuchung der Farbenlehre. Diese Lehre, die das Licht und den Schatten als fundamentale Struktur
ansetzt, ist eigentlich kein Gedanke, der exklusiv auf Goethe zurückgeht, da
bereits Aristoteles eine vergleichbare Lehre formuliert hat. In der newtonschen
Optik wird die Finsternis als Forschungsobjekt ausgeschlossen und die Farben
werden als die Refrangibilität des Lichts angesehen, d.h. die Finsternis ist einfach ein Mangel an Licht und die einzelne Farbe korrespondiert mit dem jeweiligen Unterschied des Brechungsindexes des Lichtes.

In Goethes Lehre von Licht und Schatten sind die Farben dunkler als das
Licht. Ihre Mischung verliert selbst an Helligkeit und nähert sich dem Schwarz
als ideellem Zustand wie eine subtraktive Farbmischung nach der Begrifflichkeit
der modernen Wissenschaft. Ihr Prinzip der Farbmischung bildet das Fundament
für die Farbdarstellung durch das Pigment und wird hauptsächlich als Farbentheorie in der Malerei angewendet. Dies stellt die exakte Umkehrung des Gesetzes
der newtonschen Optik dar. Ihr Prinzip beinhaltet die additive Farbmischung, in
der die Farben eine Art von Licht sind und das Weißlicht von der Vermischung
allen Farblichts erzeugt wird. Der ursprüngliche Plan der Farbenlehre Goethes
liegt in der Farbentheorie für die Malerei, weshalb es selbstverständlich ist, dass
seine Lehre auf der Seite der Licht-Schatten-Theorie steht.

In Goethes Farbenlehre bedeutet das Licht keine zusammengesetzte plurale
Entität wie in der newtonschen Optik, sondern eine unteilbare Einfachheit. Die
Dunkelheit ist keine Bezeichnung für den Mangel an Licht, weil sie – wie bereits
erwähnt – für den Menschen tatsächlich ein wahrnehmbares Phänomen ist. Goethe betrachtet die Beziehung zwischen Licht und Schatten als eine Polarität in
der Farbenwelt.

Diese Polarität spielt eine zentrale Rolle in Goethes Naturlehre, wie oben bereits in Bezug auf Schellings Naturphilosophie erwähnt wurde. Goethe konsta-
tiert in seinem Brief über die Natur an Friedrich von Müller im Mai 1828: „Die
Erfüllung aber, die ihm fehlt, ist die Anschauung der zwei großen Triebräder
aller Natur: der Begriff von *Polarität* und von *Steigerung*" (WA II, 11, S. 11).

Die Polarität wird neben der Steigerung als das Entwicklungsprinzip der Natur betrachtet und dieses wird als Licht und Schatten in der Farbenlehre dargestellt.

Das Licht hat zwar als solches keine Gemeinsamkeit mit der Finsternis, aber beide Pole ergänzen sich nach Goethes Auffassung gegenseitig wie Systole und Diastole oder Ein- und Ausatmen. Wie bereits zitiert, beschreibt Goethe in einem Aufsatz über den dynamischen Prozess der zwei unterschiedlichen Kräfte im Oktober 1805: „Die Vereinigung kann aber auch im höheren Sinne geschehen, indem das Getrennte sich zuerst steigert und durch die Verbindung der gesteigerten Seiten ein Drittes, Neues, Höheres, Unerwartetes hervorbringt" (WA II, 11, S. 166). Mit der Einführung der Vorstellung der Polarität erwirbt das Phänomen eine Labilität und versucht, einen Ausgleichspunkt der entzweiten Tätigkeiten zu finden. Im schwankenden Punkt der Proportionen taucht eine neue Synthesis auf, nämlich die Farbe. Nach Goethe ist die Polarität die Grundlage für die Genesis der Farben. Wenn die Polarität als ein Prinzip vorausgesetzt werden soll, stellt sich die Frage, was die zwei Pole genau ausmacht. Dies ist die Frage nach den einzelnen Elementen des Urphänomens.

3.4. Das Auge: Sehen als Tat

Bevor ich die strukturellen Bestandteile des Urphänomens erörtere, werde ich mich im Folgenden der Thematik des Auges zuwenden. Obwohl das Auge eine wichtige Prämisse für Goethes Farbenlehre darstellt, wird es nicht als ein Element des Urphänomens angesehen. Diese Tatsache verdeutlicht eine weitere Konstruktion der goetheschen Farbenlehre. In der modernen Optik gilt das Auge im Allgemeinen als ein neutraler Beobachtungspunkt und nimmt nach dieser Auffassung kaum in aktiver Weise an der Darstellung des Sichtbaren teil. Das Auge erscheint in der modernen Optik daher desto idealer, je weniger es sich an der Erscheinung beteiligt. Goethes größte Leistung in der Geschichte der Farbenlehre liegt in der Untersuchung der physiologischen Farben und der Gesetzmäßigkeit des Farbenkreises mit den Komplementärfarben. Dabei ist das Auge ein relevantes Element. Warum befürwortet Goethe nicht das Auge als einen Teil des Urphänomens, obwohl man die Farben durch das Auge sehen soll? Soll das Auge wie in der modernen Optik von der Farbenlehre ausgeschlossen werden? Goethe erläutert seine Auffassung über das Auge in der Einleitung der Farbenlehre, indem er auf die ionische Schule und Plotin Bezug nimmt:

„Das Auge hat sein Dasein dem Licht zu danken. Aus gleichgültigen thierischen Hülfsorganen ruft sich das Licht ein Organ hervor, das seinesgleichen werde; und so bildet sich das Auge am Lichte fürs Licht, damit das innere Licht dem äußeren entgegentrete.

Hierbei erinnern wir uns der alten ionischen Schule, welche mit so großer Bedeutsamkeit immer wiederholte: nur von Gleichem werde Gleiches erkannt, wie auch der Worte eines alten Mystikers, die wir in deutschen Reimen folgendermaßen ausdrücken möchten:

> Wär' nicht das Auge sonnenhaft,
> Wie könnten wir das Licht erblicken?
> Lebt' nicht in uns des Gottes eigne Kraft,
> Wie könnt' uns Göttliches entzücken?" (WA II, 1, S. 31).[50]

Goethe erwähnt hier eine ionische Lehre, welche eine Identität des Auges und des Sonnenlichtes, also des Sehens und des Beleuchtens, postuliert, um den Gehalt der Anschauung entsprechend mit dem Objekt zu erfüllen. Diese Lehre besagt, dass das Auge das Licht erkennen kann, weil jenes diesem ähnlich ist. Nach Leonardo da Vinci, der diese Idee übernimmt, wird ein Gegenstand dadurch wahrgenommen, dass einerseits Licht aus dem Auge ausgesandt wird, das andererseits mit demjenigen Licht verbunden wird, welches aus dem Gegenstand strömt.

Zwar erkennt Goethe die Idee der ionischen Schule und die Plotins in ihrer „große[n] Bedeutsamkeit" an, aber er übernimmt das Konzept des Augenlichts nicht vollständig und nennt den Vertreter dieses Gedankens, Plotin, einen alten „Mystiker." Goethe hält Abstand zu ihnen und glaubt nicht, dass ihre Lehre in allen Aspekten richtig ist, aber er hält ihre Idee für prägnant, denn er nimmt sie teilweise in seinem Sinne auf. Er übernimmt die Idee der unmittelbaren Verbindung von Auge und Licht, wobei er von einem Sichbilden des Auges ausgeht: „[…] bildet sich das Auge am Lichte fürs Licht." Es geht hier um eine genetische Beziehung zwischen dem Auge und dem Licht, wie er es in der Morphologie des Tieres thematisiert.[51] Goethe erläutert in seinem unfertigen Artikel *Versuch einer allgemeinen Vergleichungslehre* von 1790:

---

50 Mit der ionischen Schule meint Goethe vermutlich hauptsächlich Parmenides und Empedokles und mit dem Mystiker Plotin. Goethe zitiert hier Plotins Dichtung über das Auge und die Sonne. Vgl. Plotin, *Enneaden*, I. Buch, 6, Kap. 9.

51 Heutzutage wird diese Beziehung in Bezug auf die Bewegung des Lebewesens erklärt, dass man bei den Einzellern wie der Amöbe oder Euglena ein primitives Organ des Lichtrezeptors bemerken kann und dass sie mit dem Licht den Unterschied des Oben und Unten beurteilen können. Damit entscheiden sie über die Richtung ihrer Bewegung. Vgl. Andrew Parker, *In the Blink of an Eye: How Vision Sparked the Big Bang of Evolution*, Perseus Publishing, Cambridge, 2003. Man kann hier jedoch nicht erkennen, dass Goethe sich eine Idee einer Evolutionstheorie wie z.B. Charles Darwin vorstellt.

„Der Fisch ist für das Wasser da, scheint mir viel weniger zu sagen als: der Fisch ist im Wasser und durch das Wasser da; denn dieses letzte drückt viel deutlicher aus, was in dem erstern nur dunkel verborgen liegt, nämlich: die Existenz eines Geschöpfes, das wir Fisch nennen, sei nur unter der Bedingung eines Elementes, das wir Wasser nennen, möglich, nicht allein, um darin zu sein, sondern auch um darin zu werden" (WA II, 7, S. 220).

Wenn man sich ein hochentwickeltes Lebewesen vor Augen hält, neigt man dazu, sich eine naive Teleologie der Lebewesen vorzustellen und dadurch einen Zweck der Organe und der Gestalt erklären zu wollen, z.b. die Aussage, dass der Fisch seine Schuppen und Flossen hat, um zu schwimmen. Goethe weist vielmehr auf ein bildendes Verhältnis des Lebewesens mit dem Element seiner Umgebung wie Wasser, Licht, Luft und Gravitation hin, indem er z.b. „für das Wasser" mit „durch das Wasser" ersetzt. Er meint damit, dass der Fisch sich mit dem Wasser *durch* die Bildung vereint, d.h. der Umweltfaktor Wasser enthält eine innere Verbindung nicht nur für die vorhandene Gestalt des Fisches selbst, sondern auch für die genetische Entwicklung der Gestalt des Fisches. Das Wasser zeigt sein Wesen dem Fisch nur in seiner Bildung oder Bewegung. Daher ist es für den Fisch eigentlich nicht Gegenstand der Erkenntnis. Der Fisch muss nicht im Falle der Bewegung das Wasser erkennen, oder genauer gesagt, er soll es nicht erkennen, weil er nur z.b. auf den Raubfisch oder die Nahrungsmittel achtet und die Erkenntnis des Wassers einfach seine Handlungen verhindern würde.

Die Gravitationskraft ist z.B. auch kein Objekt unserer Erkenntnis und man ist sich ihrer Existenz gewöhnlich nicht bewusst, aber ihre mächtige Kraft ist in jeder Bewegung gegenwärtig. Ebenso ist das Licht für das Auge kein Erkenntnisobjekt, sondern vielmehr eine Bedingung seiner Aktion und Genesis. Daher ist das Auge kein stilles Subjekt als idealer Beobachter, wie es die Vorstellung der modernen Naturwissenschaft ist, und auch keine besondere erkenntnistheoretische Komponente. Das Auge empfängt nicht das Licht selbst, sondern die Farbe als eine Wirkung des Lichts. Zudem wächst das Auge oder bildet sich selbst beim jeweiligen Sehen mit der Wirkung der Beleuchtung, so wie sich Muskeln durch die Bewegung unter den Bedingungen der Schwerkraft ausbilden.

Das Licht ist nach Goethes Ansicht eine Tätigkeit und verleiht dem Empfänger seine ihm gleiche Aktivität. Der Empfänger des Lichts ist daher nicht auf das Auge beschränkt. Goethe äußert im Paralipomenon zur Einleitung des didaktischen Teils: „Das Auge ist vorzüglich das Organ, wodurch wir die Farben gewahr werden; doch sollen Blinde die Farbe gefühlt, ja gerochen haben" (WA II, 5, 2, S. 11).

Goethe bezieht sich hier auf einen Bericht über einen Blinden, der behauptete, mithilfe seines Tastsinnes Farben erkennen zu können. Er überlegt sich dann Möglichkeiten der Farbwahrnehmung und kommt zu dem Schluss, dass das

Auge die Wahrnehmung zwar durchaus dominiert, aber nicht in absoluter Weise, denn die Farben werden nicht ausschließlich mit dem Auge wahrgenommen. Die Farberscheinung kann sich vielmehr in unterschiedlichen Gebieten der Sinne offenbaren und wird hauptsächlich in der Synästhesie thematisiert, in der man Farben etwa beim Lesen oder beim Hören von Musik fühlen kann usw. Synästhetisch begabte Menschen nehmen z.B. beim Lesen des Alphabets farbige Buchstaben wahr oder bei einzelnen Tonleitern einen chromatischen Klang.

Das Thema der sinnlich-sittlichen Wirkung der Farben bei Goethe enthält die Beziehung zwischen den Farben und dem Gefühl wie in der Malerei. Diese Verbindung benötigt eigentlich nicht unter allen Umständen das Auge. Das Verfahren, durch Farbharmonien Emotionen zu wecken, bedarf nicht exklusiv des Auges. Man kann seine Augen schließen und gemäß dem inneren Gefühl aus seinem Gedächtnis eigenständig nach den Harmonien der Farben fragen, ob sie angenehm oder unangenehm sind. Das Farbgefühl kann außerdem durch den Gehör- oder Tastsinn wahrgenommen werden. Zwar beschreibt Goethe nicht solche synästhesieartigen Farben, aber er untersucht die Harmonie der Farben und kann damit sein Forschungsobjekt erweitern. Außer dem Hören oder Fühlen der Farben kann man z.B. eine Farbe sogar ohne sinnliche Wahrnehmung erkennen: Wir können einen farbigen Traum träumen und diese Farben im Traum erscheinen uns ohne Fenster, nicht durch die Perzeption, sondern durch das Bewusstsein. Wenn das Licht sich aus einem beliebigen tierischen Hilfsorgan ein Organ bildet, sind andere Formen des Lichtempfangs immer möglich.

Das Auge zeigt nur einen Teil des Farbphänomens und kann nicht als ein ursprüngliches Element bezeichnet werden. Weil der Gehalt der Tätigkeit des Lichts noch nicht klar ist, entwickelt sich die goethesche Farbenforschung gemäß der Verwirklichung des tätigen Lichts in unserem Vermögen.

3.5. Die nicht wahrnehmbare Trübe als Moduswechsel der Farben

Goethe verbindet das Urphänomen nicht mit dem Auge, sondern mit dem Phänomen der Trübe. Die Trübe ist ein Vermittler zwischen Licht und Schatten. Diese Polarität soll hier jedoch noch einmal betrachtet werden, da sie nicht so einfach zu verstehen ist, denn der Gegensatz zwischen Licht und Schatten ist als solcher in der Erlebniswelt nicht immer vorhanden.

Es ist nicht klar, dass sich das Licht in Wirklichkeit mit der Finsternis verbindet, wie der Monismus des Lichts behauptet. Wenn man eine Lampe in den Nachthimmel hält, ist es nach wie vor dunkel. Auch wenn man eine noch hellere

Lichtquelle verwendet, bleibt es dunkel und man kann die Polarität von Licht und Schatten nicht sehen. In dieser Situation gibt es jedoch tatsächlich zum einen das grelle Licht aus der Lampe und zum anderen die tiefe Finsternis. Der von Licht erfüllte Raum ist dunkel. Nur das Licht und die Finsternis scheinen nebeneinander ohne Bezug und Vermischung zu existieren. Sie bilden Gegensätze und heben sich ohne Gemeinsamkeit voneinander ab.

Versucht man dann zum Beispiel am Mittag, mit einem Vorhang das Licht aus dem Zimmer auszusperren und durch das Fenster nur einen Spalt Licht hereinzulassen, so sieht man die Farbe der Wand mit der Reflexion des Lichts. Man blickt in die Richtung der dunklen Seite des Raumes, welche das Licht durchquert, und nimmt doch nichts als Finsternis wahr. Streckt man seine Hand zur Dunkelheit hinaus, so wird die Hand beleuchtet und ihre Schattenfigur wird auf die Wand projiziert. In der beleuchteten Hand taucht die lückenlose Grenze der hellen und dunklen Seite mit den Farben auf. Die Polarität zeigt sich auf der Hand, denn sie braucht eine Vermittlung, um zu erscheinen.

Goethe nennt denjenigen Ort, der die Grenze zwischen Licht und Schatten ermöglicht, die Trübe, oder allgemeiner: die Vermittlung.[52] Er beschreibt diese Art der Vermittlung in einem Artikel mit der Überschrift *Der Ausdruck Trüb*:

> „Licht und Finsterniß haben ein gemeinsames Feld, einen Raum, ein Vacuum, in welchem sie auftretend gesehen werden. Dieser ist das Durchsichtige. (Ohne Durchsichtiges ist weder Licht noch Finsterniß. Dieses Vacuum aber ist nicht die Luft, ob es schon mit Luft erfüllt sein kann.)

> Wie sich die einzelnen Farben auf Licht und Finsterniß als ihre erzeugenden Ursachen beziehen: so bezieht sich ihr Körperliches, ihr Medium, die Trübe, auf das Durchsichtige. (Jene geben den Geist, dieses den Leib der Farbe.)" (WA II, 5i, S. 394f.)

Das dritte Element des Urphänomens, die Trübe, ermöglicht den gemeinsamen Raum des Lichts und des Schattens und dort bildet ihre Polarität eine Art komplementäre Beziehung. Es gibt verschiedene Trüben: Luft, Nebel, Rauch, Wasser, Glas, Stein oder der Leib als organischer Körper usw. In Goethes Farbenlehre verändert sich die Form der Trübe entsprechend der Forschungssphäre und dem Grad der Durchsichtigkeit:

---

52 Goethe stellt dieses Verhältnis im *Faust* dichterisch dar: „MEPHISTOPHELES: Bescheidne Wahrheit sprech ich dir. / Wenn sich der Mensch, die kleine Narrenwelt, / Gewöhnlich für ein Ganzes hält: / Ich bin ein Teil des Teils, der anfangs alles war, / Ein Teil der Finsternis, die sich das Licht gebar, / Das stolze Licht, das nun der Mutter Nacht / Den alten Rang, den Raum ihr streitig macht, / Und doch gelingt's ihm nicht, da es, soviel es strebt, / Verhaftet an den Körpern klebt. / Von Körpern strömt's, die Körper macht es schön, / Ein Körper hemmt's auf seinem Gange, / So, hoff ich, dauert es nicht lange, / Und mit den Körpern wird's zugrunde gehn" (WA I, 14, S. 67).

- die Trübe als luftartige Form wie Nebel oder Rauch, die hauptsächlich im Zuge der Behandlung der physiologischen Farben thematisiert wird;
- die etwas kompaktere, aber durchsichtige Trübe wie z.b. das Prisma oder das Wasser in den physikalischen Farben und
- die äußerst kompakte und undurchsichtige Vermittlung wie z.b. das Mineral oder die Haut von Pflanzen und Tieren bei den chemischen Farben.

Wie oben bereits ausgeführt sind das Licht und die Finsternis nach der Farbenlehre Goethes keine eigentlichen Gegenstände der Erkenntnis. Ebenso ist die Vermittlung auch kein direktes Erkenntnisobjekt wie das Wasser für den Fisch. Die Farben erscheinen auf der Grundlage der Vermittlung durch die Proportion zwischen Licht und Schatten. Man erkennt nicht die einzelnen Elemente des Urphänomens, sondern eine bloße Farberscheinung als einen Effekt dieser Elemente. Den Himmel, der eigentlich vollständig dunkel vermutet wird, sieht man bei Tageslicht aufgrund der trüben Luft in blauer Farbe. Wenn die Luft dicker wird, erscheint er in gelber und später in roter Farbe. Weil alle Elemente des Urphänomens durchsichtig sind, sehen wir sie nicht direkt.

Die Farben ändern ihre Abstufung, ihren Modus und die Stärke ihrer Erscheinung entsprechend der Trübe. Die Dicke der Trübe bestimmt die Farbänderung, so z.b. beim Abendhimmel vom Blau zum Rot. Das heißt, dass die quantitative Zunahme der Luft die qualitative Veränderung der Farben bewirkt. Die winkelige durchsichtige Materie eines Prismas zeigt den Regenbogen und je nachdem, wie der Winkel des Prismas gewechselt wird, verändert sich der Inhalt der Farben. *Ipomoea indica* aus der Gattung der Prunkwinden wechselt aufgrund der Temperatur ihre Farbe: Ihre Blüte erscheint frühmorgens blau, aber sie ändert sich im warmen Mittag hin zum Violett. Diese Vermittlungen ermöglichen in allen Gebieten die charakteristischen Phänomene der Farben. Ebenso stellt das Gefühl eine Vermittlung in Goethes Farbenlehre dar. Der Eindruck des Roten oder des Gelben wird nicht als äußere Erscheinung durch die materielle Trübe thematisiert, sondern als ein inneres Gefühl, sozusagen durch die emotionale Vermittlung hervorgerufen. Goethe erwähnt einen Versuch, die Wirkung der Farben auf der Grundlage des Gefühls als Impression zu beschreiben:

„Diese einzelnen bedeutenden Wirkungen vollkommen zu empfinden, muß man das Auge ganz mit einer Farbe umgeben, zum Beispiel in einem einfarbigen Zimmer sich befinden, durch ein farbiges Glas sehen. Man identifiziert sich alsdann mit der Farbe; sie stimmt Auge und Geist mit sich unisono" (WA II, 1, S. 309).

Goethe ließ tatsächlich die Wände seines Hauses in Weimar mit verschiedenen Farben streichen, um dort eine bestimmte Wirkung der Farben auf den Geist auszulösen. Die Wirkung des Gelben im Sinne einer heiteren Impression stellt in der Farbenlehre Goethes eine bestimmte Art von Farberscheinung dar. Der Vermittlungswechsel leitet den Übergang des Modus der Farberscheinung ein und bezeichnet den Moment des Dimensionswechsels der Erscheinung. Deswegen ist die Trübe für die Mannigfaltigkeit der Farben verantwortlich. Die Trübe beinhaltet den Ort des Werdens der Farben und die Neuentdeckung der Vermittlung weist auf die Möglichkeit eines weiteren Gebiets der Farbenforschung hin. Goethes Farbenlehre scheint zuvor aus einer uneinheitlichen Ansammlung vieler Themen aus inkompatiblen Forschungsgebieten der Farben wie der Malerei, der Physiologie oder der Physik der Farben bestanden zu haben, aber die Erläuterung der Vermittlung gibt diesem scheinbaren Durcheinander einen Leitfaden, denn seine Farbenlehre besteht damit eigentlich aus der einfachen Struktur des Urphänomens.

3.6. Licht in der Erfahrungsgeschichte

Im Folgenden soll der Frage nach dem nächsten Bestandteil des Urphänomens, nämlich dem Licht, nachgegangen werden. Was ist das Licht für Goethe? Er relativiert diese Fragestellung allerdings in den ersten Zeilen im Vorwort der „Farbenlehre":

> „Ob man nicht, indem von den Farben gesprochen werden soll, vor allen Dingen des Lichtes zu erwähnen habe, ist eine ganz natürliche Frage, auf die wir jedoch nur kurz und aufrichtig erwidern: es scheine bedenklich, da bisher schon so viel und mancherlei von dem Lichte gesagt worden, das Gesagte zu wiederholen oder das oft Wiederholte zu vermehren" (WA II, 1, S. 9).

In der Geschichte wird das Licht oft und in mannigfaltiger Weise thematisiert. Es wird nicht nur in den Kontext des natürlichen Lichts gestellt, sondern ebenso wird es in Beziehung zum religiösen Bereich und insbesondere zur Erkenntnis des göttlichen transzendenten Wesens gesetzt. Platon und seine Schüler zeigen uns diesbezüglich einen Typus des Lichts und der Transzendenz in der abendländischen Geschichte: Platon verwendet das Licht und den Schatten im Höhlen- und Sonnengleichnis als eine Erkenntnisquelle, um die Bedeutung der Idee zu erklären: Die Sonne als Lichtquelle (nämlich die Idee des Guten) verleiht dem Gegenstand des Wissens (νοούμενον) die Wahrheit und der Vernunft (νοῦς) das Erkenntnisvermögen. Und dieses Motiv, bei dem Gott sich der menschlichen

Erkenntnis mit dem Licht offenbart, wird in den mystischen Schulen oder Sekten immer wiederholt, wie uns die Geschichte des Begriffs der Emanation oder Erleuchtung (*illuminatio*) erzählt: Die Emanation von Plotin bedeutet das Ausfließen aus dem Einen (τὸ ἕν) sowie das Quellen des Wassers aus der Erde oder das Ausströmen des Lichts aus der Sonne. Wie Goethe die neuplatonische Dichtung über das Auge und die Sonne von Plotin in seiner Farbenlehre für die Erklärung des Auges zitiert, so weist sein Gedanke des Auges oder des Lichts auf die Tradition von Platon hin, aber er thematisiert das Farbphänomen innerhalb der religiösen oder metaphysischen Sphäre nicht positiv.[53]

Über das Thema des natürlichen Lichts sind im Laufe der Geschichte viele Untersuchungen vorgelegt worden, welche die physikalischen Eigenschaften und auch das metaphysische Wesen des Lichts zu erklären versuchen, aber Goethe lehnt die Erklärungsversuche des metaphysischen Lichts ab. Obwohl er freilich anerkennt, dass das Licht eine wesentliche Rolle in der Farberscheinung spielt, äußert er sich weder über das göttliche noch über das natürliche Licht. Weil er das Licht als einen Bestandteil der Polarität und des Urphänomens sieht, wäre es allerdings angezeigt gewesen, das Licht zu definieren. Die moderne Wissenschaft vermeidet normalerweise die Verwendung undefinierter Begriffe in ihrer Theorie, da sonst der Umriss dieser Theorie einfach zu ungenau wäre. Goethe erklärt den Grund des Verzichts der Definition des Lichts im obigen Zitat anders:

> „Denn eigentlich unternehmen wir umsonst, das Wesen eines Dinges auszudrücken. Wirkungen werden wir gewahr, und eine vollständige Geschichte dieser Wirkungen umfaßte wohl allenfalls das Wesen jenes Dinges. Vergebens bemühen wir uns, den Charakter eines Menschen zu schildern; man stelle dagegen seine Handlungen, seine Thaten zusammen, und ein Bild des Charakters wird uns entgegentreten.
> Die Farben sind Taten des Lichts, Taten und Leiden" (WA II, 1, S. 9).

---

53 Im letzten Paragraphen im didaktischen Teil deutet Goethe allerdings mystische Farben an: „919. Wenn man erst das Auseinandergehen des Gelben und des Blauen wird recht gefaßt, besonders aber die Steigerung ins Rothe genugsam betrachtet haben, wodurch das Entgegengesetzte sich gegeneinander neigt, und sich in einem Dritten vereinigt, dann wird gewiß eine besondere geheimnißvolle Anschauung eintreten, daß man diesen beiden getrennten, einander entgegengesetzten Wesen eine geistige Bedeutung unterlegen könne, und man wird sich kaum enthalten, wenn man sie unterwärts das Grün und oberwärts das Roth hervorbringen sieht, dort an die irdischen, hier an die himmlischen Ausgeburten der Elohim zu gedenken. / 920. Doch wir thun besser, uns nicht noch zum Schlusse dem Verdacht der Schwärmerei auszusetzen, um so mehr als es, wenn unsre Farbenlehre Gunst gewinnt, an allegorischen, symbolischen und mystischen Anwendungen und Deutungen, dem Geiste der Zeit gemäß, gewiß nicht fehlen wird" (WA II, 1, S. 358f.). Albrecht Schöne interpretiert die Farbenlehre Goethes im Kontext der religiösen Tradition als einen Glaubensstreit. Vgl. Albrecht Schöne, *Goethes Farbentheologie*, C. H. Beck, München, 1987.

Es wird deutlich, dass Goethe nicht dem Wesen des Objekts, sondern vielmehr seiner Wirkung folgt. Er erläutert dies näher durch ein Gleichnis über die Beziehung zwischen der menschlichen Natur und der Tat. Wie Goethe schreibt, ist es tatsächlich schwer zu erkennen und auszudrücken, worin der Charakter oder die Natur einer Person besteht. Das Wesen eines Menschen ist unklar, weil jede Person immer eine Möglichkeit der Selbstveränderung hat. So war sie früher eine andere Person, als sie es gegenwärtig ist und künftig noch werden kann. Zudem kann diese Person ihr Handeln nach ihrem Willen immer wieder verändern. Die Natur einer Person oder von sich selbst zu erkennen, erweckt immer wieder den Eindruck, dass man sein Ziel verfehlt, weil dieses vermutete Wesen überhaupt nicht existiert. Sein Tun, sein Werk und seine Hervorbringungen zeigen sich uns jedoch tatsächlich als vollendete, abgeschlossene Ereignisse. Daher zeigt uns dies gewissermaßen eine lesbare Spur dieser Person, obwohl sie nicht mit ihrem Wesen identifiziert werden kann.

Wenn ein Forschungsgegenstand wie der Charakter einer Person veränderlich ist, dann ist es vernünftig, dass das Wesen des Objekts vor dem Ansatz der genauen Untersuchung nicht strikt definiert wird, sondern dass vielmehr einfach die jeweiligen Ermöglichungen des veränderlichen Wesens wie die Handlungen einer Person beachtet werden. Goethe bezeichnet das Wesen des Lichts als ein im Grunde inhaltsloses Wort und meint damit die noch nicht ausgefüllten Möglichkeiten der werdenden Natur, d. h. die „Taten des Lichts."

Dem undeutlichen Ausdruck des Lichts widersprechend, beschreibt Goethe in der Tat sehr sorgfältig diese Einführung über das Licht im Vorwort seiner Farbenlehre. Schon Schiller hat Goethe Fragen zur Bedeutung des Lichts gestellt. Daher soll die Aussage über die Ausklammerung der Bedeutung des Lichts im Vorwort seiner Farbenlehre als ein Ergebnis der Diskussion mit Schiller betrachtet werden. Schiller schickt am 16. Februar 1798 einen Brief an Goethe und fragt nach der erkenntnistheoretischen Eigenschaft des Lichts in der schlichten Aussage:

„Ist die Farbe nur ein Accidens vom Licht, und mithin nichts substantielles?
Ist die Farbe bloß Wirkung des Lichts?
Ist sie das Produkt einer Wechselwirkung zwischen Licht und einem von demselben verschiedenen substantiellen Agens = x? (Weil bei der Kategorie der Relation alles nur relativ genommen wird, so wird bei obiger Frage das Licht als eine Substanz gleich gesetzt, und die Frage ist also bloß: ist die Farbe durchaus nur ein Accidens, relativ vom Licht, oder ist sie auch etwas selbstständiges?)"[54]

---

54 Wilhelm Vollmer (Hrsg.), *Briefwechsel zwischen Schiller und Goethe*, Cotta, Stuttgart, 1881, Bd. 2, S. 34.

Schiller stellt anhand der zwölf Kategorien Kants die Frage, unter welcher dieser Kategorien das Licht und die Farben behandelt werden sollen und ob die Kategorie der Relation zutreffend sei. Kants Kategorie der Relation besteht aus „der Inhärenz und Subsistenz (substantia et accidens)", „der Kausalität und Dependenz (Ursache und Wirkung)" und „der Gemeinschaft (Wechselwirkung zwischen dem Handelnden und Leidenden)" (Kant, KrV, B, S. 106). Goethe denkt entsprechend dem Konzept des Urphänomens, dass die Farben aus der Polarität des Lichts und des Schattens sowie aus der Vermittlung entspringen. Schillers Fragen richten sich dabei darauf, worin die Beziehung der Farben mit dem Licht eigentlich besteht, ob das Licht für die Farben eine Substanz, eine Ursache oder eine Wechselwirkung ist und welche Kausalität dabei vorherrscht. Schiller erkundigt sich bei Goethe im gleichen Brief kurz darauf, ob „die Farben-Erscheinung selbst aber nur eine eigen modificirte Negation des Lichts ist." Goethes direkte Antwort auf Schillers Fragen am 17. Februar lautet folgendermaßen:

> „Was mich aber eigentlich zu jenem Schema nach den Kategorien geführt hat, ja was mich genöthigt auf dessen Ausführung zu bestehen, ist die Geschichte der Farbenlehre.
> Sie theilt sich in zwei Theile, in die Geschichte der Erfahrungen und in die Geschichte der Meinungen, und die letztere müssen doch alle unter den Kategorien stehen" (WA IV, 13, S. 68).

Goethe schreibt, dass die Anwendung der Kategorie in der geschichtlichen Betrachtung der Farbenlehre gefunden wird und diese Betrachtung in zwei Bereiche unterteilt wird. Der erste Bereich besteht aus den bloßen Erfahrungen und den Entdeckungen der Farben, der zweite aus den Meinungen, Neigungen oder Gesinnungen hinsichtlich des Lichtes. Diese Meinungsgeschichte betrachtet Goethe als eine unaufgeklärte Mischung von natürlichem, metaphysischem und religiösem Licht und den Bereich der Erfahrungsgeschichte als die Einfachheit des bloßen natürlichen Phänomens.[55]

Goethe zufolge soll die Frage nach den kantischen Kategorien, die Schiller gestellt hat, als eine Variante der metaphysischen Meinungen in der Geschichte

---

55 Das Thema der Beziehung von *lumen naturale* und *lumen gratiae* wird hauptsächlich in der Theologie z.B. von Augustinus von Hippo oder Thomas von Aquin diskutiert. Das *lumen naturale* bedeutet ein Vernunftvermögen, das die Dinge in der Natur versteht, und das *lumen gratiae* zeigt ein Erkenntnisvermögen, das die übernatürlichen Dinge wie Gott zu erkennen ermöglicht. Der dazwischen herrschende Unterschied wird allmählich z.B. mit den *Principia philosophiae* von René Descartes und dem *Traité de la nature et de la grâce* von Nicolas Malebranche deutlich. Diese Spanne spitzt sich im Zeitalter der Aufklärung dahingehend zu, dass sie nur noch in das *lumen naturalis* Vertrauen setzt.

der Definitionen des gemischten Lichts behandelt werden. Diese Handlung, die auf einem übernatürlichen Weg das Wesen der Natur zu begreifen versucht, kann – so erscheint es Goethe – weder die Essenz des Lichts noch die empirischen Farben erreichen, obwohl sie genau die Natur des Lichts thematisiert. Aus diesem Grund beantwortet Goethe in diesem Brief nicht direkt die Frage des Lichts mit der Kategorie der Relation.

Goethes Versuch einer ausführlichen Antwort auf Schillers Frage findet man dann jedoch im historischen Teil der Farbenlehre in Bezug auf Aristoteles:

> „Diese Gesinnung nahm immer mehr überhand, je mehr man sich dem Aristoteles entgegenstellte, der das Licht als ein Accidens, als etwas, das einer bekannten oder verborgenen Substanz begegnen kann, angesehen hatte. Nun wurde man immer geneigter, das Licht wegen seiner ungeheuern Wirkungen nicht als etwas Abgeleitetes anzusehen; man schrieb ihm vielmehr eine Substanz zu, man sah es als etwas Ursprüngliches, für sich Bestehendes, Unabhängiges, Unbedingtes an; doch mußte diese Substanz, um zu erscheinen, sich materiiren, materiell werden, Materie werden, als körperlich und endlich als Körper darstellen, als gemeiner Körper, der nun Theile aller Art enthalten, auf das verschiedenste und wunderlichste gemischt, und ungeachtet seiner anscheinenden Einfalt als ein heterogenes Wesen angesehen werden konnte. Dieß ist der Gang, den von nun an die Theorie nimmt und die wir in der Newtonischen Lehre auf ihrem höchsten Puncte finden" (WA II, 3, S. 291f.).

Goethe meint, dass Aristoteles das Licht zuerst als ein Akzidens betrachtet und dass die Relation des Akzidens und der Substanz über das Licht mit der Lehre des Aristoteles beginnt. Goethe schreibt in diesem Zusammenhang über den Physiker und Astronomen Grimaldi: „Ein Jesuit und Aristoteliker, der sich aber, wie mehrere dieser Schule, schon dahin neigt das Licht für eine Substanz zu erkennen, eine Meynung die er aber nicht öffentlich bekennen darf" (WA II, 5ii, S. 274). Die Schüler des Aristoteles und die christlichen Theologen erweitern die Lehre des Lichts in der Relation und vertauschen das Akzidens mit der Substanz.

Diese Verbindung mit der aristotelischen Philosophie und den Kirchenvätern gestaltet die Auffassung des Lichts quasi zum nahen, aber rückseitigen Verhältnis der kategorialen Bedeutung um. Dem Licht wird allmählich Göttlichkeit zugeschrieben und man schweift damit vom eigentlichen Thema in parteiischer und einseitiger Weise ab. Nach Goethe ist diese gemischte Tradition der antiken Naturlehre mit der Religion sogar in der newtonschen Optik spürbar und stellt trotz der Intention Newtons eines vernünftigen Versuchs doch eine mystische Untersuchung dar. Goethe schreibt in demselben Brief an Schiller am 17. Februar 1798:

> „Ich bin überzeugt und es wird sich in der Folge darthun lassen daß das Newtonische System nach und nach sich so viele Bekenner erwarb, weil ein Emanations- oder Emissionssystem, wie mans nennen will, doch immer nur eine Art von mystischer Eselsbrücke ist, die den

Vortheil hat aus dem Lande der unruhigen Dialektik in das Land des Glaubens und der Träume hinüber zu führen" (WA IV, 13, S. 69).

Die religiöse Deutung bezieht sich nicht nur auf Aristoteles, sondern auch auf Platon. Goethe nimmt im newtonschen System der Optik auch eine verborgene Deutung der mit dem Glauben verbundenen Tradition wahr. Er vermutet, dass die newtonsche Optik alle Farberscheinungen auf das monistische Licht zu reduzieren versucht. Zudem nimmt er an, dass diese Auffassung dem Neuplatonismus und dessen Emanationslehre entstammt, da in dieser Lehre eine ideale Substanz wie das Licht gesetzt wird, aus der die irdischen Dinge wie die Farben allmählich ihren materiellen Schein erwerben.

Nach Goethes Meinung sind die antiken Griechen gleichsam Naturkinder, welche die Natur mit einem dichterischen Blick wahrnehmen und beschreiben. Goethe schätzt im Grunde die beiden großen griechischen Philosophen: „[...] so traten Plato und Aristoteles gleichfalls als befugte Individuen vor die Natur; der eine, mit Geist und Gemüth, sich ihr anzueignen, der andere, mit Forscherblick und Methode sie für sich zu gewinnen" (WA II, 11, S. 150). Die in der Antike formulierte Einheit mit der Natur ist ein wünschenswerter Zustand für Goethe, aber er lehnt die eklektische Tradition der griechischen Naturauffassung in Verbindung mit dem christlichen Dogma ab, da hier das Forschungsgebiet nicht mehr die Natur selbst, sondern vielmehr der Glauben ist. [56]

Goethe antwortet Schiller nicht direkt auf die Frage nach der Bedeutung des Lichts unter den kantischen Kategorien, aber er hinterlässt eine in Eile geschriebene Notiz, die nicht an Schiller geschickt wird:

„Licht
Scheinbare Noth dar[über] zu sprechen
Nicht mehr zu sagen als jeder sich sagen kann
Fragen ob es Materie oder immateriell
Die Substanz oder Acc[idenz] u.s.w.
Müßig. Wer es nicht gesteht mag sich abmüden sie aufzul[ösen?]

---

56 Rudolf Steiner bemerkt bereits diese Diskrepanz zwischen Goethe und der christlich-platonischen Tradition. Seiner Meinung nach besteht Goethes Weltanschauung nicht in der Annahme einer übersinnlichen Welt der Ideen und Gottes, sondern in der irdischen Erfahrung, die sogar die Erkenntnis der Ideen ermöglicht. Deswegen schreibt Steiner: „Wegen dieser Gestaltung seiner Weltanschauung musste Goethe auch ablehnen, was ihm sich als christliche Vorstellungen so gab, dass es ihm nur als umgewandelter einseitiger Platonismus erscheinen konnte. Und er musste empfinden, dass in den Formen mancher Weltanschauung, die ihm entgegentraten und mit denen er sich auseinandersetzen wollte, es nicht gelungen sei, die christlich-platonische, nicht natur- und ideengemäße Ansicht über die Wirklichkeit innerhalb der abendländischen Bildung zu überwinden" (Rudolf Steiner, *Goethes Weltanschauung*, 4. Auflage, Philosophisch-anthroposophischer Verlag, Berlin, 1918, S. 26).

Von Jede[r] [...] [betrogen?] lernen wir nur aus ihnen
Wirkung klar
Die Wirkungen des Lichts liegen uns vor" (WA II, 5ii, S. 441)[57]

Er weist darauf hin, dass die Frage nach der Relation der Kategorie überhaupt unnötig sei, stattdessen aber gerade die vor den Augen erscheinende Wirkung der Farben betrachtet werden solle. Zwar erwähnt Goethe in der Farbenlehre in aller Kürze die Kausalität von Ursache, Wirkung und Wechselwirkung des Lichts, aber er verwendet diese nicht im Sinne der philosophischen Kategorien. Zudem lehnt er eine derartige Einordnung der Farben in Kategorien ab, weil er im Hintergrund dieser Kategorisierung des Lichts den Nachhall der traditionellen Verquickung von antiker Naturphilosophie und christlicher Religion oder von *lumen naturale* und *lumen supranaturale* erkennt. Er lehnt Farbbestimmungen ab, die erst durch den Kontext der philosophischen und religiösen Lehre sowie der Tradition lesbar werden.

Wenn eine Wissenschaft einen eigenen Forschungsbereich hat und man in der ursprünglichen Basis der Wissenschaft stehen möchte, darf man sich nicht einfach Begriffe von einem anderen Gebiet ausleihen. Daher scheint es Goethe uneinsichtig, dass man die natürlichen Farben mit einem alten Mantel der Autorität bekleidet. Vielmehr müsse man die Farben innerhalb ihrer Region ohne Vorbedingung anordnen. Er versucht, statt der Anwendung der feststehenden Kategorien eine neue oder originale Kategorie aus dem Phänomen selbst zu entwickeln. Zudem vertritt er die These, dass seine Forschung nicht in der Geschichte der Meinungen, sondern in der Geschichte der Erfahrungen und der Entdeckungen steht.[58]

---

57 Die Worte in eckigen Klammern stammen vom Herausgeber.
58 Bei der Kategorisierung handelt es sich eigentlich um das Bestimmen der Erkenntnis und sie bestimmt daher offenbar das Licht: ob das Licht die Substanz ist usw. Aber sie erweitert nicht die Forschung über das Licht selbst. Unter der Kategorie der Relation sollen das Licht und die Farben auf irgendeine kausale Beziehung reduziert werden. Aber es ist nicht klar, ob die gesamte Sphäre der Farberscheinung mithilfe der Kausalität erfasst werden kann. Die Wellenlänge des Lichts in der Physik entspricht nicht immer der menschlichen Farbwahrnehmung und das Gefühl der Farben verbindet sich auch nicht immer kausal mit einer bestimmten Farbe. Von der physikalischen Eigenschaft zur physiologischen Retina und weiter zur psychologischen Wahrnehmung gehen die Farben nicht linear über. Diese drei Sphären können nicht die Ursache des Farbphänomens sein, sondern vielmehr eine Gelegenheit der einzelnen eigenen Aktivität. Wenn es so ist, soll die Frage nach den Farben und dem Licht nicht als Relation, sondern als Modalität der Kategorie gestellt werden. Auf jeden Fall kann diese Kategorisierung in der goetheschen Farbenlehre keine prägnante Aufgabe sein, weil das Licht ursprünglich kein Erkenntnisobjekt ist.

3.7. Der rhetorische Ausdruck des Urphänomens

Wir kehren nun wieder zurück zum vorherigen Thema des Urphänomens. Im Folgenden sind weitere Elemente des Urphänomens zu überdenken, so z.b. der Sachverhalt, dass Vermittlungen wie die Trübe oder das Prisma in Goethes Farbenlehre als Momente des Moduswechsels der Farberscheinung betrachtet werden. Ebenso soll der Frage nach dem Wesen des Lichts nachgegangen werden, das von den Aristotelikern, den Theologen oder von Schiller als das Fundament der optischen Wissenschaft angesehen wird. In der goetheschen Farbenlehre wird dies dagegen abgelehnt, ohne negativ betrachtet zu werden. Vielmehr soll damit ein neuer Ansatz in der Farbforschung etabliert werden.

Diese Ablehnung der Bestätigung des Kernbegriffs der Farbenlehre am Anfang der Forschung gilt auch dem entgegengesetzten Pol, der Finsternis, die als eine Hemmung des Lichts die Polarität bestimmt. Diese duplizierten Kräfte manifestieren sich als eine Farbe in der Trübe und die Farberscheinung verändert sich infolge des Wechsels der Vermittlung. Zwar kann man einige konkrete Beispiele für die Vermittlung erwähnen, aber es wird eigentlich nicht definiert, was die Vermittlung exakt ist, weil die Begriffsbestimmung der Trübe als ein sich entwickelnder Moment in der Tat keinen Gehalt hat. Alles, was ein eigenes Farbphänomen ermöglicht, entsteht durch die Vermittlung, aber niemand betrachtet diese Aussage in der modernen Wissenschaft als eine sinnvolle Formel. Tatsächlich definiert Goethe die Elemente des Urphänomens kaum. Dies geschieht jedoch nicht etwa aus Nachlässigkeit oder einer Verwirrung Goethes, sondern seine Absicht liegt eben darin, dass er das Urphänomen in der Unbestimmtheit belässt. Er schreibt darüber in einem Brief an Dietrich Christian von Buttel am 3. Mai 1827:

> „Ferner ist ein Urphänomen nicht einem *Grundsatz* gleichzuachten, *aus* dem sich mannichfaltige Folgen ergeben, sondern anzusehen als eine *Grunderscheinung, innerhalb* deren das Mannichfaltige anzuschauen ist. Schauen, wissen, ahnen, glauben und wie die Fühlhörner alle heißen, mit denen der Mensch in's Universum tastet, müssen denn doch eigentlich zusammenwirken, wenn wir unsern wichtigen, obgleich schweren Beruf erfüllen wollen" (WA IV, 42, S. 167).

Goethe stellt in diesem Zitat das Wort „*innerhalb*" dem „*aus*" und die „*Grunderscheinung*" dem „*Grundsatz*" gegenüber. Damit bildet er einen Kontrast zwischen dem phänomenalen Leitkonzept seiner eigenen Naturlehre und dem Prinzip oder der Theorie der modernen Naturwissenschaft. Er behauptet, dass das Urphänomen keinen Grundsatz enthält, der außerhalb des Phänomens steht. Zudem ließen sich von seinem metaphysischen oder transzendentalen Standpunkt die einzelnen Erklärungen oder Hypothesen auf der Grundlage der Erscheinung nur spekulativ deduzieren. Obwohl der Grundsatz in diesem Sinne wegen der abstrahierten Eigenschaft keine direkte Verbindung mit der Erscheinung hat, wird dieser theoretischen Deduktion des Grundsatzes in Bezug auf die einzelnen Fälle eine eindeutige und notwendige Gültigkeit gegeben. Weil diese eindeutige Notwendigkeit der Deduktion im theoretisch-logischen Sinne klar und deutlich ist, nimmt man sie als allgemeingültig und unmissverständlich an. Goethe weist mit der Indirektheit und bloßen spekulativen Notwendigkeit des deduktiven Ganges auf eine Trennung zwischen dem Grundsatz und dem Phänomen hin.[59]

Dagegen bezeichnet er das Urphänomen als eine bloße Erscheinung, woraus sich die Reihe der Phänomene entwickelt. Diese Grunderscheinung spaltet sich nicht vom Objekt ab, wie es bei dem spekulativen Grundsatz der Fall ist, weil sie sowohl eine einfache Erscheinung als auch ein Forschungsgegenstand ist und nicht mit einer äußeren Theorie belegt zu werden braucht. Vielmehr wird innerhalb des Phänomens eine fundamentale Struktur aufgezeigt. Das mit der Theorie direkt verbundene Phänomen zeigt sich nun also als eine Ganzheit, weil es eine Erscheinung und gleichzeitig eine Theorie ist und keine äußere Unterstützung nötig ist. Man versteht es wegen seiner einheitlichen Totalität nicht *per conceptus*, sondern *per intuitus*, um diese Ganzheit als solche erfassen zu können.

Das Theoretisieren mit Hilfe eines Begriffs oder eines Mittels geschieht erst später und was zunächst vor uns steht, ist ein anschauliches, d.h. noch nicht vermitteltes Ganzes. Von der breiten anschaulichen Ganzheit kann ein logisch formierbares Objekt sicherlich abgeleitet werden, aber es ist nur ein Teil des Ganzen und eine Unmenge von Unerforschtem bleibt noch übrig. Für Goethe ist die durch die Logik geformte Theorie nicht der Brennpunkt der Forschung, sondern vielmehr richtet sich sein Blick auf die Quelle, aus der logische Strukturen, intuitive Bilder oder mystische Imaginationen strömen.[60] Im unbestimmten, undifferenzierten Zustand liegt das Urphänomen und seine einzelnen Elemente sind deshalb auch zueinander nicht definiert.

Goethe zeigt mit dem Urphänomen eine sprudelnde Quelle der Forschung bzw. den Forschungsort der Erfahrungswissenschaft im eigentlichen Sinne, an dem wir die Gegenstände mit „Schauen, wissen, ahnen, glauben und wie die Fühlhörner alle heißen" erleben. In der goetheschen Wissenschaft wird dieser

---

59 Dieser Übergang stellt einen deutlichen Unterschied zwischen Goethe und Newton dar. Goethes Ansicht nach versucht Newton mit Experimenten (Phänomenen) ohne Rücksicht auf den Unterschied der Klasse direkt die spekulative Theorie (Grundsatz) zu beweisen.
60 Die erkenntnistheoretische Eigenschaft der Methodologie des Urphänomens wird im folgenden Kapitel thematisiert werden.

unbestimmte, aber prägnante Punkt, der die Mannigfaltigkeit der Erscheinungen ermöglicht, in den zentralen Fokus gestellt. Das Licht, die Finsternis und die Trübe sind anschaulich und gleichzeitig undefiniert. Aus ihnen können sich verschiedene Farben entwickeln, weil das Urphänomen gerade aus der strömenden Quelle auftaucht, immer innerhalb dieses Ursprungs verbleibt und in sich die schöpferische Eigenschaft der Quelle enthält. Nach Goethes Auffassung kann man mit dem Urphänomen die meisten Gegenstände der Farberscheinung darstellen, weil die Entwicklung wie eine unerschöpfliche Quelle eben das Zeichen des Urphänomens ist.

Es gibt zwar viele verschiedene undefinierte Konkretheiten in der Welt, aber das Urphänomen ragt durch den Anspruch auf Allgemeinheit heraus. Es ist nach Goethes Auffassung ein bloßes Phänomen, aber gleichzeitig eine raffinierte Form der gesamten Erscheinungen. Die Universalität in der goetheschen Farbenlehre unterscheidet sich von der so genannten modernen Wissenschaft, und zwar offenbart sich die Allgemeingültigkeit des Urphänomens als die mannigfaltige Entfaltung der Farben oder als ein Knotenpunkt zur anschließenden Gestaltverwirklichung wie in der Morphologie. Die moderne wissenschaftliche Theorie ist dagegen meistens ein stillstehender Punkt in den beweglichen Erscheinungen oder ein bestimmender Rahmen auf der grenzenlosen Natursphäre. Das Urphänomen ist der Inbegriff, der jene werdende Quelle oder jene ungeheuren Kräfte der Natur verkörpert. Deswegen ist es genau das, was sich meist versatil und divers entwickelt. Goethe äußert sich darüber in den *Vorarbeiten zu einer Physiologie der Pflanzen*, die wahrscheinlich zwischen 1796 und 1798 geschrieben wurde:

„Große Schwierigkeit, den Typus einer ganzen Klasse im allgemeinen festzusetzen, so daß er auf jedes Geschlecht und jede Species passe; da die Natur eben nur dadurch ihre genera und species hervorbringen kann, weil der Typus, welcher ihr von der ewigen Nothwendigkeit vorgeschrieben ist, ein solcher Proteus ist, daß er einem schärfsten vergleichenden Sinne entwischt und kaum theilweise und doch nur immer gleichsam in Widersprüchen gehascht werden kann" (WA II, 6, S. 312).

Der Typus oder das Urphänomen hat einen anderen Namen, d.h. er ist wie der Meeresgott Proteus, der seine Gestalt mannigfaltig verändern kann.

Diese Benennung oder Erklärungsart des Urphänomens wie Spiegel und Kinder, Charakter und Tun oder Proteus usw. verursacht Missverständnisse in Bezug auf die goethesche Naturwissenschaft, da nämlich seine Lehre, wie oben erwähnt, ohne exakte Methodologie nur eine eher naive Leistung eines Dilettanten ist, weil er sich immer wieder in rhetorischen Erläuterungen ergeht und uns damit keinen klaren Anhaltspunkt über die formale Struktur gibt. Aber diese

Kritik ist nur teilweise richtig und der Grund des Missfallens wird nun verständlich gemacht, d.h. es ist nicht Goethes Wissenschaft, welche die Forschungsobjekte nur auf das von Anfang an Definierbare einschränkt. Eine gewisse unklare Quelle oder doppelsinnige Kraft der Natur liegt hinter dem fest Definierten und Goethe steht gerade vor einem solchen Ursprung der Natur.

Zur veränderlichen Natur passt weniger eine eindeutig konstruierte Logik, sondern vielmehr die lebhafte Rhetorik der Sprache. Wenn man ein Forschungsobjekt im breitesten Sinne erfassen und es prägnant bleiben lassen möchte, stellt die Rhetorik in der Forschung eine gültige Strategie dar, weil die Rhetorik die dynamische Zweideutigkeit aufzeigt und uns immer Möglichkeiten einer anderen Interpretation ermöglicht. Das Urphänomen ist in der goetheschen Farbenlehre eine heuristische Struktur, durch die stets versucht wird, die Sphäre der Forschung zu erweitern und eine unerwartete Farbe zu entdecken, wie bei der neuen Auslegung im rhetorischen Ausdruck. Goethes Absicht besteht in der Anwendung der rhetorischen Sprache in der Naturwissenschaft und er macht bereits im oben erwähnten Brief an Buttel das Zugeständnis, dass seine Erklärung über das Urphänomen im Brief eine bloße „*Analogie*" (WA IV, 42, S. 167) sei. Der wichtigste Punkt seiner Wissenschaft ist mit der Rhetorik positiv darstellbar.[61]

3.8. Wie Iris auf dem Rheinfall

Die Antwort auf die Frage Schillers, worin die Beziehung zwischen dem Licht und den Farben besteht, kann nach Goethes Ansicht nicht in kategorischer, sondern nur in rhetorischer Weise gegeben werden. Besteht die primäre Form der Phänomene in der stets werdenden Grundlage, so erleiden einzelne Erscheinungen in der Erlebniswelt auch wie ihre Quelle eine unaufhörlich bildende Kraft oder einen Drang nach der Entstehung. Dem Anschein nach hält sich die Farberscheinung auf den Materien stabil, aber dazwischen liegt die kontinuierliche Aktivität von Licht und Schatten oder die Labilisierung der zwei Kräfte in ihrem territorialen Streit. Diese Szene erinnert deutlich an den Regenbogen auf dem Rheinfall in Schaffhausen, den Goethe während seiner dritten Schweizreise am 18. September 1797 betrachtet. Er beschreibt dies im Text *Aus einer Reise in die Schweiz über Frankfurt, Heidelberg, Stuttgart und Tübingen im Jahre 1797*, den Eckermann bearbeitet hat:

---

61 Über den rhetorischen Ausdruck des Urphänomens erklärt Goethe weiteres im Vorwort seiner Farbenlehre und erwähnt „eine Symbolik" (WA II, 1, S. 11).

„Den 18. Sept. widmete ich ganz dem Rheinfall, fuhr früh nach Laufen und stieg von dort hinunter, um sogleich der ungeheuern Überraschung zu genießen. Ich beobachtete die gewaltsame Erscheinung, indeß die Gipfel der Berge und Hügel vom Nebel bedeckt waren, mit dem der Staub und Dampf des Falles sich vermischte. Die Sonne kam hervor und verherrlichte das Schauspiel, zeigte einen Theil des Regenbogens und ließ mich das ganze Naturphänomen in seinem vollen Glanze sehen" (WA I, 34ii, S. 106).

Der Wasserfall des Rheins strömt herab und das Spritzwasser steigt in die Luft. Das Licht flutet darin und ein Regenbogen entsteht. Das Wasser des Flusses wird durch den Wasserfall von oben zum unteren Flussboden hin gedrängt. Dadurch wogt die Wasseroberfläche und die heftige Entstehung und das Verschwinden der Welle wiederholen sich daraufhin ununterbrochen. Obwohl es sich genau um denselben Ort und die gleiche Stelle handelt, ist die Aussicht von dieser Stätte einmalig und die Expression der Wogen verändert sich stetig. Ein fließendes Gewässer stößt gegen ein Felsgebirge und eine bestimmte Gestalt des Wasserlaufs wird dort geformt. Es scheint, dass es die gleiche Form und Figur behält, aber es besteht nicht aus demselben Wasser. Es etabliert eben eine gleiche Form, aber es steigt auf und tritt aus, es fließt ein und verschwindet, immer wieder, unaufhörlich.

Goethe beschreibt dies unter der Überschrift *Erregte Ideen*: „Gewalt des Sturzes. Unerschöpfbarkeit als wie ein Unnachlassen der Kraft. Zerstörung, Bleiben, Dauern, Bewegung, unmittelbare Ruhe nach dem Fall" (WA I, 34i, S. 357). Aus diesem mächtigen Wasserfall werden kleine Tropfen abgestoßen, die eine nebelhafte Masse in der Luft bilden. Das Sonnenlicht ergießt sich aus dem Himmel in diese Trübe und dann tauchen unversehens die Farben auf. Im Kontrast zu der mit den Worten „Gewalt" oder „Zerstörung" ausgedrückten Heftigkeit des Wasserfalls sind die zarten Farben des flüchtigen Regenbogens kaum vorstellbar. Uns scheint, dass sie demnächst vergehen, aber sie existieren tatsächlich mit der lebendigen Kraft der Wirklichkeit und prägen in uns einen klaren und eigenartigen Eindruck. Dieser erstaunliche Anblick des Rheinfalls und des Regenbogens wird von Goethe dargestellt als das „Naturphänomen in seinem vollen Glanze."

1822 bringt Goethe dieses Erlebnis des Regenbogens in seiner Dichtung *Äolsharfen* zum Ausdruck und figuriert es mit der griechischen Göttin Iris, die an den Orten, an denen sie vorbeigeht, Regenbogen hinterlässt:

„Er
Ja, du bist wohl an Iris zu vergleichen!
Ein liebenswürdig Wunderzeichen.
So schmiegsam herrlich, bunt in Harmonie
Und immer neu und immer gleich wie sie" (WA I, 3, S. 29).

Indem das Wasser kontinuierlich in den Fluss einströmt und der Nebel über dem Fluss stetig entsteht, erscheint der Regenbogen immer wieder neu, aber seine Figur ist identisch. Obwohl diese Aussage als widersprüchlich betrachtet werden sollte, zeigt sie jedoch eben das Bild der Natur als die Kraft verschlingende Kraft. Sie erschöpft sich selbst und zerstört sich gleichzeitig.

Die Farben der Iris erscheinen durch das fortlaufende Werden und das Erlöschen des Lichts sowie durch die Finsternis und Trübe. Sie ist nicht stabil, aber vital. Das Urphänomen berührt ihre Kraft und die Farben offenbaren sich daher immer neu und immer gleich dadurch, dass das Licht stets in die Finsternis eindringt und diese es immer zu verschlingen versucht. Dieser Gedanke gilt auch für die gesamte Naturwissenschaft Goethes, denn er verfasst in späteren Jahren (1821) auch eine Dichtung *Eins und Alles* über die lebendige Tätigkeit der Natur. Er veröffentlicht sie im ersten Heft des zweiten Bandes der Zeitschrift *Zur Naturwissenschaft überhaupt, besonders zur Morphologie*:

> „Und umzuschaffen das Geschaffne,
> Damit sich's nicht zum Starren waffne,
> Wirkt ewiges lebendiges Tun.
> Und was nicht war, nun will es werden
> Zu reinen Sonnen, farbigen Erden,
> In keinem Falle darf es ruhn.
>
> Es soll sich regen, schaffend handeln,
> Erst sich gestalten, dann verwandeln;
> Nur scheinbar steht's Momente still.
> Das Ewige regt sich fort in allen:
> Denn alles muß in Nichts zerfallen,
> Wenn es im Sein beharren will" (WA I, 3, S. 11).

Wenn man im Nebel die Hand nach den Farben des Regenbogens ausstreckt, hält man nur Wasserstaub in den Händen. Ebenso ergreift man keine Gestalt der schaffenden Natur oder einfach „Nichts", wenn man das Urphänomen als untätige Beharrlichkeit des Seins fassen möchte. Die lebhafte Erscheinung des Regenbogens soll ohne künstliche Barriere durch das Prädikat „Sein" als solche betrachtet werden und das Thema der goetheschen Naturwissenschaft besteht eben in der Frage, wie man Gegenstände in der ursprünglichen Gestalt erforschen kann.

Die Relation der Farben mit dem Licht kann nicht geradlinig darstellt werden. Sie ist genau wie die Beziehung zwischen dem Wasserfall und dem Regenbogen, wo keine direkte Verbindung zwischen dem Fallen des Wassers und der Entstehung der Farben bemerkbar ist. Der Regenbogen ist eine kleine Begleiterscheinung der Verwirklichung der Tätigkeit des wogenden Flusses. Daher kann man nicht feststellen, dass die Farben eine kausale Relation zum Licht unterhalten. Das Licht oder der Wasserfall kann sich als eine Farbe manifestieren, aber so muss es nicht immer sein, es kann sich auch anders verwirklichen. Die Farbe ist für das Licht eine bloße Option, während das Licht für die Farbe nicht die ausschließliche Ursache darstellt.

Das konnte Schiller nicht einsehen und anerkennen. Seine Frage zielt auf die Ursache der Farben unter der Kategorie der Relation. Er stellt auf der Grundlage des Standpunktes des kantischen Erkenntnisvermögens die Frage nach der Kausalität zwischen dem Wasserfall und dem Regenbogen. Zudem versucht er, dem Licht die Kategorie, dem Urphänomen das Prädikat und dem Regenbogen das Sein zuzuschreiben. Auf diese Weise würden z.B. das Licht als Substanz und die Farbe als Akzidens (bzw. Appendix) des Lichts linear mit der Kausalität verbunden werden. Es ist nun klar geworden, dass diese Frage Schillers in der goetheschen Naturwissenschaft keinen Sinn ergibt oder, um es genauer zu sagen, dass eine Kategorisierung des Lichts und der Farben in der gesamten Farbenwelt nur teilweise bemerkbar ist und die Frage Schillers sich damit so nicht stellt, da damit nur ein Teilaspekt getroffen wird.

Zweiter Teil. Die Methode der Naturwissenschaft Goethes im Spiegel der kantischen Erkenntnistheorie

Kapitel 1. Kants „synthetische Urteil a priori" und Goethes Apriori

1.1. Erkenntnistheoretische Kategorisierung der Grundgestalt

Die oben behandelte erkenntnistheoretische Frage nach der Kategorie der Relation richtet Schiller nicht zum ersten Mal an Goethe. Bereits im September 1794 kam bei einer Sitzung der Naturforschenden Gesellschaft in Jena die Sprache darauf. Es wird oft darauf hingewiesen, dass diese Sitzung eine fundamentale Bedeutung für die Begegnung Goethes mit Schiller hatte: Hier begann die Freundschaft mit ihm, die 11 Jahre lang bis zu Schillers Tod andauern sollte. Goethe fasst diese Sitzung in dem Artikel *Glückliches Ereignis* zusammen und veröffentlicht sie 1817 im ersten Heft des ersten Bandes seiner Zeitschrift *Zur Naturwissenschaft überhaupt*.[62] In diesem Artikel ruft Goethe sich das Gespräch mit Schiller ins Gedächtnis zurück: Nach der Sitzung ging Goethe hinaus und traf draußen zufällig mit Schiller zusammen. Dabei begannen sie eine Diskussion über die Untersuchung der Natur. Goethe sprach lange und mit Begeisterung von seinen Überlegungen über die Urpflanze:

> „Wir gelangten zu seinem Hause, das Gespräch lockte mich hinein; da trug ich die Metamorphose der Pflanzen lebhaft vor und ließ, mit manchen charakteristischen Federstrichen, eine symbolische Pflanze vor seinen Augen entstehen. Er vernahm und schaute das alles mit großer Teilnahme, mit entschiedener Fassungskraft; als ich aber geendet, schüttelte er den Kopf und sagte: ,Das ist keine Erfahrung, das ist eine Idee'. Ich stutzte, verdrießlich einigermaßen; denn der Punkt, der uns trennte, war dadurch aufs strengste bezeichnet" (WA II, 11, S. 17).

Für Schiller stellt die Urpflanze einen Vernunftbegriff dar, der nicht aus der Erfahrung stammt. Nach seiner Meinung existiert der Urtypus, den Goethe in

---

[62] Goethe bearbeitet diesen Artikel im Jahr 1830 und ersetzt den Titel durch *Erste Bekanntschaft mit Schiller*.

allen seinen Beobachtungen der Pflanzen erkennt, in der Morphologie überhaupt nicht. Dieser Typus ist für Schiller *in facto* kein Objekt der Anschauung. Für den mit der kantischen Erkenntnistheorie vertrauten Schiller beinhaltet diese Grundgestalt der Pflanzen lediglich eine *notio* des Verstandes. Goethes diesbezügliche Aussagen und Zeichnungen erscheinen Schiller als eine naive Phantasie, als ein schimärisches Produkt aus einer Vermischung von Träumerei und Realität. Damit stellt die Urpflanze oder das Urphänomen für ihn kein empirisches Erkenntnisobjekt dar und bildet folglich einen bloßen Schein der reinen Vernunft. Goethe erwidert dabei auf diese unerwartete Auslegung Schillers: „Das kann mir sehr lieb sein, daß ich Ideen habe, ohne es zu wissen, und sie sogar mit Augen sehe" (WA II, 11, S. 17). Mit dieser Haltung aber kann er sich tatsächlich kaum gegen Schiller verteidigen. Zunächst akzeptiert Goethe daraufhin scheinbar diesen strengen Klassenunterschied zwischen Idee und Erfahrung, auf den Schiller hinweist. Es ist jedoch nicht klar und eindeutig, ob Goethe nach diesem Gespräch mit Schiller seinen Anspruch auf die Existenz der Urpflanze oder des Urphänomens als konkrete Allgemeinheit komplett zurücknimmt.

Hierzu gibt es unterschiedliche Interpretationen von Goethes naturwissenschaftlichen Forschungen, und zwar hinsichtlich der Frage, in welcher erkenntnistheoretischen Dimension die Eigentümlichkeit des Hauptbegriffs seiner Wissenschaft angesiedelt ist. Von dieser Problemstellung hängt jedoch die gesamte Systematisierung von Goethes Forschungen ab und ebenso die Frage, ob die Urgestalt der Pflanzen oder der Farben nur subjektiv, nicht aber allgemein definiert werden kann.

In diesem Zusammenhang hat z.B. Ernst Cassirer Stellung genommen zu Goethes Verzicht auf die Idee, dass die Urpflanze ein unmittelbarer und allgemeingültiger Gegenstand der Anschauung sei:

> „Der Täuschung, die Urpflanze mit Augen zu sehen, hat Goethe, seit er von Schiller über den Unterschied von Idee und Erfahrung belehrt worden war, ein für allemal entsagt. Jetzt faßt er sie als ein ‚Modell', das nicht selbst in der Natur existiert, das aber nichtsdestoweniger die eigentümliche innere Struktur des Existierenden und die Wechselbeziehungen, die zwischen all seinen einzelnen Gliedern stattfinden, erleuchtet und durchsichtig macht" (Cassirer W 9, S. 281).

Nach Cassirer hat sich Goethe davon überzeugen lassen, dass die Urpflanze eine bloße Täuschung ist und keinen Raum mehr in der Erfahrung hat. Cassirer interpretiert dies dann dahingehend, dass die Urpflanze sozusagen ein außernatürliches Modell ist, das den Leistungsgrad und den Wirkungskreis des Gedankens erweitert.

Hierzu führt er weiter aus:

„Die Urpflanze ist vielmehr zugleich Prinzip und Gebilde – ist eine Regel, die sich aus der Anschauung selbst entwickelt und an ihr darstellt. Sie ist eine Anweisung, im Endlichen zu verharren und es dennoch zum Unendlichen zu erweitern, indem wir es mit ihrer Hilfe sicher nach allen Seiten durchschreiten. Um diese Einheit des Allgemeinen und Besonderen nicht nur zu begreifen, sondern um ihrer beständig gewiß zu sein, um Ort für Ort im Innern dieses Verhältnisses zu stehen, brauchen wir daher keine Umbildung des Problems, keine Übertragung in eine andere gedankliche Sphäre, wie sie die Physik durch ihre Umsetzung der Qualitäten in Quantitäten vollzieht. Das Seiende selbst formt sich dem synthetischen Blick des Forschers zu Lebensreihen, die stetig ineinandergreifen und immer höher und höher aufsteigen – ohne daß diese Form der Reihe des Umwegs über das analytische Denkmittel der Zahl bedürfte" (Cassirer W 9, S. 282).

Nach Cassirers Ansicht ist die Urpflanze ein Prinzip oder ein Gebilde, das aus der Anschauung entwickelt wird. Die Urpflanze oder der Gegenstand in der gesamten goetheschen Naturwissenschaft benötigt keine quantitative Repräsentation. Während die Quantität sich mit der zählbaren Menge und der extensiven Größe beschäftigt, geht das qualitative Prinzip im Unterschied hierzu davon aus, die Beschaffenheit der Körper selbst zu erfassen. Der Maßstab der Qualität besteht in der intensiven Größe, die nicht in einer gleichmäßigen Maßeinheit zerlegt wird. Der Eindruck von Rot kann nicht mit dem von Gelb verglichen werden und die beiden Farben enthalten voneinander verschiedene intensive Größen. Aus diesem Grund wird die Farbe in der Geschichte der Philosophie oft als eine Qualität behandelt.

So benennt John Locke als primäre Qualität die Eigenschaft des materiellen Objekts und erwähnt fünf Bestandteile: „extension", „figure", „motion or rest", „number", „solidity". Er nennt weiter als sekundäre Qualität sinnlich wahrnehmbare Momente der Körper wie „colour, sounds, tastes."[63] Aus dieser traditionellen Sicht der Philosophie betrachtet Cassirer die Gegenstände der goetheschen Naturwissenschaft: die wachsende Pflanze als die primäre Qualität und die Farbe als die sekundäre Qualität.

Er fügt ferner eine Unmittelbarkeit zwischen dem Verhältnis der Urpflanze und der einzelnen Pflanze hinzu, weil die Grundgestalt und jede Gestalt der Pflanze ebenfalls in der Qualität bestehen und keinen interkategorialen Prozess durchlaufen. Die Erklärungsweise in der goetheschen Morphologie ist daher aufgrund dieser Unmittelbarkeit zwischen der Urpflanze und der einzelnen Pflanze unter der Kategorie der Qualität anzusiedeln und die Urpflanze kann als ein gewisses anschauliches Gebilde betrachtet werden. Cassirer versteht dieses Abstrahieren von einzelnen Phänomenen zugunsten eines Urphänomens inner-

---

63 Vgl. John Locke, *An Essay concerning Human Understanding*, Book 2, Chapter VIII, Section 9 and 10 (John Locke, *The Works of John Locke*, Thomas Tegg, London, 1823, Vol. 1, S. 119f.).

halb der gleichen Kategorie als Unmittelbarkeit und beschreibt diese als etwas, das sich aus der Anschauung entwickelt.

Obwohl Direktheit tatsächlich ein Kennzeichen von Intuition darstellt, erfasst die Anschauung selbst die Urpflanze keineswegs direkt, sondern der abstrahierende Gedankenprozess nimmt dabei an der Begründung des konkreten Gebildes teil, weil die Sinnlichkeit nur rezeptiv verfahren und keinerlei Sinnesdaten bearbeiten oder abstrahieren kann. Der Verstand abstrahiert die Wahrnehmungen über die Pflanzen oder die Farben und erzeugt ein Gebilde. Dabei kann man behaupten, dass dieses Gebilde selbst zwar kein Objekt der Anschauung ist, aber eine gewisse Direktheit beinhaltet, weil es nie in eine andere Kategorie übertritt. Das goethesche Grundkonzept – die Urpflanze oder das Urphänomen –stammt folglich nicht aus der Anschauung, sondern aus dem Verstand, welcher sinnlich wahrnehmbare Pflanzen verallgemeinert. Weil die Urpflanze als ein Verstandesbegriff nicht das Reich der Qualität überschreitet und immer als eine gewisse intensive Größe behandelt wird, sieht es so aus, als ob sie ein intuitives und konkretes Gebilde der Anschauung darstellt. Goethes Beschreibung der Urpflanze stellt also nach Cassirers Auffassung eine Täuschung dar: Sie wird zwar wie der normale Erkenntnisprozess von der Sinnlichkeit wahrgenommen und unter der Kategorie angeordnet, aber sie verbleibt stets innerhalb der Kategorie der Qualität und aufgrund dieser Quasiunmittelbarkeit erscheint sie innerhalb der Qualität nach Goethes Ansicht als ein reines Phänomen. Die reine Vorstellung innerhalb des qualitativen Begriffs bezeichnet ein Modell, und die Urpflanze soll schlechthin als ein Modell angesehen werden.

Cassirers Interpretation zeigt ein repräsentatives Muster innerhalb der Goethe-Forschung, das die goethesche Naturwissenschaft als eine qualitative ansieht und sie der modernen Wissenschaft als quantitative gegenüberstellt. Aber diese Auffassung des idealen Grundbegriffs Goethes verbleibt stets innerhalb der Denkart der Kategorien. Es erscheint in der Tat so, dass sich Goethe nicht gegen den Einwand Schillers hinsichtlich der Trennung von Idee und Erfahrung verteidigen kann und dass er diese Tatsache einfach akzeptiert. Es stellt daher eine natürliche Schlussfolgerung dar, dass er Schillers Kritik als richtig annimmt und seinen Terminus sowie den Inhalt des Grundkonzepts verändert. Zwar bemerkt man Goethes Unentschlossenheit in Bezug auf die ontologische und erkenntnistheoretische Beschaffenheit des Grundkonzepts in seinen Naturwissenschaften, aber, wie man an dem Wort „Urphänomen" bemerkt, er widerruft es nicht als eine intuitiv erfahrbare Allgemeinheit und ein ideales Phänomen. Trotz der verständlichen Kritik Schillers wendet Goethe jedoch weiterhin Ausdrücke wie

„Urphänomen" oder „Urpflanze" an. Wie kann man diese seltsamen Ausdrücke, die eine Vermischung der Idee mit dem Phänomen beinhalten, zusammenfassen? Etwa vier Jahre nach der ersten Kritik Schillers an Goethes Vermengung von Idee und Erfahrung stellt Schiller 1798 erneut die Frage nach der Kategorie der Relation von Licht und Schatten, die oben bereits diskutiert wurde. So fragt er Goethe diesmal noch genauer danach, ob das Kategorisieren des Urphänomens überhaupt möglich sei. Schiller erkundigt sich bei Goethe durch diese serielle Fragestellung nach einer Beteiligung des Verstandes bei der Grunderscheinung. Nach Schillers Ansicht ist die Urpflanze oder das Urphänomen eine Hervorbringung des Verstandes, nämlich ein reiner Vernunftbegriff. Cassirer stellt im Grunde eine ähnliche Frage wie seinerzeit Schiller, nämlich ob die Urpflanze nur unter der Kategorie der Qualität erforscht werden kann und in der Region des Verstandes anzusiedeln ist.

Goethe vermeidet, wie oben bereits gesehen, eine einfache Anwendung der feststehenden Kategorien auf seine naturwissenschaftlichen Forschungen und lässt den Unterschied zwischen Idee und Erfahrung offen. Er hatte schon vor seiner Begegnung mit Schiller Texte von Kant gelesen und erfasste die kantische Erkenntnistheorie sowie die Diskussion über die Kategorie, auf welche Schiller Bezug nimmt. Goethe verändert jedoch sein naturwissenschaftliches Verfahren nicht in der kantischen Weise und besteht beharrlich auf seiner eigenen Methode. Aus dem oben abgeleiteten Ergebnis lässt sich nun erklären, dass der direkte Grund für Goethes Vermeidung des Kategorisierens im umfangreichen Forschungsgebiet seiner naturwissenschaftlichen Untersuchungen liegt, d.h. in der reinen Quelle der Natur, die vor jeglicher Kategorie, der Logik und dem Prädikat existiert. Die Frage Schillers bleibt allerdings immer noch ungelöst und die Zusammenfassung Cassirers erscheint ebenfalls problematisch. Im zweiten Teil der vorliegenden Arbeit wird die goethesche Methodologie der Naturlehre behandelt. Zudem soll durch die Thematisierung des Verhältnisses der Anschauung mit dem Verstand versucht werden, die schillersche Frage zu beantworten.

1.2. Goethes Kantstudien

Goethe verzichtet nicht auf seine Grundüberzeugung, dass das Urphänomen ein Gegenstand der Anschauung ist, den man mit dem sinnlichen Vermögen wahrnehmen kann. Wie aber wird der ideale Grundbegriff angeschaut und worin besteht überhaupt Goethes Konzept der Anschauung? Unter den Aufsätzen, die Goethe zur Thematik der Anschauung verfasst hat, trägt einer der bedeutsamsten

Texte den Titel *Anschauende Urteilskraft*. Dieser Aufsatz wurde 1817 geschrieben[64] und 1820 im zweiten Heft des ersten Bandes seiner Zeitschrift *Zur Naturwissenschaft überhaupt* veröffentlicht. Ausgehend vom Titel dieses Aufsatzes lässt sich leicht vermuten, dass Goethe sein Verfahren des anschaulichen Wissens, d.h. die Methode seiner Naturlehre, im Zusammenhang mit der kantischen Erkenntnistheorie ausgearbeitet hat. Im Vergleich zu der Behandlung zahlreicher naturwissenschaftlicher Bereiche wie Morphologie, Mineralogie, Meteorologie, Farbenlehre usw., die Goethe in seinem Leben erforschte, hinterließ er schriftlich nicht allzu viel über seine systematische Methodologie. Obwohl seine naturwissenschaftlichen Arbeiten vielfach scharf kritisiert wurden, ist es merkwürdig, dass Goethe nur wenige systematische und deutliche Rechtfertigungen seiner Verfahrensweise vorgelegt hat. *Anschauende Urteilskraft* ist daher ein wertvoller Text, um Goethes Gedanken über seine Methodologie zu verstehen.

Vom charakteristischen Titel ausgehend, kann man diesen Aufsatz Goethes mit den Kritiken Kants assoziieren, und tatsächlich wird in ihm Goethes Auffassung von der kantischen Philosophie thematisiert. Im Unterschied zu den ausführlichen Kritiken Kants aber enthält Goethes Aufsatz nur drei Paragraphen, die jeweils inhaltlich in drei Punkten zusammengefasst werden: Erstens versucht Goethe nicht, die kantische Philosophie vollständig zu verstehen, sondern sie vielmehr anzuwenden. Zweitens wird eine besondere Art von Verstand erwähnt, der „intellectus archetypus" aus der *Kritik der Urteilskraft* von Kant. Drittens geht es um die Anschauung der schaffenden Natur. Ausgehend von diesen drei Paragraphen ist nicht leicht nachzuvollziehen, was Goethe über die Anschauung und den Verstand im Einzelnen denkt. Dieser Aufsatz soll parallel zu einem anderen Text ausgelegt werden, der in demselben Heft der Zeitschrift *Zur Naturwissenschaft überhaupt* enthalten ist und den Titel *Einwirkung der neuern Philosophie* trägt. In Goethes Tagebuch ist dieser Aufsatz am 8. September 1817

---

64 Diese Periode war für Goethe vor dem Hintergrund seines amtlichen Wirkens, seines Privatlebens und auch aufgrund tiefgreifender klimatischer Naturereignisse äußerst turbulent. Die lange währenden Koalitionskriege bzw. die napoleonischen Kriege (1792-1815) gingen zu Ende und Goethe wurde in diesem Jahr 1815 zum Ersten Minister ernannt. Im April desselben Jahres brach der Vulkan Tambora in Indonesien aus und das folgende Jahr geriet aufgrund der Vulkanasche in Nordamerika und Westeuropa zu einem Jahr ohne Sommer. Es regnete viel und lange und der Rhein trat über die Ufer. Folglich fiel die Ernte sehr schlecht aus und die Menschen litten Not. Ferner starb Goethes Ehefrau Christiane am 6. Juni 1816 unter qualvollem Leiden aufgrund des schlechten Zustandes ihrer Nieren. Trotz oder vielleicht auch gerade wegen dieser Wirrnisse befand sich Goethe in einer der produktivsten Zeiten seines Lebens: Er veröffentlichte seine *Italienische Reise* (Teil 1, 1816; Teil 2, 1817) und die ästhetische Zeitschrift *Über Kunst und Altertum* (1816-1832). Zudem fasste er seine naturwissenschaftlichen Schriften in *Zur Naturwissenschaft überhaupt* (1817-1824) zusammen. Die Aufsätze aus diesen Jahren können daher als Konsequenz langjährigen intensiven Schaffens Goethes betrachtet werden.

unter dem Titel *Einwirkung* vermerkt. Die Einträge über *Anschauende Urteils-kraft* finden sich am folgenden und übernächsten Tag.[65] Diese zwei Texte wurden zur gleichen Zeit geschrieben und sind wahrscheinlich eng miteinander verbunden. Der Inhalt von *Einwirkung der neuern Philosophie* bezieht sich auch hauptsächlich auf Kant und zeigt, wie die erste und zweite Kritik von Kant sowie das anschließende Gespräch und der Briefwechsel mit Schiller auf Goethe gewirkt haben und wie Goethe dies dann abschließend beurteilt hat.

Goethe beginnt in *Anschauende Urteilskraft* in Bezug auf den ersten Punkt: „Als ich die Kantische Lehre, wo nicht zu durchdringen, doch möglichst zu nutzen suchte [...]" (WA II, 11, S. 54). Er geht dann in wenigen Sätzen auf die Lehre Kants ein und äußert seine erste Motivation für die nähere Untersuchung dieser Philosophie. Bedeutsam sei nicht die Theorie selbst, sondern vielmehr die Anwendung. In *Einwirkung* wird dies noch detaillierter beschrieben:

> „Für alles dieses jedoch hatte ich keine Worte, noch weniger Phrasen, nun aber schien zum erstenmal eine Theorie mich anzulächeln. Der Eingang war es, der mir gefiel, ins Labyrinth selbst konnt ich mich nicht wagen: bald hinderte mich die Dichtungsgabe, bald der Menschenverstand, und ich fühlte mich nirgend gebessert" (WA II, 11, S. 48).

Die Fassade von Kants *Kritik der reinen Vernunft* fasziniert Goethe zwar sehr, aber das Gebäude selbst erscheint ihm eher wie ein Labyrinth. An dieser Stelle ist es angebracht, kurz auf eine Episode innerhalb der Beziehung Goethes zur kantischen Philosophie einzugehen.

Obwohl die erste Kritik Kants bereits publiziert vorlag, hat Goethe sie lange Zeit nicht zur Hand genommen. Von der kantischen Philosophie selbst erfährt er durch andere Personen: „*Kants Kritik der reinen Vernunft* war schon längst erschienen, sie lag aber völlig außerhalb meines Kreises. Ich wohnte jedoch manchem Gespräch darüber bei [...]" (WA II, 11, S. 54). Er hört von Kant vermutlich z.B. durch Johann Gottfried Herder oder Jakob Michael Reinhold Lenz.[66] Ungefähr im Jahr 1789 beginnt Goethe allmählich selbst mit dem Studium Kants. Christoph Martin Wieland schreibt hierzu am 18. Februar 1789 einen Brief an Karl Leonhard Reinhold: „Goethe studiert seit einiger Zeit Kants Kritik pp. mit großer Applikation, und hat sich vorgenommen, in Jena eine große Konferenz mit Ihnen darüber zu halten" (Gespräche, Biedermann, 1, S. 166). In diesem Jahr

---

65 „8. Einwirkung der Kantischen Philosophie auf meine Studien. [...] Einwirkung der Kantischen Philosophie fortgesetzt. [...] Späterhin Kant, Vorbereitung auf morgen. / 9. Intuitiver Verstand (Kants) auf Metamorphose der Pflanze bezüglich. [...]10. Anschauender Verstand" (WA III, 6, S. 106). Der Titelwechsel von „Intuitiver Verstand" zu „Anschauender Verstand" und letztlich zu *Anschauende Urteilskraft* soll im folgenden Kapitel erläutert werden.
66 Lenz war bei Vorlesungen von Kant (1768-1770) anwesend und lernte Goethe erst 1771 kennen.

bricht die Französische Revolution aus und es lässt sich philologisch feststellen, dass Goethes Erwähnungen über Kant in den folgenden Jahren allmählich zunehmen. Der Vorabend der Französischen Revolution beinhaltet daher für Goethe eine Initiierung seiner Kantstudien und hier findet zugleich auch das erste, jedoch noch nicht bedeutsame Zusammentreffen mit Schiller am 7. September 1788 statt.

In Goethes Bibliothek findet sich ein Exemplar von Kants *Kritik der reinen Vernunft* in der 3. Auflage von 1790. Dieses Buch enthält viele Unterstreichungen, Zeichen und Annotationen des Besitzers. Mithilfe dieser Eintragungen kann Goethes geistige Auseinandersetzung mit der kantischen Philosophie weitgehend datiert werden.[67] Es ist erkennbar, dass Goethe – im Widerspruch zu seiner Schilderung in *Einwirkung* – die erste Kritik Kants sorgfältig studiert hat. Die Stellen, für die er sich interessiert, sind anhand der Eintragungen in seinem Handexemplar der *Kritik der reinen Vernunft* die gesamte *Transzendentale Analytik* im Abschnitt zur *Transzendentalen Logik* innerhalb der *Transzendentalen Elementarlehre* sowie die *Kritik aller Theologie aus spekulativen Prinzipien der Vernunft* innerhalb der *Transzendentalen Dialektik*. Seine Einträge fallen hauptsächlich im ersten Teil der *Transzendentalen Analytik* auf. Damit lässt sich vermuten, dass Goethes Interessenschwerpunkt auf dem Begriff des Verstandes liegt und er mithin die schillerschen Kritiken hinsichtlich der Kategorien und Verstandesbegriffe sehr wohl versteht.

Wie oben zitiert, schreibt Goethe über die erste Kritik Kants, dass ihn dieser Text gleichsam anlächle und dass er in ihm eine Theorie zu seiner Naturwissenschaft sieht. Er nennt diese Kritik allerdings ein Labyrinth und vermeidet es, tiefer ins Gebäude einzudringen. Ferner bemerkt er schlicht, dass er sich selbst mit der kantischen Kritik nicht verbessern könne. Diese Äußerungen Goethes bedeuten nicht, dass er von der *Kritik der reinen Vernunft* Kants etwa nur die Einleitung gelesen und sonst nur in dieser Schrift geblättert hätte. Es ist vielmehr offensichtlich, dass Goethe, wie aufgrund der Eintragungen im Handexemplar zu vermuten ist, die erste Kritik Kants gelesen und die gesamte Struktur des Werkes genau erfasst hat. Was Goethes Hinweis in *Einwirkung* bedeutet, zeigt nicht einen Mangel an Intensität seiner Untersuchung über die kantische Theorie, sondern verweist auf seine eigenartige Auffassung darüber. Er schreibt in *Einwirkung*:

---

67 Vgl. Géza von Molnár, *Goethes Kantstudien: Eine Zusammenstellung nach Eintragungen in seinen Handexemplaren der „Kritik der reinen Vernunft" und der „Kritik der Urteilskraft",* Hermann Böhlhaus Nachfolger, Weimar, 1994.

„Nicht ebenso gelang es mir, mich den Kantischen anzunähern; sie hörten mich wohl, konnten mir aber nichts erwidern noch irgend förderlich sein. Mehr als einmal begegnete es mir, daß einer oder der andere mit lächelnder Verwunderung zugestand: es sei freilich ein Analogon Kantischer Vorstellungsart, aber ein seltsames" (WA II, 11, S. 51f.).

Wahrscheinlich thematisiert Goethe die Philosophie Kants in seinen Gesprächen. Dabei wird ihm jedoch oft erwidert, dass sein Verständnis dieser Philosophie nicht gerecht werde und lediglich ein belächelnswertes Analogon zur kantischen Denkweise darstelle. Goethe erkennt diese Reaktionen teilweise an und erklärt zu Beginn der *Einwirkung*:

„Für Philosophie im eigentlichen Sinne hatte ich kein Organ, nur die fortdauernde Gegenwirkung, womit ich der eindringenden Welt zu widerstehen und sie mir anzueignen genöthigt war, mußte mich auf eine Methode führen, durch die ich die Meinungen der Philosophen, eben auch als wären es Gegenstände, zu fassen und mich daran auszubilden suchte" (WA II, 11, S. 47).

Mit diesen Sätzen beginnt er seinen Aufsatz und gesteht eindeutig zu, dass er nicht befähigt ist, Philosophie im strengen Sinne dieses Wortes zu treiben. Diese Sätze stellen eine gewichtige Aussage dar und Goethe wählt sie als Motiv seines Artikels. Des Weiteren erwähnt er eine „Gegenwirkung" auf die Philosophie. In eben dieser Gegenwirkung besteht die Beziehung zwischen Goethe und Kant. In Bezug auf die Formulierung „kein Organ" sind unterschiedliche Auslegungen möglich. Goethe mag hier gemeint haben, dass er keine Verbindung zur Philosophie hat, weil er nur ein Dichter und kein eigentlicher Philosoph ist. Er könnte jedoch auch den Sachverhalt angesprochen haben, dass er vor allem ein Augenmensch ist, weswegen er nicht spekulativ verfahren kann usw. Zwar ist Goethe kein spekulativer Philosoph, aber wenn man z.B. seine Gespräche oder seinen Briefwechsel mit Schiller, Schelling, Fichte oder Hegel liest, dann erscheint es kaum vorstellbar, dass Goethe die Philosophie als solche nicht verstanden haben soll. Einige mögliche Interpretationen der zitierten Stelle werden am Ende dieses Teils aufgezeigt werden.

Vorerst wird hier festgestellt, dass Kants Philosophie in einer Gegenwirkung Goethes lebt, d.h. dieser strebt überhaupt keine genaue Interpretation Kants an, sondern versucht durch die kreative Tat des Lesens über das einfache Textverständnis hinaus die aus der Gegenwirkung sich entwickelnde Befruchtung zu verstehen.[68] Sogar diese mit großer Willkür umgebildete Philosophie von Kant nennt Goethe im eigenen Sinne kantisch. In *Einwirkung* heißt es hierzu:

---

68 Derartige Fehlinterpretationen, ungenaue Übersetzungen und Missverständnisse über Goethe finden sich häufig. Er modifiziert Werke von anderen Autoren stets in seinem Sinne und bricht den

„Leidenschaftlich angeregt [durch Kants Teleologie] ging ich auf meinen Wegen nur desto rascher fort, weil ich selbst nicht wußte, wohin sie führten, und für das, was und wie ich mir's zugeeignet hatte, bei den Kantianern wenig Anklang fand. Denn ich sprach nur aus, was in mir aufgeregt war, nicht aber, was ich gelesen hatte" (WA II, 11, S. 51).

Goethes Auffassung von Kants Philosophie wird als seltsam angesehen und bringt ihm von den an Kant geschulten Gelehrten nur wenig Zustimmung ein, weil Goethe nur von seinen Einfällen spricht, die von Kant inspiriert wurden. Was aber macht seine Interpretation so seltsam und wovon wird Goethe konkret angeregt? Im Folgenden wird diese Frage im zweiten Kapitel im Zusammenhang mit dem „intellectus archetypus" geklärt werden.

1.3. Die Erkenntnisse a priori

In *Einwirkung* weist Goethe darauf hin, wie sehr er die Ausführungen Kants über die synthetischen Urteile a priori schätzt:

> „[…] und gab allen Freunden vollkommen Beifall, die mit Kant behaupteten: wenn gleich alle unsere Erkenntniß mit der Erfahrung angehe, so entspringe sie darum doch nicht eben alle aus der Erfahrung. Die Erkenntnisse a priori ließ ich mir auch gefallen, so wie die synthetischen Urtheile a priori […]" (WA II, 11, S. 48).[69]

Kant schlägt bekanntermaßen das synthetische Urteil a priori als den entscheidenden Begriff dafür vor, Metaphysik bzw. Philosophie überhaupt als eine Wissenschaft zu begründen. In seiner ersten Kritik versucht er in einem konkreten Sinne, transzendentale Aussagen zu überprüfen: „Wie ist reine Mathematik möglich?", „Wie ist reine Naturwissenschaft möglich?", „Wie ist Metaphysik als Naturanlage möglich?", „Wie ist Metaphysik als Wissenschaft möglich?" (Kant KrV, B, S. 20ff.). All diese Fragen hängen insbesondere davon ab, ob synthetische Urteile a priori möglich sind. Laut Kant besteht die konventionelle Metaphysik, wie bereits von Jean-Jacques Rousseau oder David Hume kritisiert wurde, „in einem […] schwankenden Zustande der Ungewißheit und Widersprü-

---

Fluss des traditionellen Kontextes willkürlich auf. Dies geschieht nicht etwa in böser Absicht oder aus einem bloßen Egoismus heraus, sondern darin besteht eben sein prinzipienbasiertes Verfahren, um die Thesen anderer oder die Wissenschaft im Ganzen weiterzuentwickeln. Zum Zweck der Produktivität müssen existierende Werke, Erfolge und Wahrheiten schonungslos zerstört, verworfen und aufgegeben werden.

69 Diese Beschreibung Goethes entspricht der folgenden Stelle aus der Einleitung in Kants *Kritik der reinen Vernunft*: „Wenn aber gleich alle unsere Erkenntniß **mit** der Erfahrung anhebt, so entspringt sie darum doch nicht eben alle **aus** der Erfahrung" (Kant KrV, B, S. 1).

che" (Kant KrV, B, S.19) oder einfach in einer dogmatischen Doktrin. Er versucht hingegen, sie in seiner *Kritik der reinen Vernunft* als eine Wissenschaft mit einer soliden Basis zu gründen, in einer ähnlichen Weise, wie Newton die Naturwissenschaft mithilfe der Geometrie fest etabliert hatte.

Kant übernimmt insbesondere von Hume die kritische Ansicht hinsichtlich der Kausalität: Hume behauptet, dass die Kausalität eine bloße Assoziation des Subjekts beinhaltet und sie keine Eigenschaft eines Objekts darstellt, d.h. dass die Verknüpfung von Ursache und Wirkung eine falsche Angabe des Subjekts unter dem Namen des Gesetzes der Welt ist.[70] Wenn die Kausalität aber nur ein Schein ist und durch sie eigentlich kein objektives Wissen formuliert werden kann, so erfüllt eine wissenschaftliche Methode wie die Induktion ihre Aufgabe nicht, weil diese Methode gerade auf der Kausalität basiert und sie zudem das Prinzip der „uniformity of nature"[71] voraussetzt. Die Legitimität dieses Prinzips kann laut Hume entweder durch das „demonstrative reasoning" (Deduktion) oder das „probable reasoning" (Induktion) überprüft werden. Aber keine von beiden ist dafür tauglich: Bei der deduktiven Schlussfolgerung hat der Gegensatz der Uniformität der Welt keinen Widerspruch. So ist z.B. die Aussage „Die Sonne geht morgen nicht auf" genauso intelligibel wie die gegensätzliche Aussage „Die Sonne geht morgen auf."[72] Die induktive Schlussfolgerung bei der Prüfung der Uniformität ist unvereinbar, weil der Prozess der Induktion gerade ihren Grund in der Uniformität hat. Deswegen ist diese Beweisführung nichts anderes als *petitio principii*, bei der der argumentative Gegenstand, der gerade bewiesen werden soll, als der methodische Bestandteil der Schlussfolgerung selbst vorausgesetzt wird. Die Induktion ist also mangelhaft, die Uniformität der Welt ist nicht beweisbar und die Kausalität ist folglich unvernünftig. Sie bezeichnen nicht mehr objektive Gesetze, sondern Scheine des Subjekts bzw. „Custom or Habit."[73]

Hume behauptet allerdings nicht, dass eine Denkweise, die mit den Momenten Ursache und Wirkung operiert, einfach sinnlos wäre, sondern dass sich die Bedingungen der Fragestellung der Kausalität enthüllen, d.h. die natürliche Beschaffenheit des menschlichen Verstandes sich als solcher zeigt. Der Verstand, welcher kausale Strukturen wahrnimmt, verfährt schlicht nach „natural instincts"[74] und ohne diesen Instinkt kann man überhaupt keine Argumentation

---

70 Vgl. David Hume, *A Treatise of Human Nature*, London, 1738, Book I, Part I, Section iv.
71 David Hume, *An Enquiry Concerning Human Understanding*, London, 1748, Note [H] Paragraph 3.
72 Vgl. ebd. Section IV, Part I.
73 Ebd. Section V, Paragraph 2.
74 Ebd. Section V, Paragraph 8.

vollziehen. Weil die Kausalität oder die Uniformität der Welt schon Prämissen des rationalen Denkens selbst enthält, setzt deren Skepsis eigentlich eben den skeptisch betrachteten Gegenstand, nämlich die Kausalität, voraus und kann daher nur als Zirkelschluss formuliert werden. Diese Skepsis oder Fragestellung nach der Vorbedingung des rationalen Vollzugs selbst ist daher überhaupt sinnlos und der Zweifel an der Verknüpfung von Ursache und Wirkung wird nicht gelöst („cure"), sondern vielmehr nur berichtigt („remedy").[75]

Kant nimmt mit äußerstem Interesse Humes verzweifelten Versuch wahr, der von der Furcht vor einer Desorganisierung der Welt oder einer Vernichtung der Vernunft geprägt ist. Diese Furcht ist keineswegs ein bloßes Gedankenexperiment, fiktional oder leichtsinnig, sondern äußerst real und intensiv zu verstehen, weil Humes Frage bis zur menschlichen Wesensart bzw. der Existenz reicht. Kant thematisiert wie Hume die Grundfrage nach der menschlichen Natur als Antinomie der Vernunft. Der Schein der Vernunft soll nun von der Gewissheit unterschieden werden und die feste Grundlage „einer jeden künftigen Metaphysik, die als Wissenschaft wird auftreten können" (Untertitel der *Prolegomena*), soll als eine akute Aufgabe aufgefasst werden. Kants Kritik bezieht diese Aufgabe auf die Möglichkeit des synthetischen Urteils a priori, d.h. dieses Urteil berichtigt den Schein der Vernunft und enthüllt das Fundament der Vernunft. Dieses Urteil selbst ist jedoch, wie Humes Kritik an der Kausalität zeigt, kaum beweisbar, aber für das rationale Denken unentbehrlich. In ihm besteht der tiefste Grund der Metaphysik. Die Eigenschaften des synthetischen Urteils a priori werden in den folgenden Abschnitten eingehend erläutert werden.

1.4. Das erkenntnistheoretische Attribut des Urteils

Dieses Urteil ist durch zwei Attribute bedingt: „synthetisch" und „*a priori*." Durch diese Bedingungen dient das Urteil nach Kant einer vom Schein befreiten Wissenschaft. Kant erwähnt einige Beispiele für ein synthetisches Urteil a priori, z.B.: „7+5=12" (Kant KrV, B, S.205), „[...] zwischen zwei Punkten ist nur eine gerade Linie möglich; zwei gerade Linien schließen keinen Raum ein etc." (Kant KrV, B, S. 204). Das Urteil wird mit diesen Merkmalen auf der logischen Seite expansiv und zugleich auf der erkenntnistheoretischen Seite transzendental betrachtet. Inwiefern erwirbt das Urteil mit den zwei Attributen diese Eigenschaften und welchen Bezug hat es zu Goethe?

---

75 Hume, *A Treatise of Human Nature*, Book I, Part IV, Section ii, Paragraph 57.

Das Gegenstück zum Attribut „*a priori*" wird mit dem Begriff „*a posteriori*" bezeichnet. Kant definiert diese Begrifflichkeiten folgendermaßen:

> „Es ist also wenigstens eine der näheren Untersuchung noch benöthigte und nicht auf den ersten Anschein sogleich abzufertigende Frage: ob es ein dergleichen von der Erfahrung und selbst von allen Eindrücken der Sinne unabhängiges Erkenntniß gebe. Man nennt solche Erkenntnisse *a priori*, und unterscheidet sie von den empirischen, die ihre Quellen *a posteriori*, nämlich in der Erfahrung, haben" (Kant KrV, B, S. 2).

Der Term „*a posteriori*" bezeichnet eine Erkenntnis, die erst durch Erfahrung begründet wird. Eine Erkenntnis „*a priori*" hingegen geht umgekehrt aller Erfahrung voran und hängt nicht von ihr ab. So sind z.B. die formellen Gesetze der Arithmetik und der Geometrie im Allgemeinen für jeden gültig und sind nicht von irgendeinem empirischen Inhalt abhängig. Daher gehen diese Gesetze offenbar aller Erfahrung voraus und dies wird daher „*a priori*" genannt. Das Apriori wird als erkenntnistheoretisches Prinzip charakterisiert und enthält eine antezedierende Eigenschaft der Erkenntnis im Urteil.

Kant diskutiert im Kontext der Erklärung des Unterschieds zwischen Apriori und Aposteriori auch die deduktive Schlussfolgerung und erläutert diese mithilfe einer Analogie des Gerichts:

> „Die Rechtslehrer, wenn sie von Befugnissen und Anmaßungen reden, unterscheiden in einem Rechtshandel die Frage über das, was Rechtens ist (*quid iuris*), von der, die die Thatsache angeht (*quid facti*), und indem sie von beiden Beweis fordern, so nennen sie den erstern, der die Befugniß oder auch den Rechtsanspruch darthun soll, die Deduction" (Kant KrV, A, S. 84, B, S. 116).

Kant unterscheidet zwei Arten von Deduktion: transzendentale und empirische, nämlich *a priori* und *a posteriori*. Zugleich erläutert er die Deduktion der reinen Verstandesbegriffe, die mithilfe juristischer Termini die objektive Gültigkeit der Kategorien zu beweisen versucht. Die empirische Deduktion ist ein Verfahren, das durch Reflexion über die Empirie aus der Erfahrung einen Begriff ableitet und die transzendentale Deduktion legt mit einem apriorischen Begriff die Basis der Erfahrung frei. Kant thematisiert diese transzendentale Deduktion, weil er nicht die bereits erworbene Erfahrung, sondern den Grund der Erfahrung selbst zu erläutern versucht. Es geht um die Frage, wie und wodurch die menschliche Erfahrung eigentlich entsteht. Die Möglichkeit der Erfahrung findet damit überhaupt erst eine Erklärung. Daher wendet Kant hier mit der Analogie des Gerichts die Termini „*quaestio iuris*" und „*quaestio facti*" an und versucht dadurch zu erklären, dass sich die Frage nach der Tatsache (*quaestio facti*) mit der einzelnen vorhandenen Erfahrung, nämlich mit der empirischen Deduktion, beschäftigt und die Frage nach dem Recht (*quaestio iuris*) die Wesensart der möglichen Erfahrung überhaupt bzw. die transzendentale Deduktion behandelt.[76] Kant versucht mithilfe der juristischen Terminologie den Inhalt des Apriori zu charakterisieren. Seiner Ansicht nach wird die Diskussion über das Apriori oder die angeborenen Ideen immer im Kontext einer Gabe Gottes geführt, ähnlich bei den *ideae innatae* von René Descartes oder in der Betrachtung des Apriori bei Leibniz. Nach ihrer Auffassung ist das menschliche Erkenntnisvermögen von Gott eingepflanzt worden und der Grund des Apriori liegt ursprünglich in Gott. Kant lehnt diese Auffassung über die angeborenen Ideen durch Gott ab und vertritt die These einer ursprünglichen Erwerbung[77] des menschlichen Erkenntnisvermögens insbesondere in der Abhandlung *Über eine Entdeckung, nach der alle neue Kritik der reinen Vernunft durch eine ältere entbehrlich gemacht werden soll* (1790):

> „Die Kritik erlaubt schlechterdings keine anerschaffene oder angeborne Vorstellungen; alle insgesamt, sie mögen zur Anschauung oder zu Verstandesbegriffen gehören, nimmt sie als erworben an. Es giebt aber auch eine ursprüngliche Erwerbung (wie die Lehrer des Naturrechts sich ausdrücken), folglich auch dessen, was vorher gar noch nicht existirt, mithin keiner Sache vor dieser Handlung angehört hat. Dergleichen ist, wie die Kritik behauptet, erstlich die Form der Dinge im Raum und der Zeit, zweitens die synthetische Einheit des Mannigfaltigen in Begriffen; denn keine von beiden nimmt unser Erkenntnißvermögen von den Objecten, als in ihnen an sich selbst gegeben, her, sondern bringt sie aus sich selbst a priori zu Stande" (Kant ÜE, AA 08: 221).

Dieser Aufsatz wurde als eine Verteidigung gegen Johann August Eberhard geschrieben, der in der Schultradition der Philosophie von Leibniz und Christian Wolff stand. Er kritisierte an Kant, dass seine Philosophie lediglich eine Wiederholung des Denkens von Leibniz sei. Kant verteidigte sich und betonte, dass seine kritische Philosophie nicht irgendeine mystische Quelle der Erkenntnis wie

---

76 Wenn die *quaestio iuris* für Kant das Thema darstellt, müssen die angeführten Beispiele für die synthetischen Urteile a priori bezüglich der Arithmetik und der Geometrie als unangemessen betrachtet werden, weil diese Beispiele sich über die Frage nach dem Recht hinaus auf die Frage der Tatsache beziehen. Die einzelne Proposition wie 5+7=12 ist ein Gegenstand, dem man in der Erfahrung begegnet und zeigt kein Fundament der möglichen Erfahrung selbst, weil Kant nicht einen einzelnen Fall verfolgt, sondern vielmehr das Gesetz in Kraft zu setzen versucht, mit dem das Urteil über jede Anklage gefällt wird. Obwohl die Erläuterung durch Beispiele hilfreich ist, taugt sie eigentlich bei der Erörterung des synthetischen Urteils a priori nicht. Vgl. hierzu Tsunetoshi, Sozaburo, *Über „die Möglichkeit des synthetischen Urteils apriori"* (auf Japanisch). In: Bulletin der Literaturwissenschaft Universität Kansei Gakuin, 1984, 34(2), S. 12-28.
77 Vgl. Michael Oberhausen, *Das neue Apriori. Kants Lehre von einer „ursprünglichen Erwerbung"* *apriorischer Vorstellungen*, Stuttgart-Bad Cannstatt, 1997. Yuichiro Yamane, *Eine Studie zum kritischen Begriff „a priori" als ein Sachverhalt, der „ursprünglich erworben" wird*, In: Kant-Studien 101, 4, (2010), S. 413–428.

bei Leibniz enthält und er vielmehr eine andere Quelle freilegt, die rational abge-leitet werden kann, nämlich die „ursprüngliche Erwerbung." Kant erwähnt hier das Naturrecht als ein Beispiel für diese Erwerbung. Dies soll im Folgenden noch näher erläutert werden.

Der Begriff des Naturrechts wird seit der Antike diskutiert. In ihm vereinigt sich die menschliche Existenz mit der Natur (als Idee oder Eidos) des Menschen und diese bilden gemeinsam eine Neigung, welche in der damaligen juristischen Diskussion „das natürliche Recht" heißt. Im Mittelalter wird z.b. bei Thomas von Aquin das Naturgesetz (*lex naturalis*) dem ewigen Gesetz (*lex aeterna*) von Gott untergeordnet. Thomas Hobbes leitet dieses Recht jedoch aus dem Gesell-schaftsvertrag ab, denn ohne diesen Vertrag kommt es zu einem „bellum om-nium contra omnes" und das einzelne Naturgesetz wie die Selbsterhaltung er-reicht mithin nicht sein Ziel. Deshalb soll man sein Naturrecht zugunsten Dritter mit dem Vertrag abgeben. Bei Hobbes ist der Ursprung des Naturrechts nicht mehr Gott, sondern vielmehr die menschliche „fear of death".[78] Aus diesem Grund sucht der Mensch den Frieden und weiter den Gesellschaftsvertrag. Die Herrschaftsansprüche der Könige, die sich auf das Gottesgnadentum stützen, verlieren damit ihre Legitimität und das Herrschaftsrecht wird nur durch den Abschluss eines Vertrages mit dem Bürger legitimiert. John Locke gliedert die Selbsterhaltung weiter in vier unveräußerliche Güter: „life", „health", „liberty" und „possessions".[79] Zudem betont er in der Diskussion des Wider-standsrechts den Vorteil des bürgerlichen Naturrechts gegenüber dem Staat.

Kant folgt diesem Gedanken aus der Zeit der englischen Revolutionen und betrachtet die ursprüngliche Erwerbung des Naturrechts vor dem Hintergrund der französischen Revolution. Am 26. August 1789, ein Jahr vor Kants Abhandlung *Über eine Entdeckung* (1790), werden die Artikel *Déclaration des Droits de l'Homme et du Citoyen* in der Konstituante angenommen und im Artikel 2 der Menschen- und Bürgerrechtserklärung heißt es: „Der Zweck jeder politischen Vereinigung ist die Erhaltung der natürlichen und unantastbaren Menschenrechte. Diese sind das Recht auf Freiheit, das Recht auf Eigentum, das Recht auf Sicher-heit und das Recht auf Widerstand gegen Unterdrückung." Die Freiheit und das Recht auf Eigentum werden nicht mit dem Gottesgnadentum eines Königs be-

---

78 Vgl. Thomas Hobbes, *Leviathan or The Matter, Forme and Power of a Common Wealth Ecclesiasticall and Civil*, 1651, Chapter XIII (Thomas Hobbes, *The English works of Thomas Hobbes of Malmesbury*, William Molesworth (ed.), London, 1839, S. 116).
79 Vgl. John Locke, *Two Treatises of Government*, 1689, Book II, Chapter II, Section 6, (John Locke, *The Works of John Locke*, Thomas Tegg, London, 1823, Vol. 5, S. 341).

gründet, sondern vielmehr bestehen diese Rechte allein in der menschlichen Existenz und werden also ursprünglich erworben.[80]

Kant versucht unter der Wirkung der europäischen Revolutionen einen rationalen Grund der Erwerbung zu definieren und wendet diese Diskussion als ein Beispiel oder ein Gleichnis auf die Theorie des Erkenntnisvermögens an. Das Wort Apriori impliziert den Begriff der ursprünglichen Erwerbung als Naturrecht, d.h. es rechtfertigt sich nicht mit irgendeiner äußerlichen Substanz wie Gott oder feudaler Herrscher, sondern mit der menschlichen Existenz per se. Das Erkenntnisvermögen wie die Anschauung oder die Kategorie wird daher nicht wie bei Leibniz eingepflanzt, sondern vielmehr wird es bereits aus sich selbst heraus erworben.[81] Das Apriori wird nur auf Grund der natürlichen Beschaffenheit des menschlichen Vermögens als *quaestio iuris* behandelt und zeigt sich als ein unantastbarer Boden.[82]

---

80 Die ursprüngliche Erwerbung wird bei Kant in Bezug auf das juristische Thema zumeist gemeinsam mit dem Naturrecht auf Eigentum diskutiert. Er schreibt darüber im ersten Teil seiner *Metaphysik der Sitten* (1798), „Metaphysische Anfangsgründe der Rechtslehre": „Ich erwerbe etwas, wenn ich mache (*efficio*), daß etwas mein werde. — Ursprünglich mein ist dasjenige Äußere, was auch ohne einen rechtlichen Act mein ist. Eine Erwerbung aber ist ursprünglich diejenige, welche nicht von dem Seinen eines Anderen abgeleitet ist" (Kant MS, AA 06: 258). Kant entwickelt dann in diesem Buch das Thema des willkürlichen Besitzes des Bodens zur „ursprünglichen Gemeinschaft des Bodens". Damit entwirft er ein System der individuellen Erwerbung in der Gesellschaft ohne Streit, in dem nicht die Tatsache des geerbten Bodens selbst, den jemand schon bisher besessen hat, sondern das universale Recht, das jeder ohne Bezug auf die Zeit eine latente Möglichkeit der Erwerbung behaupten kann: als *quaestio iuris*.

81 Johann Gottlieb Fichte versucht, hierzu eine genetische Erklärung zu geben und thematisiert die ursprüngliche Genese des Erkenntnisvermögens als „Tathandlung". (Der Terminus Tathandlung war im ursprünglichen Sinne ein politisch-juristischer Begriff).

82 Goethes Hauptberuf lag eigentlich in den Bereichen der Politik und Verwaltung. Er durchlief eine Ausbildung zum Rechtsanwalt. Unter dem Einfluss seines Vaters las der junge Goethe z.B. *Jurisprudentia Romano-Germanica forensis* (1670) von Georg Adam Struve und erinnert sich daran zurück, dass er der „Kleine Struve" (WA I, 26, S. 229) war. Er studierte weiter in Leipzig sechs Semester Jura und schrieb in Straßburg seine Dissertation. Er war ein Dichterjurist und die Diskussion Kants und der Hintergrund des Naturrechts waren für ihn leicht zu verstehen. Goethe las z.B. eine naturrechtliche Abhandlung von Hugo Grotius (wahrscheinlich *De jure belli ac pacis* (1625)), *Grundlage des Naturrechts* (1796) von Fichte und *Populäres Naturrecht* (1799) von Johann Philipp Achilles Leisler. Zwar erwähnt Goethe nichts über die ursprüngliche Erwerbung selbst, aber er verstand deren Konzept als den Hintergrund des Apriori und Kants kurze Erwähnung des Gleichnisses der ursprünglichen Erwerbung und des Apriori.

1.5. Das logische Attribut des Urteils

Ein weiteres Attribut des Urteils wird durch das Wort „synthetisch" ausgedrückt. Kant erklärt hierzu in einer Schrift zur Preisfrage der Akademie der Wissenschaften zu Berlin des Jahres 1791, „Welches sind die wirklichen Fortschritte, die die Metaphysik seit Leibnizens und Wolff's Zeiten in Deutschland gemacht hat?":

> „Synthetische Urteile sind solche, welche durch ihr Prädikat über den Begriff des Subjekts hinausgehen, indem jenes etwas enthält, was in dem Begriff des letztern gar nicht gedacht war: z. B. alle Körper sind schwer. Hier wird nun gar nicht darnach gefragt, ob das Prädikat mit dem Begriffe des Subjekts jederzeit verbunden sei oder nicht, sondern es wird nur gesagt, daß es in diesem Begriffe nicht mitgedacht werde, ob es gleich notwendig zu ihm hinzukommen muß" (Kant FM / Beylagen, AA 20: 322f.).

Der Ausdruck „synthetisch" wird als ein Prädikat zwischen Subjekt und Objekt definiert, weil er anders als das erkenntnistheoretische Konzept des Apriori ein logisches Attribut meint. Die Synthese bedeutet nicht eine Artikulation des im Subjekt enthaltenen Begriffs, die nur aus dem Subjekt abgeleitet und innerhalb des Subjekts betrachtet wird, sondern ein Addendum oder eine Hinzufügung irgendeines Prädikates außerhalb des Subjekts. Diese Verbindung zwischen Subjekt und Prädikat hat keine Notwendigkeit, weil dieses Prädikat aus dem Exterieur des Subjekts stammt. Kant veranschaulicht dies anhand eines Beispiels über den Körper und sein Gewicht: Eine Aussage, welche das Gewicht auf den Körper bezieht, ist ein synthetisches Urteil, weil der Begriff des Körpers ursprünglich nicht im Begriff des Gewichts selbst enthalten ist. Vielmehr wird er quasi logisch-experimentell mit fremden Elementen vermischt, da es immer ohne Widerspruch möglich ist, dass Körper keine Masse haben. Die Körper haben nur zufälligerweise eine gewisse Masse und eine Verbindung dazwischen kann nicht notwendig abgeleitet werden.

Kant stellt die analytischen Urteile den synthetischen gegenüber und erläutert ihren Unterschied in der *Kritik der reinen Vernunft*:

> „In allen Urtheilen, worin das Verhältniß eines Subjects zum Prädicat gedacht wird (wenn ich nur die bejahende erwäge: denn auf die verneinende ist die Anwendung leicht), ist dieses Verhältniß auf zweierlei Art möglich. Entweder das Prädicat B gehört zum Subject A als etwas, was in diesem Begriffe A (versteckter Weise) enthalten ist; oder B liegt ganz außer dem Begriff A, ob es zwar mit demselben in Verknüpfung steht. Im ersten Fall nenne ich das Urtheil analytisch, im andern synthetisch. Analytische Urtheile (die bejahende) sind also diejenigen, in welchen die Verknüpfung des Prädicats mit dem Subject durch Identität, diejenige aber, in denen diese Verknüpfung ohne Identität gedacht wird, sollen synthetische Urtheile heißen" (Kant KrV, A, S. 6f, B, S. 10f.).

Ein analytisches Urteil enthält das Prädikat schon im Subjekt bzw. das Prädikat ist eigentlich mit dem Subjekt identisch. Kant führt als Beispiel für ein analytisches Urteil an, dass Körper eine Ausdehnung haben. Dieses Verhältnis des Körpers und der Ausdehnung wird notwendig, weil die Ausdehnung dadurch abgeleitet wird, dass der Begriff des Körpers aufgelöst wird. Ein Körper ohne Ausdehnung ist aber undenkbar, weshalb beide ursprünglich identisch sind. Im Gegensatz zu diesem analytischen Urteil, das eine bloße Artikulation des Subjektbegriffs darstellt, erwirbt der Körper das Gewicht von außen und dieses Verhältnis ist zufällig. Daher erweitert das synthetische Urteil den Begriff des Subjekts. Eine Aussage über einen Körper ohne Masse wird auch als synthetisches Urteil verstanden, weil die Masse zufällig zum Körper gehört. So weist z.b. der Arzt Christoph Friedrich Hellwag auf den Regenbogen und den geometrischen Körper als Beispiele für gewichtslose Körper hin.[83]

In einem Brief an den Theologen und Mathematiker Johann Friedrich Schultz vom 25. November 1788 greift Kant auf ein arithmetisches Beispiel zurück:

„Das Urtheil 3+4=7 scheint zwar ein blos theoretisch Urtheil zu seyn und ist es auch obiectiv betrachtet subiectiv aber bezeichnet das + eine Art der Synthesis, aus zwey gegebenen Zahlen eine dritte zu finden und eine Aufgabe, die keiner Auflösungsvorschrift noch eines Beweises bedarf, mithin ist das Urtheil ein Postulat" (Kant Br, AA 10: 555).

Das Zeichen „+" bildet bereits das einfachste Prädikat der Erweiterung, nämlich der Synthese, und die gesamte Aussage „3+4=7" wird daher ein synthetisches Urteil a priori genannt.

Aus der bisherigen Diskussion ergibt sich Folgendes: Das Apriori bedeutet eine ursprüngliche Erwerbung wie das Naturrecht und ist nicht ein eingepflanztes und bewilligtes Vermögen der Erkenntnis, somit also eine Befreiung von Gott und Autorität. Die Synthese stellt eine logische, aber zufällige Erweiterung sowie eine Überwindung des Subjekts dar. Mit diesen Attributen wird das Urteil erkenntnistheoretisch von der Erfahrung unabhängig und gleichzeitig logisch zur Entdeckung der unbekannten Eigenschaft expansiv betrachtet. Die synthetische Aussage a priori „3+4=7" erfindet eine Menge „7", die nicht in den kleineren Elementen „3" und „4" betrachtet werden kann. Auch eine Aussage wie „Zwischen zwei Punkten ist nur eine gerade Linie möglich" zeigt eine neue Eigenschaft der „kürzesten" Linie, die nicht aus der „geraden" Linie abgeleitet werden kann. Diese Aussagen werden ohne Vorkenntnisse aus der Erfahrung durch das ursprünglich erworbene Vermögen der Menschen verstanden. Kant entwickelt das humesche Thema der Basis des rationalen Denkens über die Kausalität hin-

---

83 Vgl. Christoph Friedrich Hellwag an Kant, 13. Dezember 1790 (Kant Br, AA 11: 240).

aus und formuliert ein allgemeines Verfahren für die Naturwissenschaft und die Metaphysik als eine rationale Wissenschaft.

1.6. *Analyse und Synthese wie Atmen*

Im Jahr 1829 verfasst Goethe den kurzen Aufsatz *Analyse und Synthese* und erläutert darin sein Denken über die Synthese. In dieser Zeit liest er intensiv französische Geschichtsbücher wie *Cours de l'histoire moderne* (1828-1830) von François Guizot, *Cours de la littérature française* (1828-1829) von Abel-François Villemain, *Cours de l'histoire de la philosophie* (1829) von Victor Cousin[84] sowie Schriften des schottischen Philosophen Thomas Reid im Zusammenhang mit dem Einfluss von Reid auf die französischen Philosophen. Goethe verfasst aus diesem Anlass den o.g. Aufsatz, in dem er Cousins Interpretation der philosophischen Methodologie des 18. Jahrhunderts erwähnt, insbesondere die Analyse und die Synthese. Goethe beginnt diesen Aufsatz folgendermaßen:

> „Herr Victor Cousin, in der dritten dießjährigen [1829] Vorlesung über die Geschichte der Philosophie, rühmt das achtzehnte Jahrhundert vorzüglich deßhalb, daß es sich in Behandlung der Wissenschaften besonders der Analyse ergeben und sich vor übereilter Synthese, das heißt vor Hypothesen in acht genommen [...]" (WA II, 11, S. 68).

Nach Cousins Meinung wendet die Philosophie des 18. Jahrhunderts hauptsächlich die Analyse und die unvollständige Synthese an. Goethe warnt vor „übereilter Synthese" und nennt sie eine Hypothese.

Im Folgenden fasse ich zunächst kurz den Inhalt des betreffenden Vortragstextes Cousins zusammen: Cousin fragt nach der typischen philosophischen Methode des 18. Jahrhunderts und antwortet, dass diese hauptsächlich aus der Analyse bestehe.[85] Er betrachtet die damalige Verfahrensart des Denkens und äußert, dass das höchste oder inhärenteste Vermögen des Menschen „la réflexion" (Cousin ebd., S. 57) ist. Auch erklärt er, dass es vor der Reflexion im Bewusstsein „préexiste" (Cousin ebd.) gibt, welche „totalité, primitive, obscure et confuse" (Cousin ebd., S. 58) sind. Die Reflexion erhält die Aufgabe, diese verwirrende Vorexistenz zu eliminieren und zu einer klaren und deutlichen Form zu gelangen. Weil diese Vorexistenz noch nicht in einer verständlichen Bedeu-

---

84 Goethe lernt Cousin bereits am 18. Oktober 1817 kennen und spricht mit ihm auch am 28. April 1825.
85 Vgl. Victor Cousin, *Cours de l'histoire de la philosophie moderne*, Paris, 1847, Band 2, S. 75.

tung artikuliert wird, besteht der Grund der Verwirrung dieser Vorexistenz in einem Auftreten aller Teile auf einen Schlag bzw. in einer Simultaneität aller Gegenstände eines Themas. Um diese Gleichzeitigkeit oder diesen unartikulierten Gegenstand verständlich zu machen, benötigt man die Analyse. Die Reflexion zerlegt die Simultaneität aller Gegenstände in Teile und dekomponiert („décomposer" (Cousin ebd.)) die zusammengesetzte Vorexistenz. Laut Cousin heißt diese Dekomposition auf Altgriechisch *Analysis* und die Reflexion wird als Analysis betrachtet. Nachdem die Zerlegung aller Komponenten vollendet ist, wird eine Rekomposition („récollection et recomposition" (Cousin ebd., S. 60)) erforderlich. Wenn man mehr als eine bloße Erkenntnis der Teile sucht, muss man eine Verbindung oder eine Ordnung der individuellen Bestandteile nachbilden. Diese Rekomposition heißt auf Altgriechisch *Synthesis*.

Aber Sokrates, Platon und Aristoteles verwenden laut Cousin hauptsächlich die Analysis als Methode des Philosophierens. Francis Bacon übernimmt diese Tradition, und seine vorrangige Beobachtungsmethode beinhaltet die Dekomposition des Gegenstandes in kleine Teile wie die Anzahl der Blätter oder die Bestandteile der Gliederfüßer, Größe, Farbe oder Geschwindigkeit usw. Descartes stellt vier Regeln über die Methode auf, von denen sich drei auf die Analysis beziehen: 1) Vertraue auf den Beweis, nicht auf Überlieferung oder Autorität. 2) Zerteile möglichst den Gegenstand in einzelne Elemente. 3) Klassifiziere möglichst die Elemente nach der Anzahl, der Ausdehnung usw. 4) Ordne und reguliere, verbinde sie (Cousin ebd., S. 70f.). Zwar bezeichnet die letzte Regel ein synthetisches Verfahren, aber die anderen Regeln sind analytisch. Descartes erläutert systematisch die analytische Methode, während er die synthetische Methode vernachlässigt. Nach Cousins Auffassung legt Descartes großen Wert auf die Analysis, weil er die hypothetische Assertion, wie sie in der mittelalterlichen Tradition üblich war, ablehnt und weil er die künftige Wissenschaft auf einem festen Fundament errichten möchte. Die jeweiligen Phänomene in der Erfahrung sollen nicht aus einer theologischen und traditionellen Weltstruktur deduziert, sondern mithilfe von Beobachtung und Analysis bis zu den kleinsten Teilchen hin erforscht werden. Cousin erwähnt als charakteristische Repräsentanten der damaligen Zeit zwei Geräte – das Mikroskop und das Teleskop – sowie eine Naturwissenschaft, die Chemie (Cousin ebd., S. 57).

Weil die Methode von Bacon und Descartes vollständiger und sicherer ist, wird sie von den Nachfolgern auf alle Bereiche der Wissenschaft angewendet. Sie halten den anderen Pol der Methode, die Synthesis, nicht für wichtig oder haben sogar Furcht davor, weil sie aus einer verwirrenden Hypothese wie im

Mittelalter bestehen könnte. Die Synthesis wird deshalb für die philosophische Methode als „violent et irrégulier" (Cousin ebd., S. 74) angesehen. Cousin fasst zusammen, dass die politische Mission des 18. Jahrhunderts im Bruch mit dem Mittelalter und der seither herrschenden feudalen und religiösen Macht besteht. Die philosophische Mission beinhaltet nach seiner Auffassung die Aufhebung bestimmter traditioneller Gegebenheiten wie insbesondere die Aufhebung des Stellenwertes der bloßen Hypothese. Cousin beschreibt so die methodische Tendenz der damaligen Philosophie: „L'analyse est comme le remède universel contre toutes les erreurs passées, présentes et futures: c'est la méthode unique qui peut et qui doit conduire enfin à toutes les vérities" (Cousin ebd., S. 75). Wenn jedoch in der Wissenschaft ausschließlich die Analysis und die Beobachtung angewendet werden, erhält man lediglich Einzelheiten des Wissens. Cousin formuliert dazu: „D'une part, synthèse sans analyse, science fausse; de l'autre part, analyse sans synthèse, science incomplète" (Cousin ebd., S. 63f.). Analysis und Synthesis sind zwei vitale Operationen der Methode, und die Aufgabe des 18. und 19. Jahrhunderts besteht aus einer Auseinandersetzung mit der Synthesis sowie aus einer Vermittlung zwischen Analysis und Synthesis.

Goethe ist der Auffassung, dass die leitende methodische Strömung der Analysis, die Cousin erwähnt, bis ins 19. Jahrhundert weiterwirken wird und der Wert und die Würde der Synthesis noch nicht wiedererkannt worden seien. So schreibt er in *Analyse und Synthese*:

> „Bei Betrachtung dieser Äußerungen [von Cousin] kam uns zuvörderst in den Sinn, daß selbst in dieser Hinsicht dem neunzehnten Jahrhundert noch Bedeutendes übrig geblieben; denn es haben die Freunde und Bekenner der Wissenschaften aufs genaueste zu beachten, daß man versäumt, die falschen Synthesen, das heißt also die Hypothesen, die uns überliefert worden, zu prüfen, zu entwickeln, ins klare zu setzen und den Geist in seine alten Rechte, *sich unmittelbar gegen die Natur zu stellen*, wieder einzusetzen" (WA II, 11, S. 68).

Nach Goethe ist die Bedeutung der Synthese noch nicht vollständig erkannt worden, da einerseits übereilte Hypothesen und andererseits die Überlieferung die Wissenschaft beherrschen. Goethe erwähnt in diesem Aufsatz die „Dekomposition des Lichtes" (WA II, 11, S. 69) in der Optik Newtons als ein veranschaulichendes Beispiel. Seiner Meinung nach zerlegt Newton das Licht in seinem Experiment mit dem Prisma in sieben Farbteile, aber er fügt die Farben nicht wieder zusammen, denn er zeigt kein vollständiges Bild der gesamten Farberscheinung aus den verschiedenen Gebieten bzw. benutzt keine synthetische Methode in der Farbenlehre.

In Bezug auf Newton und vielleicht auch auf Linné scheint es Goethe, dass sie, wie Cousin erwähnt, nur die analytische Methode des 18. Jahrhunderts anwenden. Linné teilt die Blumen in Anzahl der Blätter, Farben und Gestalt ein und klassifiziert sie nach dem Terminus, worauf Bacon und Descartes hinweisen. Damit heißt er das Bestehende als solches gut, d.h. dasjenige, was „ist", gilt ihm gleichsam als ein stilles System des Daseins. Goethe stellt immer die Frage, wie etwas „wird" oder „entsteht", wie z.B. der junge Keim entsteht, woraus dann später ein erwachsener Baum wird. Diese Frage der Metamorphose behandelt sozusagen einen synthetischen Prozess der Organismen und eine Erweiterung des Forschungsobjekts. Daher bildet das Exemplar der zufälligen Abweichung wie das der durchgewachsenen Nelke für Goethes Morphologie das entscheidende Thema. Die Betrachtung der Genese soll notwendigerweise als synthetisch behandelt werden. Goethes Farbenlehre besteht aus verschiedenen Sphären der Farben, von den physiologischen zu den ästhetischen Farben usw. Damit versucht er seine Wissenschaft immer mehr zu vervollkommnen.

Goethe kritisiert nicht die Analyse als solche, sondern eine Analyse ohne Synthese. In *Analyse und Synthese* schreibt er hierzu: „Die Hauptsache, woran man bei ausschließlicher Anwendung der Analyse nicht zu denken scheint, ist, daß jede Analyse eine Synthese voraussetzt" (WA II, 11, S. 71). In seiner Farbenlehre betrachtet er zuerst analytisch die Gegenstände der Farben, denn er erwähnt die detaillierten Einzelheiten der Farbphänomene und fasst diese durch das Urphänomen als ein Entwicklungsprinzip innerhalb einer genetischen Reihe zusammen. Der Grundsatz des Lichts, den Newton beweist, erscheint Goethe einfach als eine „übereilte Synthese", weil er nur unter einer bestimmten Bedingung beobachtet werden kann und nicht die Übergänge der Sphären der Farben erklärt. Goethe mag darauf stolz gewesen sein, dass er mit der Synthese die Analyse reguliert und die Erwartung Cousins an die Wissenschaft des 19. Jahrhunderts erfüllt hat:

> „Wir haben uns bei der Farbenlehre des analytischen Verfahrens bedient und möglichst alle Erscheinungen, wie sie nur bekannt sind, in einer gewissen Folge dargestellt, um zu versuchen, inwiefern hier ein Allgemeines zu finden sei, unter welches sie sich allenfalls unterordnen ließen, und glauben also, jener Pflicht des neunzehnten Jahrhunderts vorgearbeitet zu haben" (WA II, 11, S. 69).

Goethe versammelt die Phänomene aus möglichst unterschiedlichen Bereichen und ordnet sie nicht nur nach dem äußeren Charakter, sondern auch entsprechend der inneren Tätigkeit der Organisation als eine sukzessive, aber mannigfaltig verästelte Folge. Nach Goethe wird der Erfolg der neuen Wissenschaft durch die zwei Methoden der Analyse und der Synthese ermöglicht:

„Wir wenden uns zu einer andern allgemeineren Betrachtung: ein Jahrhundert, das sich bloß auf die Analyse verlegt und sich vor der Synthese gleichsam fürchtet, ist nicht auf dem rechten Wege; denn nur beide zusammen, wie Aus- und Einathmen, machen das Leben der Wissenschaft" (WA II, 11, S. 70).

Als Beispiel für das Verhältnis zwischen Analyse und Synthese erwähnt Goethe oft den Atemzug. Damit behauptet er, dass das Verhältnis der Analyse zur Synthese komplementär und nicht mehr trennbar ist und demnach das methodologische Verfahren seiner Naturwissenschaft weiterhin am Strom der künftigen Wissenschaft teilnimmt.

Laut Cousin steht auch Kant in der Tradition der Philosophie der Analysis und konnte nicht der Denkweise seines Zeitalters entgehen. Wie Hume bereits zeigt, besteht sogar der Begriff der Kausalität in einer nicht genau bestimmbaren Synthesis, nämlich der Hypothese, und diese Tatsache erschreckt Kant. Cousin bewertet die Kritik Kants als Zweifel am sprunghaften Übergang von der Analysis zur Synthesis:

„Dans les prolégomènes qui précèdent le principal ouvrage de ce grand homme, il fait ce qu'on avait fait en France et en Ecosse; il attribue tous les maux de la philosophie à l'emploi prématuré de la synthèse, et il ne reconnaît d'autre remède que l'analyse, l'analyse de la pensée et de ses lois, de nos facultés et de leurs limites" (Cousin Ebd., S. 75f.).

Cousin schreibt, dass Kant in seinen *Prolegomena* ein Erschrecken vor der unreifen Synthesis zeigt, die in Frankreich und Schottland zunehmend diskutiert wird. Es bleibt ihm keine andere Reaktion übrig, als an der Analysis festzuhalten. Die Angemessenheit dieser Auffassung von Cousin über die kantische Philosophie stellt Goethe in Frage[86], aber sie unterstreicht, dass die Motivation der Kritik Kants für die künftige Metaphysik in der Neugestaltung der Synthese besteht. Es geht dem kantischen Versuch daher im Grunde darum, wie die Wissenschaft mit dem harten methodologischen Prinzip der Analyse, das schon von Descartes oder Bacon etabliert wurde, expansiv verfahren kann, d.h. wie sie durch die Synthese ihr Wissen erweitern und vermehren kann. Die Analyse besteht, wie von Kant beschrieben, in der Identität des Subjekts mit dem Prädikat. Daher ist das Verhältnis zwischen Subjekt und Prädikat notwendig, aber bei der Synthese wird das Prädikat dem Subjekt von außen hinzugefügt und deshalb ist ihre Relation zufällig. Diese Zufälligkeit bezeichnet eine Möglichkeit der expansiven Entwicklung

---

86 Goethe beschreibt z.B. in einer kurzen Notiz (wahrscheinlich um 1829-1830 verfasst): „Warum Ausländer: Briten, Americaner, Franzosen und Italiäner unsrer neuen Philosophie nichts abgewinnen können, schreibt sich wohl daher, daß sie nicht unmittelbar ins Leben eingreift [...]" (WA I, 42ii, S. 514).

der Wissenschaft, aber zugleich kann sie ein Nährboden für bloße Meinungen sein. Hier taucht die Furcht vor einer Wiederkehr der mittelalterlichen Doxa auf. Kant hebt zwar das synthetische Urteil a priori hervor, das im ursprünglich erworbenen Vermögen besteht, aber Cousin vertritt die Meinung, dass dieses Problem nicht mit der kantischen Kritik gelöst wird.

Goethe schätzt Kants Synthese sehr, da dieser wieder einen neuen Wert der Synthese für die kommende Epoche zu etablieren versucht, obwohl die Realisierung des methodischen Übergangs zur Synthese von Cousin als unklar angesehen wird. Goethes diesbezüglicher Eindruck, den er in der Schrift *Einwirkung* dargelegt hat, soll hier erneut ins Gedächtnis gerufen werden:

> „Die Erkenntnisse a priori ließ ich mir auch gefallen, so wie die synthetischen Urtheile a priori: denn hatte ich doch in meinem ganzen Leben, dichtend und beobachtend, synthetisch und dann wieder analytisch verfahren; die Systole und Diastole des menschlichen Geistes war mir, wie ein zweites Athemholen, niemals getrennt, immer pulsierend" (WA II, 11, S. 48).

Goethe stimmt einerseits der Einschätzung Cousins zu, dass die Analyse eine charakteristische Methode des 18. Jahrhunderts darstellt und dass neben der Analyse die Synthese für den Fortschritt der künftigen Wissenschaft unentbehrlich ist. Aber er weist andererseits die vermutlich auch von Cousin stammende Beurteilung ab, dass Kant nur von der Angst vor einer mangelhaften Synthese ergriffen sei. Goethe unterstellt Kants kritischem Versuch die gleiche Absicht wie seine eigene, da Kant versucht, einen Schlüsselbegriff des synthetischen Urteils a priori auf dem Boden der Analyse zu konstruieren und weiterzuentwickeln. Goethe erwähnt hier auch seine beliebte Metapher des Atemzugs und betont, dass diese zwei Methoden die Vorder- und Rückseite der Wissenschaft darstellen und Kants synthetisches Urteil a priori gerade dieses bipolare Verfahren zeigt.

Aus der bisherigen Betrachtung lässt sich die Bedeutung des kantischen Versuchs ersehen, mit der Etablierung des synthetischen Urteils a priori eine Unterbrechung der Rechtfertigung durch Gott oder eine andere Autorität zu beabsichtigen. Mit dem Begriff des Apriori wird ein erkenntnistheoretisches Fundament der Wissenschaft geschaffen und mit der Synthese eine logische Entwicklungsmethode definiert. Kant weiß vor allem bereits, dass die Synthese den Nährboden der Doxa oder Hypothesen in sich birgt, weil die Erweiterung der Synthese zufällig ist. Er akzeptiert jedoch diese Gefahr und schreibt in der *Kritik der Urteilskraft*: „Eine Hypothese von solcher Art [teleologische Erklärung des Organismus] kann man ein gewagtes Abenteuer der Vernunft nennen" (Kant KU, AA 05: 419). Mit den zwei Attributen beschließt Kant nun, „ein gewagtes Abenteuer der Vernunft" zu beginnen. Goethe zitiert den Ausdruck „Abenteuer der Vernunft" in der *Anschauenden Urteilskraft*, denn auch er stellt sich mit seinem Grundkonzept dem Abenteuer der Synthese.

Hier zeigt sich jedoch auch ein Unterschied zwischen Kant und Goethe. Die Behauptung Kants, nicht alle Erkenntnis stamme aus der Erfahrung, gefällt Goethe zwar, aber das bedeutet nicht, dass Goethe dem Konzept der Struktur der transzendentalen Erkenntnis rückhaltlos zustimmt. Kants kritische Philosophie beschäftigt sich mit dem transzendentalen Erkenntnisvermögen, aber die einzelne Erfahrung beweist nicht direkt das Vorhandensein einer transzendentalen Erkenntnisstruktur. Kant zielt auf die Erklärung der Möglichkeit der Erfahrung und deshalb geht es nicht um die *quaestio facti*, nicht um einen Gehalt der Erfahrung, sondern gerade um die erkenntnistheoretische und logische Legitimität der transzendentalen Anlage des menschlichen Vermögens: die *quaestio iuris*. Dieses Vermögen manifestiert sich niemals in der Erfahrung oder in der Anschauung, dem Verstand und dem Bewusstsein, aber es fundiert, wie in Humes Philosophie, die Bedingung der Verwirklichung der Erkenntnis bzw. die Prämisse des rationalen Denkens überhaupt. Das Hauptthema der Naturwissenschaft Goethes richtet sich im Gegensatz dazu auf die *quaestio facti*, woraus notwendigerweise ein Unterschied folgt, nämlich die Manifestation des tätigen Erkenntnisvermögens bei der konkreten Untersuchung der Natur. Obwohl Goethe es bedauert, über kein philosophisches Organ im eigentlichen Sinne zu verfügen, versteht er die Philosophie. Allerdings überzeugt die kantische Erläuterung Goethe nicht völlig, dass die Möglichkeit oder das Recht des Erkenntnisvermögens aus einem strukturellen Anspruch heraus erreicht wird. Goethe thematisiert keine derartige Schlussfolgerung der Erkenntniskonstellation. Vielmehr legt er Wert auf die Betrachtung der Entfaltung des Erfahrungsinhalts, wie die Farben sich verändern und die Gestalt des Lebewesens sich umbildet, denn für ihn sind die ursprünglichen synthetischen Wesen augenscheinlich vorhanden und ändern sich unaufhörlich. Dieses Prinzip verlangt eine weitere kritische Betrachtung, d.h. die Untersuchung der genetischen Beschaffenheit des Erkenntnisvermögens, wie Fichte und Schelling sie thematisieren.

Goethe schätzt Kants Aufweisen des synthetischen Urteils a priori sehr. Zudem stimmt er überein mit der Basis der juristischen Entstehung der Analyse, der Richtung seiner Entwicklung in der kommenden Periode und dem Zusammenspiel der entgegengesetzten Methode. Der Grund, warum dieses synthetische Urteil a priori Goethe zusagt, ist nun leicht erkennbar, denn Goethes Urphänomen wird nicht erst durch den Glauben oder eine Autorität verständlich, da es nicht irgendeiner Tradition entnommen wird, sondern in der bloßen Beobachtung.

Deshalb lässt sich sagen, dass das Urphänomen ursprünglich erworben wird. Diese Beobachtung bedeutet jedoch bei Goethe nicht nur eine analytische Artikulation, sondern auch eine synthetische Entfaltung. Die Urpflanze ist ein Knotenpunkt für die folgende Entwicklung. Goethe erweitert sein Forschungsobjekt und -gebiet zur unbekannten Erscheinung, indem die Metamorphose im Wesen eine Art synthetisches Prinzip zeigt.

Das Konzept des Urphänomens oder der Grundgestalt stellt in der Tat einen Teil des synthetischen Urteils a priori dar. Mit diesem Konzept wird die Erfassung der Unterschiedlichkeit der Pflanzen, ihrer Entwicklung und der Farben ermöglicht. Das synthetische Urteil a priori rechtfertigt das rationale Verfahren des menschlichen Verstandes wie die Affirmation oder die Skepsis. Obwohl dieses Urphänomen und das synthetische Urteil a priori im ursprünglichen Erweiterungsprinzip bestehen, unterscheiden sie sich voneinander aufgrund der Orientierung des Forschungsthemas, d.h. der *quaestio facti* und der *quaestio iuris*. Aus diesem Unterschied lässt sich weiter folgern, dass der Inhalt des Apriori auch voneinander differiert, und zwar enthüllt das Apriori in der kantischen Diskussion eine Basis der ursprünglichen Erwerbung in Bezug auf das rationale Verfahren oder einfach auf den Verstand. Es ist aber nicht klar, dass das goethesche Apriori sich auch exklusiv auf den Verstand bezieht. Goethe legt großen Wert auf die Anschauung und beachtet in der *Anschauenden Urteilskraft* nicht den Verstand selbst, sondern vielmehr den anschauenden Verstand. Daher deutet das Apriori Goethes eine Quelle der ursprünglichen Erwerbung des anschauenden Verstandes an. Die Frage richtet sich nun darauf, woraus dieses goethesche Apriori besteht.

Kapitel 2. Der intuitive Verstand

2.1. Per intuitus oder per conceptus

Wenn Goethe das synthetische Urteil a priori gutheißt und ihm eine andere Quelle der Erkenntnis der Erfahrung oder einfach der Anschauung hinzuzufügen versucht, ergibt sich nach Schiller, dass er bereits etwas Unanschauliches bei dem Urphänomen anerkennt. Schillers Diskussion zielt auf die obskure Beschaffenheit des Urphänomens, nämlich ob es eine Idee oder eine Erfahrung sei. Schiller nötigt Goethe dazu, den Schlüsselbegriff seiner Naturwissenschaft und seine Methodologie offenzulegen. Aus der späteren Auseinandersetzung mit Kants Kritik erhofft sich Goethe, Klarheit darüber zu erlangen, auf welcher erkenntnistheoretischen Ebene das Urphänomen zu verorten ist und mit welcher Methode es bewiesen oder gerechtfertigt werden kann. Goethe meint, dass der Begriff „intellectus archetypus", den Kant in der *Kritik der Urteilskraft* erwähnt, auf eine Möglichkeit des Urphänomens hinweist. Aus dieser Überlegung entspringt der zweite und wichtigste Aspekt des Aufsatzes *Anschauende Urteilskraft*.

Wie Schiller bereits Goethe gegenüber behauptet hat, wird das Anschauen der Idee in der kantischen Philosophie als ein unmögliches Verfahren bestimmt, aber er deutet nach Goethes Meinung in der dritten Kritik auch eine andere Möglichkeit der Erkenntnis an: Kant zufolge ist die menschliche Erkenntnis entweder intuitiv oder begrifflich und die begriffliche Erkenntnis ist entweder empirisch oder rein. Der reine Begriff hat seinen Ursprung ausschließlich im Verstand und die Zusammenkunft dieser Begriffe heißt Idee. Die Idee ist daher kein eigentlicher Gegenstand der Anschauung und nur die einzelne Erscheinung wird durch die Sinnlichkeit erschaut. Weil Goethe bereits die Bücher von Kant gelesen hatte und die Behauptung Schillers gut versteht, zögert er, die erkenntnistheoretischen Eigenschaften des Urphänomens offenzulegen, obwohl dieses Phänomen den Leitbegriff seiner Farbenlehre darstellt. In dieser Situation wäre Kants Andeutung der Möglichkeit eines anderen höheren Erkenntnisvermögens für Goethe eine außerordentliche Entdeckung. Goethe zitiert die betreffende Andeutung Kants in der *Kritik der Urteilskraft*, als ob er darin eine Bestätigung sucht:

„„Wir können uns einen Verstand denken, der, weil er nicht wie der unsrige discursiv, sondern intuitiv ist, vom synthetisch Allgemeinen, der Anschauung eines Ganzen als eines solchen, zum Besondern geht, das ist, von dem Ganzen zu den Theilen. – Hierbei ist gar nicht nöthig zu beweisen, daß ein solcher intellectus archetypus möglich sei, sondern nur, daß wir in der Dagegenhaltung unseres discursiven, der Bilder bedürftigen Verstandes (intellectus

115

ectypus) und der Zufälligkeit einer solchen Beschaffenheit auf jene Idee eines intellectus archetypus geführt werden, diese auch keinen Widerspruch enthalte."" (WA II, 11, S. 55).

Dieses Zitat von Kant findet sich im Abschnitt „Von der Eigenthümlichkeit des
menschlichen Verstandes, wodurch uns der Begriff eines Naturzwecks möglich
wird" im zweiten Teil der *Kritik der Urteilskraft* über die Teleologie. Es wurde
an dieser Stelle von Goethe verkürzt. Er extrahiert eine Passage über den begriff-
lichen Unterschied zwischen „intuitiv", „diskursiv" und „synthetisch-
allgemein" (Kant KU, AA 05: 407) und eine Seite später noch eine weitere Stelle
über den „intellectus archetypus" (Kant KU, AA 05: 408). Aus dem Titel dieses
Abschnitts wird deutlich, dass Kant die Beschaffenheit des Verstandes erörtert.
Inhaltlich beschreibt er hier, dass ein gewisser Verstand in der teleologischen
Untersuchung des Organismus intuitiv sein kann und sein Denkprozess von
einem synthetischen Allgemeinen zur Einzelheit verläuft. Kant nennt diesen
Verstand „*intellectus archetypus*". Nun soll die Bedeutung dieser Begriffe erörtert werden, um zu verdeutlichen, warum dies für Goethe wichtig ist und warum
er diese Sätze als eine Rechtfertigung seiner naturwissenschaftlichen Methode
ansieht.

Zuerst wird auf den Unterschied zwischen „intuitiv" und „diskursiv" eingegangen: Kant erläutert den Unterschied zwischen den beiden in seinem Nachlass
Vorarbeiten zur Schrift gegen Eberhard, der für eine Verteidigung gegen den
Angriff von Johann August Eberhard in Bezug auf die *Kritik der reinen Vernunft*
verfasst wird: „Erkentnis ist entweder intuitiv oder discursiv" (Kant FM/Lose
Blätter, AA 20: 362). Er beschreibt hier zwei Arten der Erkenntnis und definiert
sie auf andere Weise in der ersten Auflage der *Kritik der reinen Vernunft*:

„Was endlich die Deutlichkeit betrifft, so hat der Leser ein Recht, zuerst die discursive (logische) Deutlichkeit **durch Begriffe**, dann aber auch eine intuitive (ästhetische) Deutlichkeit
durch Anschauungen, d.i. Beispiele oder andere Erläuterungen *in concreto*, zu fordern. Für
die erste habe ich hinreichend gesorgt" (Kant KrV, A, S. 12).

Kant führt aus, dass sich die diskursive Erkenntnis durch Begriffe auf die Logik
bezieht und die intuitive durch Anschauung auf die Ästhetik. Er erläutert weiter
in der zweiten Auflage der *Kritik der reinen Vernunft*, dass die diskursive Erkenntnis eine Eigenschaft des Verstandes ist:

„Also ist der Verstand kein Vermögen der Anschauung. Es giebt aber außer der Anschauung
keine andere Art zu erkennen, als durch Begriffe. Also ist die Erkenntniß eines jeden, wenigstens des menschlichen Verstandes eine Erkenntniß durch Begriffe, nicht intuitiv, sondern discursiv" (Kant KrV, B, S. 93).

Die Erkenntnis des Verstandes wird durch den Begriff „diskursiv" beschrieben, und dieser Diskurs gehört zum Verstand. Die Anschauung zeichnet sich dadurch aus, dass sie „intuitiv" ist. Diese zwei Vermögen und ihre Eigenschaften sind scharf voneinander geschieden und schließen sich gegenseitig aus. Kant weist im Weiteren darauf hin, dass die Sinnlichkeit in der Affektion ihre Basis hat und der Verstand sich in der kategorischen Klassifikation der unterschiedlichen Vorstellungen betätigt. Die Sinnlichkeit wird von der Außenwelt bzw. den Dingen an sich lediglich affiziert und ruft dann einen Eindruck von etwas hervor. Daher ist sie vorrangig passiv und durch Rezeptivität bestimmt. Im Gegensatz zur Anschauung besteht die Fähigkeit der Kategorisierung des Verstandes in der Spontaneität, weil der Eindruck aus der passiven Sinnlichkeit selbst nicht das aktive Verfahren der Klassifikation vorbereitet. Die beiden Vermögen sind in Herkunft und Verfahrensweise unterschiedlich. Aus diesem Grund zieht Kant eine strenge Grenzlinie zwischen Verstand und Anschauung. Die Vereinigung der Intuition mit dem Diskurs ist also, wie Schiller Goethe erklärt, bei der menschlichen Erkenntnis unmöglich und nur ein absolutes Wesen wie Gott ist dazu fähig. Kant hat die Möglichkeit des göttlichen Erkenntnisvermögens bereits in seiner vorkritischen Inauguraldissertation *De Mundi Sensibilis atque Intelligibilis Forma et Principiis* (1770) diskutiert:

„Intellectualium non datur (homini) *intuitus*, sed nonnisi *cognitio symbolica*, et intellectio nobis tantum licet per conceptus universales in abstracto, non per singularem in concreto. Omnis enim intuitus noster adstringitur principio cuidam formae, sub qua sola aliquid immediate, s. ut *singulare*, a mente *cerni* et non tantum discursive per conceptus generales concipi potest. Principium autem hoc formale nostri intuitus (spatium et tempus) est condicio, sub qua aliquid sensuum nostrorum obiectum esse potest, adeoque, ut condicio cognitionis sensitivae, non est medium ad intuitum intellectualem. Praeterea omnis nostrae cognitionis materia non datur nisi a sensibus, sed noumenon, qua tale, non concipiendum est per repraesentationes a sensationibus depromptas; ideo conceptus intelligibilis, qua talis, est destitutus ab omnibus *datis* intuitus humani. *Intuitus* nempe mentis nostrae semper est *passivus*; adeoque catenus tantum, quatenus aliquid sensus nostros afficere potest, possibilis. Divinus autem intuitus, qui obiectorum est principium, non principiatum, cum sit independens, est archetypus et propterea perfecte intellectualis" (Kant MSI, AA 02: 396).

Eine intellektuelle Anschauung ist für Menschen unmöglich, sie stellt für uns einfach eine abstrakte universale Idee dar, wie im Zusammenhang der Darstellung der Antinomien der Vernunft gezeigt wird. Die Anschauung führt nur der Form der Zeit und des Raumes gemäß die Wahrnehmung der einzelnen sinnlichen Phänomene durch, und ansonsten vollzieht der Verstand durch den Begriff diskursiv die Erkenntnis der generellen Konzepte. Das intellektuelle Konzept „noumenon" kann nicht durch das menschliche Vermögen als solches wahrgenommen und auch nicht mithilfe sinnlicher Repräsentation begriffen werden.

Weil die menschliche Anschauung passiv ist, kann sie sich nicht zu diesem unerreichbaren Konzept erweitern. Nur Gott kann dieses Konzept intuitiv erkennen. Gott setzt den Begriff nicht diskursiv zusammen, weil er allmächtig ist und jederzeit ohne Medium direkt den Gegenstand erkennt. Daher schaut er alles einfach an und benötigt hierzu keinen Prozess des Denkens, denn er hat nur ein intuitives Erkenntnisvermögen. Diese Anschauung des allmächtigen Gottes kann das „noumenon" erfassen und heißt in der Tradition der Philosophie die intellektuelle Anschauung oder „archetypus."

Der Gegenstand der göttlichen Intelligenz heißt *noumenon* und der des menschlichen Erkenntnisvermögens *phaenomenon*.[87] Kant legt dar, dass dem Menschen einzig die Erkenntnis des Sinnenwesens zukommt. Er erläutert dann diesen Unterschied:

> „Erscheinungen, so fern sie als Gegenstände nach der Einheit der Kategorien gedacht werden, heißen *Phaenomena*. Wenn ich aber Dinge annehme, die blos Gegenstände des Verstandes sind und gleichwohl als solche einer Anschauung, obgleich nicht der sinnlichen (also *coram intuitu intellectuali*) gegeben werden können, so würden dergleichen Dinge *Noumena* (*intelligibilia*) heißen" (Kant KrV, A, S. 248f.).

Phaenomena entstehen aus der Affektion der Sinnlichkeit mit der menschlichen Form der Anschauung und werden unter der Verstandeskategorie klassifiziert. „Noumenon" heißt in der kantischen Philosophie mit anderen Worten „Ding an sich", das sich jenseits der menschlichen Erkenntnis in der transzendenten Welt befindet. Man kann daher nicht positiv über die Welt des Dings an sich sprechen. Das Leitmotiv von Kants *Kritik der reinen Vernunft* handelt gerade von diesem Unterschied, d.h. er kritisiert die konventionelle Metaphysik auf Grund dessen, dass diese Metaphysik die Differenz zwischen *noumenon* und *phaenomenon* nicht beachtet und den transzendenten Begriff *noumenon* als einen Gegenstand ansieht, der mit menschlichem Vermögen erkennbar ist. Die bisherige Metaphysik gibt vor, dass man intelligible Gegenstände mithilfe einer intuitiven Methode diskutieren könne. Diese falsche Ansicht führt nach der kantischen Kritik zu Antinomien. Kant thematisiert vier antinomische Grundaussagen. Die erste Aussage urteilt über das Verhältnis des Anfangs der Welt in Zeit und Raum:

> „Thesis.
> Die Welt hat einen Anfang in der Zeit und ist dem Raum nach auch in Grenzen eingeschlossen.

---

87 Kant nennt das „noumenon" mit einem anderen Wort „Verstandeswesen" und das „phaenomenon" „Sinnenwesen" (Kant KrV, B, S. 306).

Antithesis.
Die Welt hat keinen Anfang und keine Grenzen im Raume, sondern ist sowohl in Anschung der Zeit als des Raums unendlich" (Kant KrV, B, S. 454f.).

Die traditionelle metaphysische Frage, ob die Welt in der Zeit endlich oder unendlich sei, verwirrt die Vernunft. Diese zwei Thesen widersprechen einander, aber sie sind rational erfassbar. Daher taugt die Vernunft hier nicht für eine rationale Entscheidung darüber, welche Aussage richtig ist. Die Vernunft, die das oberste Vermögen des Menschen darstellt, kann nicht darauf antworten, ohne in einen Dogmatismus zu geraten. Folglich steht die Metaphysik selbst außerhalb der rationalen Kontrolle der Menschen. Kant löst dieses Problem der Vernunft nicht, sondern vielmehr berichtigt er es wie Hume, d.h. er antwortet nicht direkt auf die Frage nach der Endlichkeit oder Unendlichkeit der Welt, sondern kritisiert das Fundament dieser Fragestellung. Er zeigt, dass diese Thesen aus der unberechtigten Vermischung der Sinnenwelt mit der Verstandeswelt stammen. Der Begriff „Welt" ist eigentlich ein Ding an sich, d.h. ein *noumenon*, weil die Welt überhaupt nicht in der Zeit existiert, sondern umgekehrt die Zeit innerhalb der Welt abläuft. Da die Welt ein absolutes Wesen ist, kann sie nicht durch die Zeit und den Raum bestimmt werden. Diese Antinomie der Vernunft entsteht dadurch, dass versucht wird, das *noumenon* als *phaenomenon* zu erörtern. Deshalb ist die Fragestellung an sich überhaupt unsinnig. Die Antinomie wird nun als ein bloßer Schein der Vernunft enthüllt und damit wird die Grenze der Aktivität der Vernunft aufgezeigt. Kant begrenzt das menschliche Erkenntnisvermögen auf das *phaenomenon*.

In diesem Punkt wird der Grund der Kritik Schillers an Goethes Naturwissenschaft deutlich: Schiller zeigt Goethe nämlich eben diesen Unterschied auf, dass Goethes Schlüsselbegriff des Urphänomens oder der Urpflanze ein Schein der Vernunft sei und dass Goethe fälschlicherweise behauptet, mit seinem Auge oder *per intuitus* direkt einen Vernunftbegriff sehen zu können. Goethes Urpflanze ist nach Schillers Verständnis ein absolutes Wesen und beruht nicht auf Zeit und Raum. Sie kann zwar Bestimmungen der einzelnen Pflanzen ermöglichen, aber sie zeigt sich nicht in den konkreten Pflanzen. Da die Urpflanze kein zeitliches und räumliches Wesen ist, kann sie im Grunde auch nicht als Phänomen gefasst werden. Nach Schillers Ansicht bezeichnet Goethes Behauptung nichts anderes als eine Bestimmung des *noumenon* mithilfe der inadäquaten Form des *phaenomenon* und der konventionellen Metaphysik, die nach der kantischen Kritik gerade überwunden werden muss. Da Goethe seinerseits nicht zu einer obskuren Metaphysik zurückkehren wollte, konnte er sich nicht gegen diese rationale Diskussion verteidigen.

Zurück zum zweiten Thema der *Anschauenden Urteilskraft* Goethes. Inzwischen schweigt Goethe zur Methode seiner Naturwissenschaft, als er eine Beschreibung über den besonderen Verstand in der dritten Kritik Kants findet. An dieser Stelle zitiere ich noch einmal die betreffende Stelle, aber diesmal direkt von Kant:

> „Nun können wir uns aber auch einen Verstand denken, der, weil er nicht wie der unsrige discursiv, sondern intuitiv ist, vom Synthetisch-Allgemeinen (der Anschauung eines Ganzen als eines solchen) zum Besondern geht […] Es ist hiebei auch gar nicht nöthig zu beweisen, daß ein solcher intellectus archetypus möglich sei, sondern nur daß wir in der Dagegenhaltung unseres discursiven, der Bilder bedürftigen Verstandes (intellectus ectypus) und der Zufälligkeit einer solchen Beschaffenheit auf jene Idee (eines intellectus archetypus) geführt werden, diese auch keinen Widerspruch enthalte" (Kant KU, AA 05: 407f.).

Während Kant die menschliche Erkenntnisfähigkeit strikt begrenzt, erlaubt er dennoch einen Grenzübertritt zum Schein der Vernunft. Das menschliche Vermögen kann zwar in intuitiver Weise sinnliche Objekte wahrnehmen, aber Vernunftbegriffe kann es nicht anschauen, sondern nur mit dem Verstand diskursiv denken. Kant beschreibt jedoch im obigen Zitat, dass ein solches göttliches Vermögen dennoch möglich und hierzu kein Beweis nötig ist.[88] Diese Einsicht Kants stellt für Goethe zweifellos eine sensationelle Entdeckung dar, die seinen eigenen Worten zufolge „höchst bedeutend" ist (WA II, 11, S. 54). Kant selbst ermöglicht es damit, eine Antwort zu geben auf Schillers Frage nach der erkenntnistheoretischen Beschaffenheit der Urpflanze und der Grundgestalt der Pflanze, die Goethe während seiner Beobachtung unterschiedlicher Gewächse in Sizilien wie vom Blitz getroffen erkannt hatte. Dies könnte durchaus mehr als ein bloßer Schein der Vernunft gewesen sein. Darauf soll im Folgenden näher eingegangen werden.

2.2. Das Entwicklungsprinzip bei Kant

Warum erlaubt Kant die Möglichkeit eines intellektuellen Verstandes? Die Diskussion dieses Verstandes enthält das Risiko, die bisherige Leistung der *Kritik der reinen Vernunft* zu verwerfen. Kant erklärt dieses Erkenntnisvermögen im Kontext des Organismus in der Teleologie, woraus die Frage nach dem Verhältnis des besonderen Verstandes zum Organismus folgt. Er erläutert die Wesensart des Organismus folgendermaßen:

---

88 Kant wechselt hier das Prinzip der Untersuchungsart vom konstitutiven zum regulativen Prinzip.

„Ein organisirtes Wesen ist also nicht bloß Maschine: denn die hat lediglich bewegende Kraft; sondern es besitzt in sich bildende Kraft und zwar eine solche, die es den Materien mittheilt, welche sie nicht haben (sie organisirt): also eine sich fortpflanzende bildende Kraft, welche durch das Bewegungsvermögen allein (den Mechanism) nicht erklärt werden kann" (Kant KU, AA 05: 374).

Kurz vor diesem Zitat erwähnt Kant als Beispiel für einen Mechanismus die Uhr, die sich mithilfe der mechanistischen Kraft des Getriebes bewegt. Im Unterschied dazu bestehen organisierte Wesen wie die Tiere oder die Pflanze nicht nur in der Kinetik, sondern auch in der Bildung, die schon Johann Friedrich Blumenbach als Bildungstrieb thematisiert hat.[89] Die Pflanzen wachsen vom Keimblatt zum Baum, entwickeln sich individuell in der Ontogenese, sie produzieren Früchte und Samen und vermehren ihre Nachkommen in der Phylogenese.

Laut Kant ist für die Untersuchung dieser organischen Wesen aufgrund der unterschiedlichen Kausalität eine neue Denkweise gefordert. Bei der Uhr ist der Zusammenhang von Ursache und Wirkung mechanisch. Das Geschehen von der Ursache zur Wirkung entfaltet sich einseitig und linear. Aber die Kausalität des Organismus funktioniert nicht so einfach wie die Uhr: Sie verläuft nicht einseitig, sondern wechselseitig, wie sich z.B. zwei benachbarte Organe gegenseitig beeinflussen und die Wirkung jeweils auch auf sich selbst zurückfließt. Diese Form der Kausalität ermöglicht die *causa sui*. Kant führt dabei einen Begriff des Zwecks ein, der normalerweise von der modernen Naturwissenschaft geschieden werden muss:

„In einem solchen Producte der Natur wird ein jeder Theil so, wie er nur durch alle übrige da ist, auch als um der andern und des Ganzen willen existirend, d.i. als Werkzeug (Organ) gedacht: welches aber nicht genug ist (denn er könnte auch Werkzeug der Kunst sein und so nur als Zweck überhaupt möglich vorgestellt werden); sondern als die andern Theile (folglich jeder den andern wechselseitig) hervorbringendes Organ, dergleichen kein Werkzeug der Kunst, sondern nur der allen Stoff zu Werkzeugen (selbst denen der Kunst) liefernden Natur sein kann: und nur dann und darum wird ein solches Product, als organisirtes und sich selbst organisirendes Wesen, ein Naturzweck genannt werden können" (Kant KU, AA 05: 374).

Aristoteles benennt vier Typen der Ursache: Stoff (ὕλη), Form (εἶδος), Wirkursache (αρχή) und Zweck (τέλος).[90] Die moderne Naturwissenschaft schließt jedoch das unbegreifliche, transzendente Wesen oder Gott als Basis ihrer Untersuchung und Erklärung aus. Deshalb werden die Ursachen der Form und des Zwecks ausgeklammert, weil diese zwei eine übernatürliche Substanz oder einen

---

89 Kant übernimmt diesen Gedanken von J. F. Blumenbach. Vgl. Kant KU, AA 05: 424.
90 Vgl. Aristoteles, *Metaphysik*, Buch V, 2 und *Physik*, Buch II, 3.

intellektuellen Schöpfer voraussetzen. Das Forschungsobjekt wird daher nur auf die Ursache der Materie und den Effekt fokussiert. Diese beiden bilden nun das Fundament der mechanistischen Erklärung der modernen Naturwissenschaft.

Kant erhebt hier jedoch zusätzlich Anspruch auf eine weitere Ursache, um das organische Wesen zu erklären, weil es durch die mechanistische Kausalität nicht völlig verständlich wird. Er fügt die Ursache des Zwecks hinzu und erläutert: „Soll aber ein Ding als Naturproduct in sich selbst und seiner innern Möglichkeit doch eine Beziehung auf Zwecke enthalten, d.i. nur als Naturzweck und ohne die Causalität der Begriffe von vernünftigen Wesen außer ihm möglich sein" (Kant KU, AA 05: 373). Der Organismus wird ursprünglich nicht von irgendeinem vernünftigen Wesen erzeugt und in Betrieb gesetzt, sondern vielmehr in allen seinen Teilen durch sich selbst produziert. Statt eines äußeren Entwerfers bleibt ihm also nichts anderes als ein „Naturzweck", d.h. eine Selbstursache übrig.[91] Wenn die Tiere und Pflanzen ihre Totalität und Geschlossenheit erhalten und sich nur mithilfe ihrer eigenen Aktivität erschaffen, so wird irgendein inneres Prinzip ihrer zweckmäßigen Handlung unentbehrlich. Ansonsten geriete die Erklärung der organischen Tätigkeit in einen Widerspruch, da das Chaos die Ordnung beherrschen würde. Das Prinzip des Naturzwecks hebt dieses Problem auf, denn damit kann der Organismus seine Individualität innerhalb der chaotischen Umgebung erhalten und seine Autonomie bewahren. Kant hebt drei Bedingungen des organischen Wesens als Naturzweck hervor:

> „Zu einem Dinge als Naturzwecke wird nun erstlich erfordert, daß die Theile (ihrem Dasein und der Form nach) nur durch ihre Beziehung auf das Ganze möglich sind. […] so wird zweitens dazu erfordert: daß die Theile desselben sich dadurch zur Einheit eines Ganzen verbinden, daß sie von einander wechselseitig Ursache und Wirkung ihrer Form sind. […] wird [drittens] erfordert, daß die Theile desselben einander insgesammt ihrer Form sowohl als Verbindung nach wechselseitig und so ein Ganzes aus eigener Causalität hervorbringen, dessen Begriff wiederum umgekehrt (in einem Wesen, welches die einem solchen Product angemessene Causalität nach Begriffen besäße) Ursache von demselben nach einem Princip sein, folglich die Verknüpfung der wirkenden Ursachen zugleich als Wirkung durch Endursachen beurtheilt werden könnte" (Kant KU, AA 05: 374).

Die erste Bedingung handelt von der Beziehung zwischen Teil und Ganzem. Anschließend wird die Wechselwirkung des Teils mit dem Ganzen und umgekehrt dargelegt und zuletzt wird die interaktive Kausalität erläutert.[92] Die Bezie-

---

91 Vgl. Förster, Eckart, *Von der Eigentümlichkeit unseres Verstands in Ansehung der Urteilskraft (§§ 72-73)*. In: Immanuel Kant: *Kritik der Urteilskraft*, Höffe, Otfried (Hrsg.), Akademie Verlag, Berlin, 2008, S. 259-274.
92 Bei diesem Zitat von Kant bedeuten die wirkenden Ursachen die Kausalität des Mechanismus und die Endursachen die Kausalität des Organismus.

hung zwischen Teil und Ganzem stellt eine Eigenschaft des organischen Wesens dar, weil das Ganze in der Mechanik eine bloße Ansammlung der Teile enthält und nicht mehr bedeutet. Im Unterschied dazu entsteht der Organismus nicht aus einzeln zerlegbaren Teilen, sondern aus harmonischen, unteilbaren Elementen. Daher soll er so betrachtet werden, dass er eine gewisse Totalität bildet. Diese Kraft des Lebewesens wird im Vitalismus traditionell als *vis vitalis* bezeichnet und dieser vitalistische Begriff zeigt, dass die Gesamtheit des Organismus immer aus mehr als einer einfachen Zusammenfügung der einzelnen Komponenten besteht. Vielmehr ist er von einer überphysischen Vitalität bestimmt, die ein anderes eigentümliches Prinzip als dasjenige der Materie und der Wirkursache enthält. Dies ist mit anderen Worten die Lebendigkeit, die belebende Kraft (ψυχή, anima, Geist, Seele usw.) oder einfach: das Leben. Es kann nicht aus einer bloßen Ansammlung dürrer Blätter oder der Zusammenfügung abgeschnittener Köperteile von Tieren, sondern nur aus dem gesamten Leib oder aus dem einzelnen Teil in Verbindung mit dem Ganzen erkannt werden.

Diesen Begriff des Vitalismus, welcher einen Anklang des intelligenten Wesens und der mit menschlichem Erkenntnisvermögen unerreichbaren Idee des Universums beinhaltet, wendet Kant nicht direkt an. Vielmehr bezieht er sich auf den Naturzweck als Selbstursache. Damit sind die selbstverursachten Prozesse aller Lebewesen angesprochen, die sich mit einer gewissen Gesetzmäßigkeit strukturieren, wobei es nur dem Beobachter so erscheint, als ob der Organismus einen Zweck hat. Bei der Erläuterung des kantischen Naturzwecks wird diese Gesetzmäßigkeit jedoch nicht als eine objektive Anlage des Lebewesens, sondern als ein subjektiver Anspruch des menschlichen Erkenntnisvermögens betrachtet. Dieser Naturzweck ist, wie Kant feststellt, schlichtweg eine Vorstellung des Menschen und darf nicht der Natur zugeschrieben werden, weil der Begriff des Naturzwecks bereits eine Art von *noumenon* darstellt und man nicht behaupten kann, dass man ein Ding an sich erkennt und die Natur selbst einen Zweck habe. Der Begriff des Zwecks beinhaltet in der Tat ein methodisches Prinzip des Subjekts bei der Erkenntnis der Natur. Der Naturzweck verknüpft die einzelnen Glieder des Organismus miteinander und vermittelt vor den Augen der endlichen Menschen die zufälligen Teile zur notwendigen Einheit.

Eine Uhr bewegt sich nur durch die Triebkraft der Feder, aber beim Organismus stimulieren sich die Organe gegenseitig und das Ganze wird durch diese Wechselwirkung einheitlich und dynamisch koordiniert. Das Aggregat der Federgetriebe von Uhren kann leicht aus einem einzelnen Teil konstruiert werden, weswegen es durch Zerlegen und Kombinieren des Begriffs diskursiv erkannt werden kann: „Analytisch-Allgemein" (Kant KU, AA 05: 407). Der Organismus kann hingegen nicht aus der einfachen Summe und Kombination animiert werden. Daher soll die Untersuchung des Organismus von der unteilbaren Totalität zu den einzelnen Organen intuitiv abgeleitet werden: „Synthetisch-Allgemein." Das organische Wesen wird durch diese unterschiedliche Kausalität und die Beziehung von Teil und Ganzem charakterisiert und um es adäquat zu erkennen, sind sowohl der Naturzweck als auch ein entsprechendes Erkenntnisvermögen, nämlich der „intellectus archetypus", erforderlich.

2.3. Urteilskraft oder Verstand

Bevor die eigentliche Auseinandersetzung Goethes mit dem intuitiven Verstand dargestellt wird, soll hier die Basis der Argumentation selbst erläutert werden. Es handelt sich um die Frage nach dem fundamentalen Kontext des Wissens und seines entsprechenden Vermögens. Goethe wählt für den Artikel über den kantischen intuitiven Verstand den Begriff „anschauende Urteilskraft." Warum spricht er nicht von „intuitivem Verstand"? Wie bereits erwähnt, trägt er am 9. September 1817 in seinem Tagebuch ein: „Intuitiver Verstand (Kants)" und am folgenden Tag: „Anschauender Verstand." Diese Einträge verweisen auf den Artikel *Anschauende Urteilskraft*, den er drei Jahre nach dieser Notiz im Tagebuch veröffentlicht. Er verwendet zunächst den originalen Begriff Kants in seinem Tagebuch und übersetzt ihn anschließend ausgehend vom lateinischen Begriff „intuitiv" in das deutsche Wort „anschauend". Schließlich ersetzt er für seinen Aufsatz das Wort „Verstand" durch den Begriff „Urteilskraft." Da sich Goethe über den Grund dieser Veränderung nicht äußert, können die Gründe nur vermutet werden. Das Wort „Urteilskraft" borgt er sich von Kant und wendet es ganz bewusst an. Was meint Kant mit dem Begriff Urteilskraft? Er definiert sie folgendermaßen:

„Allein in der Familie der oberen Erkenntnißvermögen giebt es doch noch ein Mittelglied zwischen dem Verstande und der Vernunft. Dieses ist die Urtheilskraft, von welcher man Ursache hat nach der Analogie zu vermuthen, daß sie eben sowohl, wenn gleich nicht eine eigene Gesetzgebung, doch ein ihr eigenes Princip nach Gesetzen zu suchen, allenfalls ein bloß subjectives, a priori in sich enthalten dürfte: welches, wenn ihm gleich kein Feld der Gegenstände als sein Gebiet zuständc, doch irgend einen Boden haben kann und eine gewisse Beschaffenheit desselben, wofür gerade nur dieses Princip geltend sein möchte" (Kant KU, AA 05: 177).

Bei Kant wird die Urteilskraft als ein Mittelglied zwischen dem Verstand und der Vernunft gefasst. Sie enthält ihr eigenes Prinzip und Objekt, das nicht wie bei

Vernunft und Verstand mit der Logik betrachtet werden kann, sondern mithilfe der Analogie, die eine Art von Rhetorik ist. Kant stellt zwischen den Begriff und die Idee ein anderes Konzept, nämlich den Zweck. Demnach bedeutet die Urteilskraft ein Vermögen, das versucht, in den einzelnen Naturdingen wie den Organismen eine zweckmäßige Regel zu finden. Diese wird jedoch nicht in theoretischer Weise mit dem Verstand, sondern ästhetisch betrachtet. Daher zielt die Urteilskraft notwendigerweise auf konkrete Gegenstände. Kant erklärt hierzu weiter:

„Urtheilskraft überhaupt ist das Vermögen, das Besondere als enthalten unter dem Allgemeinen zu denken. Ist das Allgemeine (die Regel, das Princip, das Gesetz) gegeben, so ist die Urtheilskraft, welche das Besondere darunter subsumirt, (auch wenn sie als transscendentale Urtheilskraft *a priori* die Bedingungen angiebt, welchen gemäß allein unter jenem Allgemeinen subsumirt werden kann) bestimmend. Ist aber nur das Besondere gegeben, wozu sie das Allgemeine finden soll, so ist die Urtheilskraft bloß reflectirend. [...] Die Zweckmäßigkeit der Natur ist also ein besonderer Begriff *a priori*, der lediglich in der reflectirenden Urtheilskraft seinen Ursprung hat. Denn den Naturproducten kann man so etwas als Beziehung der Natur an ihnen auf Zwecke nicht beilegen, sondern diesen Begriff nur brauchen, um über sie in Ansehung der Verknüpfung der Erscheinungen in ihr, die nach empirischen Gesetzen gegeben ist, zu reflectiren. Auch ist dieser Begriff von der praktischen Zweckmäßigkeit (der menschlichen Kunst oder auch der Sitten) ganz unterschieden, ob er zwar nach einer Analogie mit derselben gedacht wird" (Kant KU, AA 05: 179ff.).

Kant unterscheidet zwei Arten von Urteilskraft. Die eine wird bestimmende Urteilskraft genannt. Sie verfährt so, dass sie Besonderheiten aus einer Allgemeinheit deduziert, die vom gesetzgebenden Verstand gegeben wird. Die andere Art heißt reflektierende Urteilskraft. Sie steigt induktiv von einer Besonderheit zur Allgemeinheit auf. Dieser reflektierende Typ der Urteilskraft bezeichnet eine Eigentümlichkeit, da in ihr nach einer Gesetzmäßigkeit in der Mannigfaltigkeit der empirischen Organismen gesucht wird. Obwohl diese Diversität für den Verstand oder das endliche menschliche Erkenntnisvermögen eigentlich als ein bloßer Zufall erscheint und mithin nicht theoretisch behandelt werden kann, versucht man durch Reflexion der einzelnen Erscheinung, eine gewisse generelle Ordnung für die unterschiedlichen Fälle zu formulieren. Dabei wird ein besonderes Prinzip und Apriori gefordert, weil ohne dieses Vermögen kein Wissen im organischen Bereich möglich ist.

Der Organismus wird nicht wie der Mechanismus von einem äußeren vernünftigen Wesen erzeugt, obwohl es so erscheint, dass seine Gestalt und sein Verfahren nach irgendeinem Prinzip oder Gesetz geformt wurden. Obschon man freilich nicht alle Gesetze des Organismus endgültig und erschöpfend kennt, kommt man nicht umhin, die Existenz und Legitimität einer Gesetzmäßigkeit des Organismus zu behaupten und vorauszusetzen, weil diese Gesetzmäßigkeit des

Organismus als Naturzweck bereits die Voraussetzung des rationalen Denkens der Menschen darstellt. Daher ist sie unentbehrlich und a priori. Weil diese teleologische Auffassung nicht der Natur zugesprochen werden kann, wird dieses Verfahren der Urteilskraft reflektierend genannt. Kant äußert sich in seinem handschriftlichen Nachlass über eine weitere Eigenschaft der Urteilskraft in Bezug auf den Unterschied zwischen den anderen Vermögen:

„Verstand ist das Vermögen, das Allgemeine zu erkennen. 2. Das Allgemeine im Besonderen: Urtheilskraft. 3. Das Besondere im Allgemeinen: Vernunft. Beydes sind arten des Gebrauchs des Verstandes. Die Urtheilskraft kan nicht (nach Regeln) instruirt, sondern nur geübt werden. Urtheilskraft ist wichtiger, weil sie praktisch ist. Das Vermögen der Regeln in abstracto ist der speculative, das der Regeln in concreto der Gesunde verstand oder gemeine. Dieser muß also nicht sie in abstracto und allgemein behaupten wollen" (Kant HN, AA 15: 170f.).

Der Verstand erweist sich als Gesetzgeber und beschäftigt sich mit der Möglichkeit der Erfahrung, welche die Natur oder die Erkenntnis der Naturerscheinung nach gewissen Regeln zu fassen versucht. Die Vernunft behandelt einen noch abstrakteren oder reineren Begriff und mit ihm reguliert sie alle Erfahrung als solche. Bei der Urteilskraft handelt es sich um das Verbinden von Allgemeinheit und Besonderheit. Sie sucht eine Allgemeinheit in einem besonderen Objekt bzw. das von einem Phänomen entfaltete Gesetz der Natur. Kant kennzeichnet den Charakter der Urteilskraft als ein praktisches und empirisches Verfahren und formuliert hierzu kurz: „Der Verstand erkennt die Möglichkeit, / Urtheilskraft — Wirklichkeit, / Vernunft — Nothwendigkeit nach allgemeinen Regeln" (Kant HN, AA 15: 172). Weil die Urteilskraft sich mit der Besonderheit beschäftigt, erkennt sie die Wirklichkeit. Dieses Vermögen besteht allerdings nicht in einer spekulativen Theorie und der Metaphysik, sondern vielmehr in der Praxis, so dass man sagen kann, dass die Urteilskraft sich primär durch die Tat zeigt. Die allgemeine Gesetzmäßigkeit der Urteilskraft wird durch die praktische Übung aus den konkreten Phänomenen abgeleitet. Kants Erläuterung der Urteilskraft stellt das ästhetische Hervorbringen und sozusagen die Poiesis dar. Über die Besonderheit des ästhetischen Wissens schreibt er:

„Urtheilskraft ist das Vermögen, die Handlungen auf eine idee als den Zweck zu beziehen. Das Produkt zeigt Urtheilskraft, wenn es auf die idee führt und damit wohl Zusammenstimmt. Jenes waren blos Materialien, dieses die Form. Ohne idee ist keine anordnung faßlich, folglich fehlt es der Erscheinung an einem Beziehungspunkte. Urtheilskraft geht über den Verstand (Abgeschmakte haben Verstand). Urtheilskraft in Kleidung eines Frauenzimmers zu Hause. Urtheilskraft in anschung der Würde eines Gebäudes, in anschung der Zierrathen, die dem Zweck nicht wiederstreiten müssen. Sie wählt, das genie liefert" (Kant HN, AA 15: 363).

Kant selbst nimmt eine Beziehung zwischen der Tat und der Idee wahr sowie ein durch die Idee geleistetes Produkt im Gebiet der Wirklichkeit. Es gibt eine andere Verbindung der Idee mit der Urteilskraft als mit den Erkenntniszugängen Verstand und Vernunft. Die Urteilskraft besteht wie gesagt nicht in der Spekulation, sondern in der Übung. Der reine Vernunftbegriff wird eigentlich nicht in dieser empirischen Welt vorgefunden, weil dieser Begriff immer rein aus dem Verstand stammen soll. Aber die Idee der Urteilskraft entwickelt sich durch die praktische Handlung aus der Wirklichkeit heraus, d.h. diese soll die sinnliche Idee sein. Diese anschauende Idee wie der Naturzweck erscheint für den Verstand nur zufällig. Daher kann der Verstand in Bezug darauf nicht theoretisch und bestimmend verfahren. Obwohl die Welt des Organismus aus diesem Grund eigentlich regellos sein soll, wachsen die Pflanzen und Tiere gesetzmäßig und verhalten sich in einer Weise, als ob sie einen Zweck hätten. Zu behaupten, dass dieses regelmäßige Verhalten des Organismus ein Zufall sei, ist wie die Rede von einer „gesetzmäßigen Zufälligkeit" widersprüchlich und zerstört das rationale Denken. Folglich muss man einen gewissen reinen Vernunftbegriff in diesem Bereich fordern. Weil die Idee der Urteilskraft im ästhetischen Bereich verwurzelt ist, entsteht eine andere Wissensart daraus als das, was das Wissen im theoretischen Gebiet bezeichnet. Dieses praktische Wissen verfährt in der Weise, dass es in der akzidentellen Wirklichkeit aus der Besonderheit eine Allgemeinheit formuliert oder sich von der Besonderheit zur Allgemeinheit entwickelt. Dies produziert ein eigenes Forschungsprinzip, nämlich die Selbstursache, und dieses ästhetische Wissen wird als eine harmonische Totalität intuitiv erkannt.

Da Goethes Auffassung vom poiesishaften Wissen bereits im ersten Kapitel erläutert wurde, ist hier keine Wiederholung nötig, aber dieses Verhältnis soll im Folgenden noch näher beleuchtet werden: „Theorie und Erfahrung/Phänomen stehen gegeneinander in beständigem Conflict. Alle Vereinigung in der Reflexion ist eine Täuschung; nur durch Handeln können sie vereinigt werden" (WA II, 11, S. 442). Die Idee und die Empirie werden durch die Handlung verbunden und der Maßstab dieser Handlung ist das hervorgebrachte Produkt. Der intuitive Verstand wird in diesem Kontext des unterschiedlichen Wissenskonzepts in der kantischen Kritik definiert.

Daher kann vermutet werden, dass Goethe lieber das Wort „Urteilskraft" als „Verstand" für den Titel seines Aufsatzes verwendet, weil er eine theoretische Nuance, die des kategorisierenden Gesetzgebers, vermeiden und das poiesishafte Verfahren der Übung betonen wollte. Verfahren und Verhältnisse zwischen den Erkenntnisvermögen können dennoch nicht so einfach gedeutet werden und verschiedenartige Erklärungen über den Grund des genannten Austauschs der

Titel sind möglich. Diese Verwicklung des kantischen Erkenntnisvermögens verursacht auf jeden Fall Goethes Veränderung des Titels und seine unzulängliche Erklärung über das Erkenntnisvermögen. Diese komplexen Fähigkeiten sollen in den folgenden Abschnitten näher erläutert werden.

2.4. Goethes Apriori

Der intuitive Verstand nimmt, wie oben bereits erwähnt, eine außerordentliche Rolle im Denken Kants ein. Die Anschauung, der Verstand und die Vernunft spielen je für sich eine eigene Rolle und teilen sich nicht die Aufgabe der Erkenntnis. Diese Unterscheidung markiert eine Grenzlinie des menschlichen Vermögens und mithin eine Expression der Endlichkeit der menschlichen Existenz. Insbesondere zeigt sich deutlich die Differenz zwischen Anschauung und Verstand, weil sie unterschiedlich beschaffen sind und dementsprechend verschiedene Gegenstände haben. Kant schreibt in der ersten Kritik:

> „Wollen wir die Receptivität unseres Gemüths, Vorstellungen zu empfangen, so fern es auf irgend eine Weise afficirt wird, Sinnlichkeit nennen: so ist dagegen das Vermögen, Vorstellungen selbst hervorzubringen, oder die Spontaneität des Erkenntnisses der Verstand" (Kant KrV, B, S. 75).

Die Anschauung besteht in einer reinen Rezeptivität von Sinnesdaten und der Verstand umgekehrt in einer Spontaneität der Kategorisierung. Es ist daher unvorstellbar, diese zwei unterschiedlichen Aktivitäten der Erkenntniszugänge miteinander kompatibel zu vereinen, da dieselbe Fähigkeit passiv und zugleich aktiv ablaufen müsste. Wenn die Möglichkeit des anschauenden Verstandes trotz dieses Unterschiedes angenommen werden kann, so ermöglicht er eine Untersuchung, die ein zusammengesetztes Objekt intuitiv begreift, d.h. diese Ganzheit wird nicht kategorisiert, sondern unmittelbar als eine Totalität erfasst. Dabei zeigt der Verstand keine Spontaneität hinsichtlich der einzelnen Kategorien, sondern der Gesetzmäßigkeit selbst, weil die Analyse die Kategorisierung des Ganzen umfasst und das Ergebnis dieser Analyse nicht mehr die Totalität des Objekts sein soll. Der intuitive Verstand behandelt den Organismus nicht als zerlegbares und zufälliges Wesen, sondern als harmonisches und notwendiges, nämlich als zweckmäßiges.

Goethe richtet sein Augenmerk auf dieses außergewöhnliche intuitive Vermögen und interpretiert es in der *Anschauenden Urteilskraft* folgendermaßen:

„Zwar scheint der Verfasser [Kant] hier auf einen göttlichen Verstand zu deuten, allein wenn wir ja im Sittlichen, durch Glauben an Gott, Tugend und Unsterblichkeit uns in eine obere Region erheben und an das erste Wesen annähern sollen: so dürft' es wohl im Intellectuellen derselbe Fall sein, daß wir uns, durch das Anschauen einer immer schaffenden Natur zur geistigen Theilnahme an ihren Productionen würdig machten. Hatte ich doch erst unbewußt und aus innerem Trieb auf jenes Urbildliche, Typische rastlos gedrungen, war es mir sogar geglückt, eine naturgemäße Darstellung aufzubauen, so konnte mich nunmehr nichts weiter verhindern, das *Abenteuer der Vernunft*, wie es der Alte vom Königsberge selbst nennt, muthig zu bestehen" (WA II, 11, S. 55).

Nach Goethes Ansicht beinhaltet der anschauende Verstand Kants eine Anschauung, die jene Produktivität der stetig werdenden Natur erfassen kann. Dies erklärt zugleich den dritten Punkt der *Anschauenden Urteilskraft*, den ich oben bereits als Anschauung der schaffenden Natur angesprochen habe. Wie Kant definiert, trägt das organische Wesen eine bildende Kraft in sich. Dabei wählt er als Schema die Teleologie, um diese Kraft zu begreifen. Der Bildungstrieb als Lebensprinzip zeigt sich darin, dass er die Möglichkeit eines anderen konzeptionellen Rahmens außer dem Mechanismus beinhaltet, nämlich den Naturzweck. Und damit wird die Möglichkeit eines entsprechenden Vermögens der Erkenntnis der gesetzmäßigen Totalität der Organismen auch notwendigerweise aufgrund des strukturellen Anspruchs gefordert: der intuitive Verstand.

Goethe sieht in diesem kantischen Versuch Intentionen, die denen seiner Naturwissenschaft ganz ähnlich sind, weil beide das organische Wesen thematisieren und postulieren, dass dazu ein besonderes Vermögen nötig sei. Die jeweiligen Intentionen der Untersuchung haben bei beiden dieselbe Ursache, was aber nicht bedeutet, dass der Inhalt ihrer Forschungen auch identisch ist und dass Goethe den kantischen Gedanken in derselben Art übernimmt. Der größte Unterschied zwischen beiden Ansätzen findet sich im Verständnis des Begriffs „Anschauen". Dieses Verständnis kommt im oben zitierten Aufsatz Goethes zum Ausdruck. Kant erläutert in der dritten Kritik eigentlich eine besondere Art des Verstandes, aber Goethe beschreibt das Anschauen, d.h. er setzt einen anderen Schwerpunkt. Dieser Themenwechsel Goethes beinhaltet einerseits eine genetische Struktur der Anschauung und des Verstandes, die das Apriori Goethes darstellt und im folgenden Abschnitt näher erklärt werden wird, und andererseits einen Unterschied der Richtung und des Inhalts der Forschung zwischen Kant und Goethe selbst.[93]

---

93 Kant unterscheidet nicht genau zwischen dem intuitiven Verstand und der intellektuellen Anschauung, die eine göttliche Anschauung ist, bei der die Substanz selbst direkt der Anschauung entspricht, da der Inhalt der Anschauung Gottes mit seinem Vorhandensein immer identisch ist. Diese Anschauung hat eine besondere Beschaffenheit der Schöpfung wie das Gottesvermögen. Kant

In der dritten Kritik versucht Kant, die Grenze des Erkenntnisvermögens zu verändern, aber wie rechtfertigt er diesen Versuch? Aus dem Wechsel des Forschungsgebietes zur Urteilskraft allein lässt sich die abrupte Erweiterung der menschlichen Fassungsfähigkeit für das göttliche Vermögen nicht ableiten. Kant geht hier nur darauf ein, dass kein Beweis für den intuitiven Verstand benötigt werde und er teilt in seiner Kritik auch nichts weiter darüber mit. Er stellt in der Tat nicht den Gehalt dieses inkommensurablen Vermögens dar, in dem Spontaneität und Rezeptivität gleichzeitig ausgeführt werden. Zwar erwähnt er den intuitiven Verstand im Kontext der teleologischen Darlegung des Organismus, aber von der Erläuterung über diesen Verstand selbst kann keine genaue Orientierung oder ein methodisches Verfahren der jeweiligen Forschung rational oder handwerklich abgeleitet werden.

Goethes Naturwissenschaft gibt ihm jedoch einen konkreten Gehalt, wie z.B. in der Metamorphose der Pflanze und in der Farbenlehre. Bei diesen naturwissenschaftlichen Untersuchungen wird ein ursprüngliches Phänomen angeschaut.[94] Dieses reine Phänomen stellt eine Gesetzmäßigkeit in der betreffenden Forschungssphäre dar und wird nach Goethes Auffassung zugleich intuitiv erfasst, obwohl die Gesetzmäßigkeit normalerweise aus der begrifflich zusammengesetzten Theorie besteht. Kants Forschung richtet sich im Allgemeinen auf die Erklärung der Prinzipien, wie z.B. das Prinzip des Erkenntnisvermögens oder das Entwicklungsprinzip des Organismus. Daraus deduziert er die einzelnen Gegenstände wie die konkrete Erkenntnis der Arithmetik oder das Verhalten der Tiere. Weil der Organismus immer nur als eine Totalität als solche betrachtet werden soll, wird er nicht *per conceptus*, sondern *per intuitus* behandelt. Ebenso erscheint das Verfahren des Organismus gesetzmäßig, obwohl kein vernünftiger Gesetzgeber vorausgesetzt wird. Daher ist der Begriff des Naturzwecks als ein Entwicklungsprinzip unverzichtbar. Aus diesen Gründen fordert Kant auch strukturell eine Möglichkeit des intuitiven und zugleich verständigen Vermögens. Er schreibt zwar viel über den Begriff der anschaulichen Ganzheit und der Spontaneität für die Gesetzmäßigkeit, aber er betrachtet die konkrete Entwicklung der Natur selbst nur wenig. Da Kant sicher kein Botaniker oder Physiologe ist, betrachtet er nur das erkenntnistheoretische Fundament der Naturwissenschaften. Im Vergleich zu dem von ihm bearbeiteten Forschungsbereich wird ein Unter-

---

hat vermutlich bei der Erläuterung über den intuitiven Verstand mit der Spontaneität die schöpferische Fähigkeit ersetzt, aber er erklärt dies nicht.
94 Eckart Förster thematisiert den intuitiven Verstand in Bezug auf Spinozas *scientia intuitiva* und Goethes Naturwissenschaft und identifiziert mit dem intuitiven Verstand die Methode der Naturwissenschaft Goethes als ein konkretes Beispiel (vgl. Förster, Eckart, *Die 25 Jahre der Philosophie: Eine systematische Rekonstruktion*, Klostermann, Frankfurt. a. M., 2012, S. 253-276).

schied zu Goethe deutlich. Zwar findet sich bei Kant und bei Goethe der gleiche ästhetische oder poiesishafte Boden der Urteilskraft für die Wissenschaft der Organisation der Natur, aber Kant verbleibt im Thema der subjektiven Erkenntnistheorie und seine Ergebnisse hierzu zeigen das systematisch wohlgeformte Entwicklungsprinzip sowie das strukturell geforderte Vermögen des intuitiven Verstandes auf. Goethe weist dagegen auf eine amorphe Quelle der werdenden Natur aus sich selbst hin. Ihr entsprechendes Vermögen beruht daher nicht in der Identität mit dem intuitiven Verstand, sondern vielmehr in einer anderen Ebene dieses Verstandes, weshalb sich Goethes Vorstellung des besonderen Erkenntnisvermögens für die tätige Natur von dem intuitiven Verstand Kants unterscheidet. Das Entwicklungsprinzip besteht bei der kantischen Erklärung des Organismus in der Teleologie. Von diesem Prinzip aber können Phänomene wie z.B. Abweichungen des Lebewesens nicht abgeleitet werden, weil diese nicht zweckmäßig sind und für die Kritik Kants außerhalb seines eigentlichen Themas liegen. Die natürliche Produktivität außerhalb des Naturzwecks wird bei Kant und auch bei Linné nicht ausreichend dargestellt. Goethe betrachtet jedoch die Quelle dieser Tätigkeit der Natur. Die Genese der sich daraus ergebenden Gesetzmäßigkeiten wie Abweichungen wird als das eigentliche Thema betrachtet. Trotz der Wertschätzung Goethes kann der kantische Verstand eigentlich nicht die werdende Natur im goetheschen Sinne erfassen oder, um es genauer zu sagen, Kants Entwurf des intuitiven Verstandes passt nicht zur ursprünglichen Tätigkeit der Natur. Die Fragestellung einer genetischen Erklärung der Natur und der Kategorien wird von Kant nicht thematisiert. Man kann jedoch nicht behaupten, dass Kant die bildende Quelle der Natur nicht beachtet hätte, sondern dass er nur einen rational behandelbaren Teil der Natur berücksichtigt und einfach nicht weiter argumentiert.

Goethe bringt der kantischen Kritik zwar Verständnis entgegen, aber er übernimmt sie nicht als eine Methode für seine Naturwissenschaft. Indem Goethe den kantischen Verstand durch die Urteilskraft ersetzt, stellt er seine eigene Überlegung zur Methode dar. Kants Argument über den intuitiven Verstand bildet also nicht die Ursache der Methode Goethes in seiner Naturwissenschaft, sondern nur einen Anlass dafür, seine Methode zu formulieren. Zwar hat die kantische Kritik Goethe angeregt und ihm einen wichtigen Impuls gegeben, da Kant ein ähnliches Thema und Verfahren wie Goethe anwendet, aber daraus lässt sich nicht der Schluss ziehen, dass Goethes naturwissenschaftliche Methode mit Kants kritischer Philosophie identisch ist. Vielmehr stellt sie ein Analogon dar. Woraus besteht nun aber Goethes Methode für die werdende Natur? Dieser Frage soll im folgenden Kapitel nachgegangen werden.

Kapitel 3. Phantasie: Produktiv wie die Natur

3.1. Brief an Maria Paulowna

Goethe erkennt ein weiteres Vermögen, das sich hinter dem intuitiven Verstand verbirgt. Bevor er seinen Aufsatz *Anschauende Urteilskraft* schrieb, sandte er am 3. Januar 1817 einen Brief an die Großfürstin Maria Paulowna:

> „Im § 3 scheint mir ein Hauptmangel zu liegen, welcher im ganzen Laufe jener [kantischen] Philosophie merklich geworden. Hier werden als Hauptkräfte unseres Vorstellungsvermögens Sinnlichkeit, Verstand und Vernunft aufgeführt, die Phantasie aber vergessen, wodurch eine unheilbare Lücke entsteht" (WA IV, 27, S. 308f.).

Goethe äußert sich darin über die kantische Philosophie anlässlich der Abhandlung *Kurze Vorstellung der Kantischen Philosophie* von Franz Volkmar Reinhard. Dieser ist Theologe und lernt Goethe 1807 kennen. Goethe erhält diese Abhandlung von Coelestin August Just am 25. August 1816 und sendet sie mit seinem Kommentar an die Großherzogin. Reinhards Abhandlung besteht aus 21 Abschnitten auf vier Seiten und enthält hauptsächlich eine Zusammenfassung der ersten und zweiten Kritik Kants. Goethe beurteilt diese Abhandlung Reinhards folgendermaßen:

> „Beyliegende kurze Darstellung der Kantischen Philosophie ist allerdings merkwürdig, indem man daraus den Gang, welchen dieser vorzügliche Denker genommen, gar wohl erkennen mag. Es hat seine Lehre manchen Widerspruch erlitten und ist in der Folge auf eine bedeutende Weise supplirt, ja gesteigert worden. Daher gegenwärtige Blätter schätzenswerth sind, weil sie sich rein im Kreise des Königsbergischen Philosophen halten" (WA IV, 27, S. 308).

Reinhard hatte an Kants Seminar teilgenommen und überliefert die kantischen Kritiken lebhaft und konkret. Goethe schlägt als eine Ergänzung zur kantischen Konstellation der wesentlichen Erkenntniszugänge Anschauung, Verstand und Vernunft die Phantasie als viertes Vermögen vor.[95]

Zwar diskutiert Kant die Thematik der Phantasie in seinen Kritiken nicht unter diesem Begriff, aber dafür geht er in der ersten Kritik auf die Einbildungs-

---

95 Es gibt ähnliche Bezeichnungen für die Phantasie wie Imagination oder Einbildungskraft und Goethe unterscheidet sie nicht deutlich. Vgl. WA II, 11, S. 75 und WA I, 41i, S. 131. Vgl. Über die historische Entwicklung der Begriffe der Imagination, der Phantasie und der Einbildungskraft: Ränsch-Trill, Barbara, *Phantasie: Welterkenntnis und Welterschaffung Zur philosophischen Theorie der Einbildungskraft*, Bouvier Verlag, Bonn, 1996.

kraft ein. Goethe hatte diese erste Kritik bereits gelesen und zwar nach Wielands Bericht sogar „mit großer Applikation". Es ist daher merkwürdig, warum Goethe kritisiert, dass die kantische Kritik kaum auf die Phantasie eingeht. Rudolf Haym erklärt dies so, dass Goethes Kritik sich nicht gegen Kant selbst, sondern vielmehr gegen Reinhard richtet. Denn Kant sei ja insbesondere in der dritten Kritik auf die Einbildungskraft in der Diskussion des ästhetischen Urteils eingegangen, in der ein freies Spiel der Einbildungskraft mit dem Gedächtnis und der Vorstellung eine entscheidende Rolle spielt. Zudem haben nicht nur Kant, sondern auch Fichte und Schelling die Einbildungskraft thematisiert. Daher erscheint es einfach unnatürlich, dass Goethe diese Argumentation in der kritischen Philosophie und im nachfolgenden Idealismus einfach übergeht.[96] Karl Vorländer hingegen behauptet, dass Goethe tatsächlich an Kant selbst Kritik übt und dass er die Diskussion der Einbildungskraft Kants dabei ignoriert oder gar vergessen hat.[97]

Nach der Schrift von Rudolf Haym erwähnt Reinhard sicherlich nicht die *Kritik der Urteilskraft* und Goethe schreibt diesen Brief anlässlich der Lektüre von Reinhards Artikel. Deshalb kann man behaupten, dass Goethe nicht die gesamten Kritiken Kants, sondern nur jene „kantische" Kritik kritisiert, die in der Abhandlung von Reinhard interpretiert wird. Wie im obigen Zitat deutlich wird, erwähnt Goethe allerdings den Gang der kantischen Philosophie, d.h. der Philosophie Kants im breiteren Sinne. Daher kann eine andere mögliche Deutung der Kritik Goethes an der kantischen Philosophie mit gleichem Recht wie Hayms Auffassung entwickelt werden. So bleibt es offen, ob Goethe seine Kritik nur auf die von Reinhard erwähnte kantische Philosophie beschränkt oder gegen die gesamte Philosophie Kants richtet. Karl Vorländer weist darauf hin, dass Kant über die Einbildungskraft geschrieben hat: „Es sind drei subjective Erkenntnißquellen, worauf die Möglichkeit einer Erfahrung überhaupt und Erkenntniß der Gegenstände derselben beruht: Sinn, Einbildungskraft und Apperception" (Kant KrV, A, S. 115). Man kann damit behaupten, dass die Einbildungskraft als ein wichtiges Vermögen bei Kant erwähnt wird und dass Goethe dies einfach übersieht. Welche Interpretation ist nun aber richtig? Handelt es sich um eine Verwechslung der Zielperson, dass also Reinhard statt Kant gemeint ist, oder um einen Gedächtnisfehler Goethes? Oder gibt es noch eine weitere Interpretationsmöglichkeit?

---

96 Vgl. Rudolf Haym, *Goethe an die Großfürstin Maria Paulowna über Kants Philosophie*, In: Goethe-Jahrbuch, 19, (1898), S.34-48.
97 Vgl. Karl Vorländer, *Goethes Verhältnis zu Kant in seiner historischen Entwicklung I-II*, 1896/97, In: Kant-Studien, 1, (1896/97), S. 60-99 und S. 315-351.

Goethe ist der Auffassung, dass es der kantischen Philosophie an der Einbeziehung der Phantasie mangelt. Diese soll neben den Erkenntniszugängen Anschauung, Verstand und Vernunft zum menschlichen Hauptvermögen hinzugefügt werden. Wie Haym und Vorländer erwähnen, hat Kant jedoch schon die Einbildungskraft als eine wichtige Fähigkeit herausgestellt. Warum genügt diese Kraft Goethe nicht? Die Erklärung Kants zur Einbildungskraft soll im Folgenden noch kurz dargelegt werden.

Kant zufolge vollzieht sich die menschliche Erkenntnis folgendermaßen: Die Sinnlichkeit wird von dem Ding an sich affiziert, und die Anschauung nimmt die Sinnesdaten den reinen Formen der Zeit und des Raumes entsprechend wahr. Der spontane Verstand als Bestimmungsvermögen ordnet diese Daten den zwölf Kategorien zu, die in vier Hauptklassen gegliedert sind. Schließlich gibt die Vernunft dem Verstand eine Einheit und begrenzt die Anwendung des Verstandes innerhalb des adäquaten Bereichs. Die Anschauung und der Verstand sind allerdings, wie oben dargelegt, unterschiedliche Vermögen und es gibt eigentlich keine Gemeinsamkeit zwischen ihnen. Die Einbildungskraft verbindet eben als ein gemeinsamer Term diese Lücke: Sie produziert erst ein Schema und dieses spielt die Rolle eines Vermittlers zwischen Sinnesdaten und Kategorie.

Kant erwähnt hierzu einige veranschaulichende Beispiele: Es gibt viele verschiedene Dreiecke auf der Welt, aber man erkennt sie bereits ohne sprachliche Definition immer als eine Art von Dreieck. Um diese variierte dreieckige Form als ein einheitliches Dreieck zu identifizieren, benötigt man ein Schema. Dieses Schema des Dreiecks wird als ein Bild bezeichnet, nicht aber als ein Produkt der Anschauung. Zugleich wird das Schema dem Verstand gemäß erzeugt, wobei dies jedoch kein eigentlicher Begriff ist. Kant erläutert es folgendermaßen:

> „Das Schema des Triangels kann niemals anderswo als in Gedanken existiren und bedeutet eine Regel der Synthesis der Einbildungskraft in Ansehung reiner Gestalten im Raume. Noch viel weniger erreicht ein Gegenstand der Erfahrung oder Bild desselben jemals den empirischen Begriff, sondern dieser bezieht sich jederzeit unmittelbar auf das Schema der Einbildungskraft als eine Regel der Bestimmung unserer Anschauung gemäß einem gewissen allgemeinen Begriffe. [...] das Bild ist ein Product des empirischen Vermögens der productiven Einbildungskraft, das Schema sinnlicher Begriffe (als der Figuren im Raume) ein Product und gleichsam ein Monogramm der reinen Einbildungskraft a priori, wodurch und wornach die Bilder allererst möglich werden, [...]" (Kant KrV, B, S. 180f.).

Die Einbildungskraft verknüpft die heterogenen Erkenntnisfähigkeiten der Anschauung und des Verstandes. Ohne Einbildungskraft kann man daher keine einheitliche Erkenntnis erlangen. Kant weist dieser Kraft eine wichtige Rolle zu. Sollte dies so sein, dann hätte Goethe in der Tat keinen Anspruch auf eine Kritik bezüglich der Rolle der Phantasie.

Die Einbildungskraft ist wahrlich eine Achillesferse der kantischen Kritik. Kant modifiziert die Erläuterung der Einbildungskraft und sein Zögern in der Vollendung seiner Erkenntnistheorie ist darauf zurückzuführen. In Bezug auf diese Kraft gibt es auffällige Veränderungen zwischen der ersten und der zweiten Auflage der *Kritik der reinen Vernunft*. Man findet sie im zweiten und dritten Abschnitt im zweiten Hauptstück „Von der Deduktion der reinen Verstandesbegriffe" im ersten Buch der transzendentalen Analytik. In der ersten Auflage schreibt Kant:

> „Die Einbildungskraft ist also auch ein Vermögen einer Synthesis a priori, weswegen wir ihr den Namen der productiven Einbildungskraft geben; und so fern sie in Anschung alles Mannigfaltigen der Erscheinung nichts weiter, als die nothwendige Einheit in der Synthesis derselben zu ihrer Absicht hat, kann diese die transscendentale Function der Einbildungskraft genannt werden" (Kant KrV, A, S. 123).

Kant bezeichnet diese Kraft als eine Synthesis a priori und nennt sie eine produktive Einbildungskraft. Diese Kraft hat folglich eine logische Fähigkeit zur Erweiterung und eine erkenntnistheoretische Beschaffenheit der Ursprünglichkeit. Aber in der zweiten Auflage schreibt Kant:

> „**Einbildungskraft** ist das Vermögen, einen Gegenstand auch ohne dessen Gegenwart in der Anschauung vorzustellen. Da nun alle unsere Anschauung sinnlich ist, so gehört die Einbildungskraft der subjectiven Bedingung wegen, unter der sie allein den Verstandesbegriffen eine correspondirende Anschauung geben kann, zur Sinnlichkeit; so fern aber doch ihre Synthesis eine Ausübung der Spontaneität ist, welche bestimmend und nicht wie der Sinn bloß bestimmbar ist, mithin *a priori* den Sinn seiner Form nach der Einheit der Apperception gemäß bestimmen kann, so ist die Einbildungskraft so fern ein Vermögen, die Sinnlichkeit *a priori* zu bestimmen, und ihre Synthesis der Anschauungen, den Kategorien gemäß, muß die transscendentale Synthesis der Einbildungskraft sein, welches eine Wirkung des Verstandes auf die Sinnlichkeit und die erste Anwendung desselben (zugleich der Grund aller übrigen) auf Gegenstände der uns möglichen Anschauung ist. Sie ist als figürlich von der intellectuellen Synthesis ohne alle Einbildungskraft, bloß durch den Verstand, unterschieden. So fern die Einbildungskraft nun Spontaneität ist, nenne ich sie auch bisweilen die productive Einbildungskraft und unterscheide sie dadurch von der reproductiven, deren Synthesis lediglich empirischen Gesetzen, nämlich denen der Association, unterworfen ist, und welche daher zur Erklärung der Möglichkeit der Erkenntniß a priori nichts beiträgt und um deswillen nicht in die Transscendentalphilosophie, sondern in die Psychologie gehört" (Kant KrV, B, S. 151f.).

In beiden Auflagen wird die Einbildungskraft durch zwei Eigenschaften bestimmt: die Synthese der Mannigfaltigkeit der Anschauung und das Schema als Figur des Verstandesbegriffs. Die beiden Erklärungen scheinen identisch zu sein, wobei jedoch der Ausdruck in der zweiten Auflage durch die Phrase „der Einheit der Apperception gemäß" oder „den Kategorien gemäß" begrenzt wird. Kant schreibt weiter in der ersten Auflage:

> „Nun ist die Einheit des Mannigfaltigen in einem Subject synthetisch: also giebt die reine Apperception ein Principium der synthetischen Einheit des Mannigfaltigen in aller möglichen Anschauung an die Hand.
> Diese synthetische Einheit setzt aber eine Synthesis voraus oder schließt sie ein; und soll jene *a priori* nothwendig sein, so muß letztere auch eine Synthesis *a priori* sein. Also bezieht sich die transscendentale Einheit der Apperception auf die reine Synthesis der Einbildungskraft als eine Bedingung *a priori* der Möglichkeit aller Zusammensetzung des Mannigfaltigen in einer Erkenntniß. Es kann aber nur die productive Synthesis der Einbildungskraft *a priori* statt finden; denn die reproductive beruht auf Bedingungen der Erfahrung. Also ist das Principium der nothwendigen Einheit der reinen (productiven) Synthesis der Einbildungskraft vor der Apperception der Grund der Möglichkeit aller Erkenntniß, besonders der Erfahrung" (Kant KrV, A, S. 116ff.).

Kant versucht hier den Wert und die Potenz der Einbildungskraft positiv zu schildern und schreibt, dass sie sogar eine Voraussetzung für die Apperzeption ist und als ein Prinzip, als „der Grund der Möglichkeit aller Erkenntniß" fungiert. Aber in der zweiten Auflage formuliert er:

> „Nun ist das, was das Mannigfaltige der sinnlichen Anschauung verknüpft, Einbildungskraft, die vom Verstande der Einheit ihrer intellectuellen Synthesis und von der Sinnlichkeit der Mannigfaltigkeit der Apprehension nach abhängt. Da nun von der Synthesis der Apprehension alle mögliche Wahrnehmung, sie selbst aber, diese empirische Synthesis, von der transscendentalen, mithin den Kategorien abhängt, so müssen alle mögliche Wahrnehmungen, mithin auch alles, was zum empirischen Bewußtsein immer gelangen kann, d.i. alle Erscheinungen der Natur, ihrer Verbindung nach unter den Kategorien stehen, von welchen die Natur (bloß als Natur überhaupt betrachtet) als dem ursprünglichen Grunde ihrer nothwendigen Gesetzmäßigkeit (als *natura formaliter spectata*) abhängt" (Kant KrV, B, S.164f.).

Hier wird die Einbildungskraft nicht mehr als ein ursprüngliches Vermögen angesehen, sondern vielmehr hängt sie von der Anschauung und dem Verstand ab. Kant gibt der Erklärung in den beiden Auflagen das wichtige Wort „a priori". Allerdings impliziert dieses Wort in der zweiten Auflage einen anderen Gehalt als in der ersten: Das Apriori bezeichnet in der ersten Auflage eine ursprünglich erworbene Fähigkeit, in der zweiten hingegen ein Vermögen, das von der Anschauung, dem Verstand und der Apperzeption abhängig ist. Daher beinhaltet die Einbildungskraft nicht mehr den Grund der Möglichkeit aller Erkenntnis.

Die Erörterung der Einbildungskraft zeigt keine weitere Entfaltung der Potenzialität, die Kant in der ersten Auflage vorgesehen hatte, sondern vielmehr ihre Eingrenzung. Wenn die Rolle der Einbildungskraft auf die Apprehension und die Produktion des Schemas begrenzt und als eine Vermittlung zwischen der

Anschauung und dem Verstand bestimmt wird, dann wird der Apperzeption eine entscheidende Rolle als Fundament aller Erkenntnisvermögen zugesprochen. Damit wird der Verlauf der Diskussion seiner Kritik raffiniert. Aber die prägnante Perspektive der Einbildungskraft wird schlechthin beschnitten. Zudem kürzt Kant alle Beschreibungen der Einbildungskraft in der zweiten Auflage im Vergleich zur ersten nahezu um drei Viertel. Die Ausführungen über diese Kraft verändern sich somit nicht nur qualitativ, sondern auch quantitativ.

So ergibt sich allmählich eine Antwort auf Vorländers Darlegung. Goethe besitzt die zweite Auflage der *Kritik der reinen Vernunft*, d.h. er weiß kaum, dass Kant in der ersten Auflage versucht, in der Einbildungskraft ein fruchtbares Vermögen zu erkennen. Zwar spielt die Einbildungskraft in der zweiten Auflage auch eine wichtige Rolle, aber sie ist nicht mehr ein ursprünglich erworbenes Vermögen und keine transzendentale Fähigkeit als Quelle aller Erfahrung, sondern eine bloße Synthesis. Kant streicht in der zweiten Auflage zudem noch den folgenden Satz, der in der ersten Auflage zu finden ist:

„Es sind aber drei ursprüngliche Quellen, (Fähigkeiten oder Vermögen der Seele) die die Bedingungen der Möglichkeit aller Erfahrung enthalten, und selbst aus keinem anderen Vermögen des Gemüts abgeleitet werden können, nämlich, Sinn, Einbildungskraft, und Apperzeption" (Kant KrV, A, S. 94).

Kant vereinigt auf die Apperzeption einige Aspekte der Eigenschaften der Einbildungskraft in der zweiten Auflage und die Einbildungskraft fungiert nicht mehr als ein Bestandteil der Hauptvermögen wie Sinnlichkeit, Verstand und Vernunft.[98] Man kann hier sicher nicht behaupten, dass Goethe Kants Einschränkung der Bedeutung der Einbildungskraft in der zweiten Auflage als solche erkennt, aber man kann sagen, dass Kants Erklärung dieser Kraft Goethe als nicht ausreichend erscheint. Daher wird eine Bemerkung seinerseits über den Mangel der Phantasie innerhalb der kantischen Kritik gewissermaßen notwendig. Da in der zweiten Auflage eine deutliche Verringerung der Bedeutung der Einbildungskraft für Kant verzeichnet werden kann, ist die Kritik Goethes berechtigt.

---

98 Vgl. hierzu die folgende Textstelle: „So fängt denn alle menschliche Erkenntniß mit Anschauungen an, geht von da zu Begriffen und endigt mit Ideen. Ob sie zwar in Ansehung aller drei Elemente Erkenntnißquellen a priori hat, die beim ersten Anblicke die Grenzen aller Erfahrung zu verschmähen scheinen, so überzeugt doch eine vollendete Kritik, daß alle Vernunft im speculativen Gebrauche mit diesen Elementen niemals über das Feld möglicher Erfahrung hinaus kommen könne, und daß die eigentliche Bestimmung dieses obersten Erkenntnißvermögens sei, sich aller Methoden und der Grundsätze derselben nur zu bedienen, um der Natur nach allen möglichen Principien der Einheit, worunter die der Zwecke die vornehmste ist, bis in ihr Innerstes nachzugehen, niemals aber ihre Grenze zu überfliegen, außerhalb welcher für uns nichts als leerer Raum ist" (Kant KrV, B, S. 729).

3.2. Gestalt als Idee

Was beinhaltet nun Goethes Bemerkung über die Phantasie? Goethe schreibt im Brief an die Großfürstin:

> „Die Phantasie ist die vierte Hauptkraft unsers geistigen Wesens, sie suppliert die Sinnlichkeit, unter der Form des Gedächtnisses, sie legt dem Verstand die Welt-Anschauung vor, unter der Form der Erfahrung, sie bildet oder findet Gestalten zu den Vernunftideen und belebt also die sämtliche Menscheneinheit, welche ohne sie in öde Untüchtigkeit versinken müßte" (WA IV, 27, S. 308f.).

Goethe bestimmt die Phantasie als ein Hauptvermögen neben Sinnlichkeit, Verstand und Vernunft und kennzeichnet sie sogar als eine gewisse belebende Kraft aller Vermögen des Menschen.

Zudem erklärt er in Bezug auf die Sinnlichkeit, dass die Phantasie zusammen mit dem Gedächtnis die Sinnlichkeit ergänzt. Man behält Teile eines Phänomens im Gedächtnis und erkennt dadurch das gesamte Phänomen, das man gerade anschaut. Ein Beispiel hierfür wäre die Wahrnehmung einer Melodie, eine Thematik, die in Husserls Phänomenologie oft behandelt wird: Es ist nicht möglich, eine Melodie ohne Erinnerung der vergangenen Töne als ein sukzessives Stück zu erkennen, da man so nur einzelne geteilte Klänge hören würde. Um eine Melodie als solche zu hören, braucht man das Gedächtnis als ein Vermögen und Goethe bezeichnet es als eine Funktion der Phantasie.

Goethe erwähnt in Bezug auf den Verstand zudem die Weltanschauung. Der Begriff der Weltanschauung wird von Kant als der erste Versuch zur Erklärung des Begriffs des Verstandes eingeführt. Seine Absicht richtet sich dabei auf eine Erklärung der Unendlichkeit innerhalb der Sinnlichkeit: Man nimmt nämlich die Unendlichkeit wahr, obwohl sie eigentlich über die menschliche Erkenntnisfähigkeit hinausgeht und nicht als Objekt der menschlichen Erkenntnis betrachtet wird. Kant ist bestrebt, mithilfe des Begriffs der Weltanschauung eine andere Möglichkeit der Versinnlichung der Unendlichkeit offenzulegen und schreibt in der *Kritik der Urteilskraft*:

> „Das Unendliche aber ist schlechthin (nicht bloß comparativ) groß. Mit diesem verglichen, ist alles andere (von derselben Art Größen) klein. Aber, was das Vornehmste ist, es als ein Ganzes auch nur denken zu können, zeigt ein Vermögen des Gemüths an, welches allen Maßstab der Sinne übertrifft. Denn dazu würde eine Zusammenfassung erforderet werden, welche einen Maßstab als Einheit lieferte, der zum Unendlichen ein bestimmtes, in Zahlen angebliches Verhältniß hätte: welches unmöglich ist. Das gegebene Unendliche aber dennoch ohne Widerspruch auch nur denken zu können, dazu wird ein Vermögen, das selbst übersinnlich ist, im menschlichen Gemüthe erfordert. Denn nur durch dieses und dessen Idee eines Noumenons, welches selbst keine Anschauung verstattet, aber doch der Weltanschau-

ung, als bloßer Erscheinung, zum Substrat untergelegt wird, wird das Unendliche der Sinnenwelt in der reinen intellectuellen Größenschätzung unter einem Begriffe ganz zusammengefaßt, obzwar es in der mathematischen durch Zahlenbegriffe nie ganz gedacht werden kann" (Kant KU, AA 05: 254f.).

Das Unendliche kann nach Kant erst durch die Weltanschauung als Erfahrung begriffen werden. Weil die Unendlichkeit nicht komparativ, sondern superlativisch definiert wird, ist sie unteilbar. Folglich soll sie als ein Ganzes behandelt werden, denn nur die Anschauung enthält eine Möglichkeit der Erfassung der Unendlichkeit in ihrer Ganzheit. Diese Intuition soll eine besondere Fähigkeit entfalten und Kant bezeichnet sie als Weltanschauung. Er diskutiert diesen Begriff allerdings im Zuge einer Erörterung über die Erhabenheit und erwähnt die Weltanschauung nur ein einziges Mal. Als Beispiele führt er die folgenden Naturdinge an:

> „Kühne, überhangende, gleichsam drohende Felsen, am Himmel sich aufthürmende Donnerwolken, mit Blitzen und Krachen einherziehend, Vulcane in ihrer ganzen zerstörenden Gewalt, Orkane mit ihrer zurückgelassenen Verwüstung, der gränzenlose Ocean, in Empörung gesetzt, ein hoher Wasserfall eines mächtigen Flusses u.d.gl. machen unser Vermögen zu widerstehen in Vergleichung mit ihrer Macht zur unbedeutenden Kleinigkeit. Aber ihr Anblick wird nur um desto anziehender, je furchtbarer er ist, wenn wir uns nur in Sicherheit befinden; und wir nennen diese Gegenstände gern erhaben, weil sie die Seelenstärke über ihr gewöhnliches Mittelmaß erhöhen und ein Vermögen zu widerstehen von ganz anderer Art in uns entdecken lassen, welches uns Muth macht, uns mit der scheinbaren Allgewalt der Natur messen zu können" (Kant KU, AA 05: 261).

Diese Naturereignisse machen auf unser Gefühl einen besonderen Eindruck. Kants Beispiele wie Ozean oder Donner sind in der Tat Objekte der Anschauung, aber sie veranlassen unser Gefühl zu einem übersinnlichen Eindruck oder dem Erstaunen, als ob die menschliche Anschauung allein hierfür nicht ausreichen würde, da Ozean oder Donner die Endlichkeit der Menschen weit übertreffen. Soweit man sich diese Naturphänomene innerhalb von Zeit und Raum vorstellt, sind sie eindeutige Erkenntnisgegenstände, aber sie erwecken in uns ein Gefühl, als ob sie aus mehr als dem einfachen Inhalt der Zeit und des Raumes bestehen. Dieses Gefühl der Weltanschauung tritt daher mit der Einbildungskraft auf, d.h. wenn dieses Vermögen sich auf die höchsten Fähigkeiten des Menschen bezieht, wird dieses Gefühl erzeugt. Kant schreibt:

> „Also, gleichwie die ästhetische Urtheilskraft in Beurtheilung des Schönen die Einbildungskraft in ihrem freien Spiele auf den Verstand bezieht, um mit dessen Begriffen überhaupt (ohne Bestimmung derselben) zusammenzustimmen: so bezieht sie dasselbe Vermögen in Beurtheilung eines Dinges als erhabenen auf die Vernunft, um zu deren Ideen (unbestimmt welchen) subjectiv übereinzustimmen, d.i. eine Gemüthsstimmung hervorzubringen, welche

derjenigen gemäß und mit ihr verträglich ist, die der Einfluß bestimmter Ideen (praktischer) auf das Gefühl bewirken würde" (Kant KU, AA 05: 256).

Nach Kants Auffassung soll die Schönheit nicht unter dem Begriff eines willkürlichen Geschmacks verstanden werden, weil dieses Geschmacksurteil nur mit persönlichen Interessen wie z.b. angenehmen und unangenehmen Dingen oder Lust und Verlust beschäftigt ist. Zudem erweckt das Urteil der Schönheit aufgrund eines harmonischen oder vollendeten Gefühls den Eindruck einer gewissen Gesetzmäßigkeit, die einer höheren Regel als der bloßen Willkürlichkeit folgt. Weil diese Gesetzmäßigkeit jedoch nicht in der theoretischen Erkenntnis, sondern vielmehr im ästhetischen Gemüt besteht, bezieht sich das Urteil nicht auf die Kategorien als feste Produkte des Verstandes, sondern auf den Verstand als Spontaneität der Gesetzmäßigkeit selbst, so dass dessen Gesetzmäßigkeit die höchste Potenzialität entfalten kann. Obwohl die Einbildungskraft daher nicht an die Formen der Anschauung und die Kategorien gebunden wird, berührt sie trotz ihrer Freiheit eine Gesetzmäßigkeit. Kant spricht aus diesem Grund von einer gewissen Allgemeinheit der Schönheit. Die Erhabenheit besteht ebenso wie die Schönheit im ästhetischen Gefühl. Da sich die Einbildungskraft dabei allerdings auf die Vernunft selbst bezieht, handelt es sich nicht um eine Gesetzmäßigkeit, sondern um ein Prinzip. Die Vernunft zeigt sich jedoch nicht als ein einzelnes Prinzip wie z.B. die konventionellen kosmologischen Ideen, sondern als eine Spontaneität des Prinzips. So wird die Anschauung des Ozeans oder des Donners mithilfe der freien produktiven Einbildungskraft als ein gewisses Prinzip erkannt. Diese Anschauung zeigt nicht ein bloßes Phänomen der Welt, sondern ein Prinzip der Welt selbst. Anders gesagt erweckt sie in uns ein Gefühl des höchsten oder unendlichen Wesens: die Erhabenheit. Dieses Prinzip wird nicht als ein Schein der Vernunft betrachtet, weil dies überhaupt ein Ergebnis des freien Spiels der Einbildungskraft mit der Vernunft ist. Daher gefährdet es nicht das Fundament des rationalen Denkens der Menschen, denn es wird einfach frei hervorgerufen. Die Weltanschauung, die das Unendliche beschreibt, beinhaltet das Gefühl des obersten Wesens, der Welt selbst, und entspricht durch die Einbildungskraft diesem freien und intuitiven Prinzip.

Im Grunde übernimmt Goethe die kantische Bedeutung der Weltanschauung und spricht darüber mit Eckermann:

„Der entschiedene Vulkanist wird immer nur durch die Brille des Vulkanisten sehen, sowie der Neptunist und der Bekenner der neuesten Hebungstheorie durch die seinige. Die Weltanschauung aller solcher in einer einzigen ausschließenden Richtung befangenen Theoretiker

hat ihre Unschuld verloren, und die Objecte erscheinen nicht mehr in ihrer natürlichen Reinheit."[99]

Die Weise, wie Vulkanismus und Neptunismus sich die Entstehung der Erde
vorstellen, nennt Goethe eine Weltanschauung. Der Neptunismus erklärt, dass
die Gebirge durch Ablagerung und Kristallbildung im Urmeer entstanden sind
und die Erde ursprünglich aus dem Meer aufgetaucht ist, wie in der Genesis im
Alten Testament nachgelesen werden kann. Der Vulkanismus behauptet, dass
sich die Erde durch eine Akkumulation der Aktivität der Vulkane gebildet hat
und das Urgestein, wie z.B. der Basalt, aus den Vulkanen entstanden ist.

Diese gegensätzlichen Grundansichten der Geologie stellen ein Prinzip der
Lehre dar, und sie werden weder objektiv noch exklusiv bewiesen, sondern subjektiv als eine Hypothese behauptet. Goethe betrachtet ihre Aussagen als ästhetische Prinzipien und als Richtungen der wissenschaftlichen Untersuchung.[100] In
der damaligen, noch wenig entwickelten Geologie war es unmöglich, eine exakte
Methode und einen entscheidenden Beweis zur Geogenie zu formulieren. Man
konnte nur einige Spuren der Urzeit wie Gesteine, Gebirge oder Fossilien betrachten. Mit diesen Spuren der Vorzeit entwirft die Einbildungskraft ein prinzi-
pielles Bild der gesamten Geologie. Der Verstand bestimmt mit diesem Entwurf
eine vorläufige Richtung der Geologie. Für das Verfahren der Wissenschaft
bedeutet eine derartige Richtung der Wissenschaft ein regulatives Prinzip und für
das ästhetische Urteil zeigt sie sich als eine intuitive Ganzheit, d.h. als eine Weltanschauung. Goethe wendet den Begriff der Weltanschauung auf die Naturwissenschaft an, und seine Weltanschauung beinhaltet ein ästhetisches und zugleich
auch ein wissenschaftliches Prinzip. Dieses regulative Prinzip der Vernunft erscheint nach Goethes Ansicht zusammen mit der Phantasie als ein sinnliches
Bild und dieses führt den Verstand als das Bestimmungsvermögen, nämlich als
die konkrete Anwendung und Richtung des Gesetzes des Verstandes.

Über die Tätigkeit der Phantasie in Bezug auf die Vernunft sagt Goethe:
Phantasie „bildet oder findet Gestalten zu den Vernunftideen." Die Phantasie
bietet der Vernunft eine Gestalt. Was aber versteht Goethe unter der Gestalt? Der
Begriff der Gestalt enthält inhaltsreiche und vielfältige Bedeutungen und wird als
eine der wichtigsten Bezeichnungen in der goetheschen Naturwissenschaft verwendet, und zwar besonders in der Morphologie. Goethe schreibt darüber in

99 Johann Peter Eckermann, *Gespräche mit Goethe in den letzten Jahren seines Lebens*, F.A.
Brockhaus, Leipzig, 1885, Bd. 3, S. 37f.
100 Goethe nennt im Gespräch mit Johann Sulpiz Melchior Dominikus Boisserée am 2. August 1815
diesen Gegensatz zwischen dem Vulkanismus und dem Neptunismus eine „Antinomie der
Vorstellungsart" (Vgl. Gespräche, Biedermann, 2, S. 310).

einem Aufsatz zur Einleitung seiner Morphologie unter dem Titel *Die Absicht eingeleitet* (1807):

> „Der Deutsche hat für den Complex des Daseins eines wirklichen Wesens das Wort Gestalt. Er abstrahiert bei diesem Ausdruck von dem Beweglichen, er nimmt an, daß ein Zusammengehöriges festgestellt, abgeschlossen und in seinem Charakter fixirt sei.
> Betrachten wir aber alle Gestalten, besonders die organischen, so finden wir, daß nirgends ein Bestehendes, nirgends ein Ruhendes, ein Abgeschlossenes vorkommt, sondern daß vielmehr alles in einer steten Bewegung schwanke. Daher unsere Sprache das Wort Bildung sowohl von dem Hervorgebrachten, als von dem Hervorgebrachtwerdenden gehörig genug zu brauchen pflegt.
> Wollen wir also eine Morphologie einleiten, so dürfen wir nicht von Gestalt sprechen, sondern wenn wir das Wort brauchen, uns allenfalls dabei nur die Idee, den Begriff oder ein in der Erfahrung nur für den Augenblick Festgehaltenes denken" (WA II, 6, S. 9f.).

Das Wort „Gestalt" deutet die Unbeweglichkeit eines Objekts an und ist an eine bestimmte Eigenschaft, die Fixierung, gekoppelt. Goethe betrachtet die Pflanze oder die gesamte Natur jedoch als ein ewiges Werden und betont, dass es auf der Welt nirgends unbewegliche oder statische Naturdinge gibt. Für die Lebendigkeit der Natur sei daher das Wort „Bildung" zu verwenden und die Gestalt wird in der Morphologie nur als eine augenblickliche Fixierung gedeutet.

Goethe warnt hier vor einer direkten Anwendung des logischen Ausdrucks auf den sich stets umbildenden Organismus. Seiner Ansicht nach ist das Wort „Gestalt" mit dem Prädikat „ist" verbunden, d.h. die Gestalt bezeichnet einen äußerlichen Zustand in einem bestimmten Moment der Pflanze. Beispiele hierfür wären etwa ein völliges Aufblühen oder eine Frucht, die schon als eine Vollständigkeit ohne Bezug auf den Hergang der Ergebnisse betrachtet werden kann. Die fixierende Funktion dieses Prädikats soll, wie Schelling bereits ausgeführt hat, im einfachsten Ausdruck als „IST" dargestellt werden. Diese Darstellung des Gegenstandes als Sein wird als das wichtigste Element in der wissenschaftlichen Erklärung angesehen, weil der Maßstab der Wissenschaft im Grunde aus Kriterien wie „allgemeingültig" und „wahr oder falsch" besteht und eine wissenschaftliche Bestätigung sich nicht durch Zeit und Raum oder eine Person verändern darf. Die wissenschaftliche Erklärung muss daher immer mit einer logischen Sprache, die aus klaren und deutlichen Worten besteht, präzise und widerspruchsfrei formuliert werden. Daher ist das Prädikat „ist" für die Bestätigung fundamental. Goethes Morphologie zielt jedoch auf die Erläuterung der Metamorphose oder auf die Bildung und Umbildung von Organismen. Das Prädikat „ist" taugt hierfür nicht, weil der logische Ausdruck der Bewegung darauf hinausläuft, dass ein Gegenstand an einem Ort in einer bestimmten Zeit ist und zugleich nicht ist, d.h. dass ein Naturding innerhalb der Metamorphose in einer bestimmten Gestalt ist und gleichzeitig nicht ist. Eine solche Formulierung wird in der Logik „Widerspruch" genannt. Daraus lässt sich folgern, dass die Metamorphosenlehre Goethes eigentlich kein wissenschaftliches System in diesem Sinne bilden kann. Es ist genau wie in der Logik Hegels, die nach dem Maßstab der formalen Logik nicht als eine Logik im eigentlichen Sinne angesehen wird. Weil sich der Inhalt des sich bewegenden Gegenstandes ständig verändert und immer schon an der logischen Affirmation des Gegenstandes vorbeigeht, passt diese Affirmation „ist" im selben Moment nicht mehr zum tätigen Gegenstand. Daher soll eine andere Methode zur Erfassung des werdenden Inhalts gesucht werden. Goethe sucht also eine andere Erklärungsart für das Werden. Hierfür kommentiert er in der Einleitung der Morphologie die Definition dieses Begriffes. Zugleich geht er der Frage nach, wie der Begriff angewendet werden kann.

Das Wort „Gestalt" bezeichnet in der Morphologie Goethes eigentlich eine unfixierbare Bewegung des Organismus. Es bedeutet „Bildung", aber es wird lediglich im Text als eine Fixierung auf einer bestimmten Stufe der Entwicklung dargestellt. Goethe deutet zuvor in der Einleitung der Morphologie eine Erklärung über die unvermeidbare Fixierung der Bildung als Sein im Laufe der Beschreibung an. Zudem behandelt er den Widerspruch zwischen dem Wesen des Objekts und der Eigenschaft der sprachlichen Erklärungsmethode. Goethe verfasst 1807 eine fragmentarische Beschreibung unter dem Titel „Morphologie":

> „Wir wenden uns gleich zu dem, was Gestalt hat. Das unorganische, das vegetative, das animale, das menschliche deutet sich alles selbst an, es erscheint, als was es ist, unserm äussern, unserm inneren Sinn.
> Die Gestalt ist ein bewegliches, ein werdendes, ein vergehendes. Gestaltenlehre ist Verwandlungslehre. Die Lehre der Metamorphose ist der Schlüssel zu allen Zeichen der Natur" (WA II, 6, S. 54).

Goethe bestimmt hier die Gestalt deutlich als ein Werdendes und meint, dass die Gestalt die Tätigkeit der Natur in ihrem konkreten Wesen darstellt.

Die Gestalt ist empirisch und kann auf der vorhandenen Welt betrachtet werden. Die Idee der Vernunft ist hingegen anders als die Gestalt, weil der Vernunftbegriff nichtsinnlich ist. Kant bestimmt diesen Vernunftbegriff folgendermaßen:

> „Der Begriff ist entweder ein empirischer oder reiner Begriff, und der reine Begriff, so fern er lediglich im Verstande seinen Ursprung hat (nicht im reinen Bilde der Sinnlichkeit), heißt *Notio*. Ein Begriff aus Notionen, der die Möglichkeit der Erfahrung übersteigt, ist die Idee oder der Vernunftbegriff" (Kant KrV, B, S. 377).

Die Idee ist rein und daher kein Objekt der Erfahrung. Sie besteht in der menschlichen Vernunft und entspricht nicht der erfahrbaren Welt, sondern ist ein transzendentaler Begriff, der die Erkenntnis des empirischen Gegenstandes selbst ermöglicht. Goethe versucht in seinem Brief an die Großfürstin mithilfe der Phantasie, die Gestalt mit der Idee zu verbinden. Aber aus welchem Grund lässt sich dies rechtfertigen?[101] Zwar können einige Gemeinsamkeiten zwischen dem Konzept der goetheschen Gestaltlehre und dem kantischen Vernunftbegriff erkannt werden. So wird z.b. der Inbegriff der reinen Verstandesbegriffe als Idee bezeichnet und die Urpflanze auch das Musterbild aller Pflanzengestalten genannt. Aber diese Übereinstimmung füllt nicht die Kluft zwischen der Idee und der Empirie aus. Kant schreibt weiter über den Vernunftbegriff:

> „Zuletzt wird man auch gewahr: daß unter den transscendentalen Ideen selbst ein gewisser Zusammenhang und Einheit hervorleuchte, und daß die reine Vernunft vermittelst ihrer alle ihre Erkenntnisse in ein System bringe. Von der Erkenntniß seiner selbst (der Seele) zur Welterkenntniß und vermittelst dieser zum Urwesen fortzugehen, ist ein so natürlicher Fortschritt, daß er dem logischen Fortgange der Vernunft von den Prämissen zum Schlußsatze ähnlich scheint" (Kant KrV, B. S. 395).

Die Idee fundiert den Zusammenhang und die Einheit der Regeln des Verstandes. Damit erzeugt die Idee ein einheitliches System der Fähigkeiten und folglich der Erkenntnis. Die Urpflanze stellt zudem den Knotenpunkt der Organisation dar und verbindet die Gestalt mit dem gesamten Prozess der Pflanzenbildung. Kants Ideen beinhalten jedoch aus der traditionellen Metaphysik z.B. die Begriffe Gottes, der Freiheit und der Unsterblichkeit. Diese können wie bei Schelling als das „Unbedingte", d.h. als Grund des Konzepts der Genese betrachtet werden. Aber Kant erläutert diese Begriffe nicht als ein Konzept der Entstehung und Entwicklung. Er schreibt:

> „Denn da Vernunft selbst keine Erscheinung und gar keinen Bedingungen der Sinnlichkeit unterworfen ist, so findet in ihr selbst in Betreff ihrer Causalität keine Zeitfolge statt, und auf sie kann also das dynamische Gesetz der Natur, was die Zeitfolge nach Regeln bestimmt, nicht angewandt werden.
> Die Vernunft ist also die beharrliche Bedingung aller willkürlichen Handlungen, unter denen der Mensch erscheint" (Kant KrV, B. S. 581).

Der Vernunftbegriff umfasst keinen zeitlichen Prozess und kann daher auch nicht als ein dynamisches Gesetz der Natur fungieren. Die Vernunft ist für Kant –

---

101 Es scheint, dass Goethe hier auf Schillers Frage nach der Urpflanze zu antworten versucht, die auf eine Kluft zwischen der Erfahrung und der Idee hinweist und die Goethe nicht deutlich beantwortet hatte.

zumindest in seiner ersten Kritik – ein Prinzip, das nicht als Entwicklungs-, sondern als Identitätsprinzip verstanden werden muss, weil sie das reine Fundament der Assoziation und der Einheit der Erfahrung ermöglicht. Im Gegensatz zu Kant betrachtet Goethe die Idee hingegen als ein Entwicklungsprinzip: „Die Vernunft ist auf das Werdende, der Verstand auf das Gewordene angewiesen; jene bekümmert sich nicht: wozu? dieser fragt nicht: woher? – Sie erfreut sich am Entwickeln; er wünscht alles festzuhalten, damit er es nutzen könne" (WA II, 11, S. 126). Seiner Meinung nach bezieht sich die Vernunft auf die Genese und ihr Produkt, die Idee, enthält eine Struktur der Entfaltung. Während Kant die zeitlose und transzendentale Idee beschreibt, definiert Goethe die dynamische und empirische Idee und versucht, die Gestalt mit dieser Idee zu verbinden.

Cassirer erläutert in seiner Abhandlung über Goethes Drama *Pandora* die Beziehung zwischen der Idee und der Gestalt:

> „Als eine der frühesten Übersetzungen der Platonischen „Idee" begegnet uns in der deutschen philosophischen Sprache der Terminus der „Gestalt": Und durch Schillers philosophische Gedichte wird diese Bedeutung der „Gestalt" allgemein und für immer festgestellt. „Nur der Körper eignet jenen Mächten, / Die das dunkle Schicksal flechten; / Aber frei von jeder Zeitgewalt, / Die Gespielin seliger Naturen, / Wandelt oben in des Lichtes Fluren / Göttlich unter Göttern die Gestalt." Für Goethes Weltgefühl aber ist dies das Bezeichnende, daß ihm das Reich der reinen Gestalten nicht jenseit und über der Sinnenwelt sich erhebt, sondern daß es in ihr selbst lebendig und gegenwärtig ist. So wird ihm die Gestalt zu einem zugleich Dauernden und Beweglichen, zu einem Identischen und Vielfältigen, zu einem Allgemeinen, das nur in seinen Besonderungen ist und lebt. In der Natur, in der Kunst, im Sittlichen selbst findet er nun dieses Grundverhältnis wieder" (Cassirer W 9, S. 252).

Goethe verfasst das dramatische Festspiel *Pandora* in den Jahren 1807/08 vor der fragmentarischen Beschreibung der oben zitierten Gestalt als das Werdende und nach der Fertigstellung der Einleitung zur Morphologie, die er als eine Erläuterung seiner Wortverwendung der Gestalt zitiert. Cassirer schätzt dieses Drama Goethes und schreibt darüber: „Von allen Werken Goethes scheint die ‚Pandora' am meisten einer abstrakten ‚philosophischen' Auslegung fähig zu sein" (Cassirer W 9, S 243). In seiner Abhandlung reflektiert er den goetheschen Gedanken der Gestalt und der Anschauung im Zusammenhang mit der platonischen und neuplatonischen Ideenlehre.

Cassirer weist darauf hin, dass der Ausdruck „Gestalt" eine frühe Übersetzung des Wortes „Idee" war. „Gestalt" bedeutet ursprünglich nicht einfach eine äußere Erscheinung, sondern eine wesentliche Form. Die Anwendung und die Bedeutung des Wortes „Gestalt" verändern sich im Laufe der Zeit. Es verliert seine ursprüngliche Bedeutung und meint nun, wie Goethe erwähnt, den „Komplex des Daseins eines wirklichen Wesens." Es ist unklar, ob Goethe diesen etymologischen Wechsel der Bedeutung des Wortes „Gestalt" kennt, aber er hatte schon 1793 den *Phaidros* von Platon[102] gelesen und 1805 die *Enneaden* von Plotin übersetzt. Daher ist davon auszugehen, dass er die Bedeutung der platonischen und neuplatonischen Idee versteht.[103] Als *ex post facto* stimmt Goethes Bedeutung von „Gestalt" doch mit dem ursprünglichen Sinn dieses Begriffes als der Idee überein und seine Verbindung der Gestalt mit der Idee war mit Bedacht gewählt. Cassirer äußert sich zudem über Goethes Definition der Gestalt, dass diese nämlich aus der diesseitigen, erfahrbaren Welt stammt und als konkrete Allgemeinheit sowie als Genese dargestellt wird. Cassirer zitiert als Begründung die folgenden Verse aus *Pandora*:

> „Der Seligkeit Fülle die hab' ich empfunden!
> Die Schönheit besaß ich, sie hat mich gebunden;
> Im Frühlingsgefolge trat herrlich sie an.
> Sie erkannt' ich, sie ergriff ich, da war es gethan!
> Wie Nebel zerstiebte trübsinniger Wahn,
> Sie zog mich zur Erd' ab, zum Himmel hinan. […]
>
> Sie steiget hernieder in tausend Gebilden,
> Sie schwebet auf Wassern, sie schreitet auf Gefilden,
> Nach heiligen Maßen erglänzt sie und schallt,
> Und einzig veredelt die Form den Gehalt,
> Verleiht ihm, verleiht sich die höchste Gewalt,
> Mir erschien sie in Jugend-, in Frauen-Gestalt" (Cassirer W 9, S 251).

Cassirer hält fest, dass man in diesen Versen eine „[p]latonische Luft und [p]latonische Gedankenstimmung" (Cassirer W 9, S 251) erkennen kann, und zwar aufgrund von Goethes Erwähnung des Wortes „Form". Das will sagen, dass Goethe die Gestalt absichtlich neben die Form stellt. Aber Cassirer meint auch, dass die goethesche Idee eine andere Bedeutung als die platonische Idee enthält: „Denn ebendies bezeichnet hier die ‚Form‘, daß sie nicht nem ‚überhimmlischen Ort‘ angehört, sondern daß sie mitten in der Dynamik des Lebens, in der Gestaltung und Umgestaltung der Natur, im Rauschen der Welle und im Wandel und den sichtbaren Umrissen der Körper hervortritt" (Cassirer W 9, S 251). Laut Cassirer belebt Goethe durch die Nebeneinanderstellung von

---

102 Goethe schreibt am 1. Februar 1793 in einem Brief an Friedrich Heinrich Jacobi: „Seit einigen Tagen habe ich gleichsam zum erstenmal im Plato gelesen und zwar das Gastmal, Phädrus und die Apologie" (WA IV, 10, S. 47).
103 Goethe erwähnt seine Eindrücke über die *Enneaden* in einem Brief an Friedrich August Wolf am 30. August 1805: „Für den überschickten Plotin danke zum schönsten. Leider fällt seine ideale Einheit, auf die er so sehr dringt, mit der realen Einerleyheit zusammen, an der ich hier gewaltig zu leiden anfange" (WA IV, 19, S. 53).

Form und Gestalt erneut die ursprüngliche Bedeutung der Gestalt. Darüber hinaus wird Goethes eigene Auffassung über die Gestalt als werdende Beschaffenheit hinzugefügt.[104] Die Bedeutung der Idee zeigt sich ursprünglich als die sichtbare Gestalt und diese verbindet sich notwendigerweise mit der Bedeutung der elementaren Eigenschaften der Sache, d.h. die Gestalt stellt nicht nur die äußere Figur, sondern gerade auch die innere Beschaffenheit dar. Aber allein diese innere Beschaffenheit der Sache wird bei der Idee im Zeitverlauf betont oder bleibt bestehen. Die Gestalt verliert diese Bedeutung der elementaren Beschaffenheit und bezieht sich nur noch auf die äußerliche Figur des Daseins. Goethe betrachtet diese innere Eigentümlichkeit der Natur als eine sich immer bildende Kraft und beschreibt sie in seinen naturwissenschaftlichen Untersuchungen. Daher erweist sich die Gestalt der jeweiligen Pflanzen oder Tiere als der Inbegriff der Tätigkeit der Natur, die einen Nachhall der Geschichte der Bildung und ein Vorgefühl zur weiteren Entwicklung der Umbildung beinhaltet. Ob diese innere Kraft als natürlich oder als übernatürlich anzusehen ist, hängt jeweils von der persönlichen Denkart ab, sei sie religiös oder nicht.

Goethe weist im Brief an die Großfürstin auf eine Verbindung der Gestalt mit der Idee hin. Aus der bisherigen Betrachtung lässt sich sagen, dass Goethe versucht, sich dem kantischen Vernunftbegriff oder, mit der Formulierung in seinem Brief, dem „Abgezogenste[n]" (WA IV, 27, S. 307) der ursprünglichen Bedeutung der Gestalt durch die Phantasie anzunähern. Das bedeutet, dass sich die Idee als innere Beschaffenheit mit der bildhaften Gestalt verbindet und diese beiden eine konkrete Morphe sowie zugleich eine musterhafte Eigenschaft beinhalten. Nach Goethes Meinung bilden die Gestalt und die Idee ferner ein Prinzip der Metamorphose. Goethes Denken der Allgemeinheit und des dazu gehörigen Urphänomens besteht daher aus dem Entwicklungs- und dem Identitätsprinzip. Diese prägnante Gestalt wird durch die Phantasie ermöglicht.

---

104 Es ist jedoch fragwürdig, ob Goethe selbst die platonische Idee überhaupt als Transzendenz interpretiert. Der populären Auslegung nach bedeutet die platonische Idee ein beständiges Substrat der veränderlichen Welt, wobei dieses Substrat nicht in der diesseitigen, sondern in der jenseitigen Welt beruht. Die Geometrie wird oft als ein Beispiel hierfür angeführt. Das Konzept der Transzendenz stammt wahrscheinlich aus der Auffassung des Monotheismus, vor allem also aus den abrahamitischen Religionen, und es gehört somit zum Glauben. Die griechische Weltauffassung enthält wie im griechischen Mythos von Homer und Hesiod den Polytheismus, da das Pantheon (Πάνθεον) alle Götter und Halbgötter wie Herakles und Achilleus einschließt. Platon wendet seine Ideenlehre sowohl im theoretischen Wissen als auch in der ethischen Lehre an. Wie schon Steiner erwähnt, stimmt Goethes Gedanke nicht mit dem Platonismus überein, der mit dem Christentum vermischt wird, und Goethes Untersuchung über die Antike erweckt einen unmittelbaren Eindruck des griechischen Weltbildes.

3.3. Zur Anschauung gesellt sich die Phantasie

Inwiefern aber ermöglicht die Phantasie eine derartige Verbindung? Im Folgenden werde ich zuerst einen kurzen Überblick über die Verbindung der goetheschen Erkenntnisse geben und anschließend den Grund dieser Beziehung erläutern. Eine weitere Fähigkeit der Phantasie lässt sich aus dem Brief Goethes an die Großfürstin erkennen: „Die Sinnlichkeit reicht ihr [Phantasie] rein umschriebene, gewisse Gestalten, der Verstand regelt ihre produktive Kraft, und die Vernunft gibt ihr die völlige Sicherheit, daß sie nicht mit Traumbildern spiele, sondern auf Ideen gegründet sei" (WA IV, 27, S. 309). Goethe erklärt hier umgekehrt die Tätigkeit der Sinnlichkeit, des Verstandes und der Vernunft für die Phantasie. Die Aktion der Sinnlichkeit gibt bemerkenswerterweise der Phantasie die Gestalt. Wie oben bereits dargelegt, bedeutet die Gestalt für Goethe eine bildhafte Form und daraus folgt, dass die Gestalt erst aus der Sinnlichkeit entstehen kann. Goethe kennzeichnet dieses enge Verhältnis zwischen der Idee und der Anschauung auch kurz mit den Worten: „Was man Idee nennt: das, was immer zur Erscheinung kommt und daher als Gesetz aller Erscheinungen uns entgegentritt" (WA I, 42ii, S. 256). Die Idee wird mit der Erscheinung vereinigt und diese Beziehung stellt die eigentliche Bedeutung der Gestalt dar, indem die Phantasie der Vernunft eine Gestalt anbietet und durch die Anschauung eine gewisse Gestalt bekommt. Goethe stellt mithilfe der Phantasie und der Gestalt eine enge Verbindung her zwischen der Sinnlichkeit und der Vernunft bzw. zwischen der Anschauung und dem Denken.

Weil die traditionelle Verwendung des Begriffs der Idee transzendental ist, wird diese nicht als ein Objekt der Sinnlichkeit betrachtet, sondern als ein reiner Begriff der Vernunft. Wie im Höhlengleichnis Platons sieht man nicht direkt Substanzen, sondern nur deren Schatten. In der populären Interpretation dieses Gleichnisses wird postuliert, dass die Idee in einer transzendenten Sphäre liegt und eine direkte Erfassung der Substanz unmöglich ist. Aber Goethe hält die Idee nicht für ein transzendentes Phänomen, sondern vertritt die Ansicht, dass die Substanzen, welche die schattenhaften Erscheinungen erzeugen, irgendwo in der irdischen Welt liegen. Um die Idee als ein sinnliches Bild wahrzunehmen, bedarf man nach Goethe der Einbildungskraft.

Goethe schreibt in einem Brief an Ernst Heinrich Friedrich Meyer am 26. Juni 1829 über das Verhältnis zwischen Anschauung, Vernunft und Phantasie, dass „eine jede Idee immer als ein fremder Gast in die Erscheinung tritt, und, wie sie sich zu realisiren beginnt, kaum von der Phantasie und Phantasterey zu unterscheiden ist" (WA IV, 45, S. 308). Sinnlichkeit, Phantasie und Vernunft beziehen sich auf die Gestalt und erwecken daher unserer Erkenntnis nach einen nicht fassbaren Eindruck. Denn es kann nicht entschieden werden, ob diese Gestalt eine bloße Erscheinung, eine Idee oder aber eine Phantasterei ist. Goethes Aufmerksamkeit richtet sich bei der Grundgestalt der Morphologie z.B. auf den Zwischenzustand der Organismen und er beobachtet das allmähliche Wachstum der Pflanzen. Die Idee offenbart sich gerade in diesem sukzessiven Übergang des Phänomens. Normalerweise erkennt man an der festen Gestalt bestimmte Merkmale wie die Anzahl der Blätter und eine wissenschaftliche Bestätigung orientiert sich an diesen Merkmalen. Denn als das hierfür nötige Prädikat wird das Sein verwendet und diese Merkmale werden innerhalb der Fähigkeit des Verstandes betrachtet. Um ohne diese Abstrahierung der werdenden Mitte die Gegenstände zu erfassen, genügt der Verstand nicht, sondern man bedarf der Anschauung und der Phantasie. Aufgrund der Unmittelbarkeit und der Form der Zeit ermöglicht die Anschauung diese Wahrnehmung der Gegenstände als eine ungeteilte Ganzheit und erzeugt „rein umschriebene, gewisse Gestalten." Die Einbildungskraft speichert zunächst diese groben Gestalten im Gedächtnis und stellt die Verbindung zwischen der vorherigen und einer folgenden Gestalt her oder fasst die gesamte Geschichte der Entwicklung des Objekts in einem Bild zusammen. Die Vernunft stellt schließlich diese Gestalt im eigentlichen Sinne als ein regulatives Prinzip dar.

Goethe äußert sich über diese Abfolge in seinem Aufsatz *Bedeutende Fördernis durch ein einziges geistreiches Wort*, der im ersten Heft des zweiten Bandes *Zur Morphologie* (1823) erschienen ist:

> „Mir drückten sich gewisse große Motive, Legenden, uraltgeschichtlich Überliefertes so tief in den Sinn, daß ich sie vierzig bis fünfzig Jahre lebendig und wirksam im Innern erhielt; mir schien der schönste Besitz, solche werthe Bilder oft in der Einbildungskraft erneut zu sehen, da sie sich denn zwar immer umgestalteten, doch, ohne sich zu verändern, einer reineren Form, einer entschiednern Darstellung entgegen reiften" (WA II, 11, S. 60).

Ein intuitives Bild wird durch die Phantasie bei gleichzeitiger Erhaltung der Identität des Leitmotivs erneuert und dann allmählich differenziert. Jede Pflanze oder Farbe repräsentiert die Identität der Grundgestalt, d.h. der Urpflanze oder des Urphänomens. Aber sie besteht zugleich in der Bildung und der sich entfaltenden Mitte, d.h. in der Metamorphose und der Steigerung der Farben. In dieser Weise behandelt Goethe auch seine literarischen Kunstwerke in Bezug auf antike Motive und die Überlieferung, wie z.B. im *Faust* oder der *Pandora*. Auch über Iris, die Göttin des Regenbogens, hat Goethe in diesem Sinne bereits gedichtet: „immer neu und immer gleich." Goethe nennt diese Weise des ästhetischen Hervorbringens „eine gegenständliche Dichtung" (WA II, 11, S. 60). In seiner

Phantasie entwickeln sich literarische Gestalten, indem Legenden und Überliefe-rungen lange Zeit in ihm lebendig bleiben, sich vielfältig entfalten und sich auf eine reine Form konzentrieren, ganz so wie bei der Hervorbringung der Frucht während des Pflanzenwachstums. Dieses Verfahren der Einbildungskraft erinnert zunächst an dasjenige des Verstandes, weil der Verstand die Gegenstände unter Kategorien zusammenzieht und sie unter einem allgemeinen Begriff vereint. Aber hier wird die Phantasie nicht als die bestimmende Fähigkeit angesehen. Daher wird die Verfeinerung oder die Entwicklung bei der Phantasie nicht dis-kursiv, sondern intuitiv erlangt. Folglich produziert die Einbildungskraft keinen reinen Begriff, sondern die anschauliche Gestalt.

Zudem erkennt Goethe eine Verwandtschaft zwischen der Einbildungskraft und der Anschauung. Er erläutert dies näher in einem Brief an Carl Ludwig von Knebel vom 21. Februar 1821: „Zur Anschauung gesellt sich die *Einbildungs-kraft*; diese ist zuerst *nachbildend*, die Gegenstände nur wiederholend. Sodann ist sie *produktiv*, indem sie das Angefaßte belebt, entwickelt, erweitert, verwan-delt" (WA IV, 34, S. 136f.). Er formuliert hier zwei Aufgaben der Einbildungs-kraft, welche als nachbildende Kraft die Gegenstände aus dem Gedächtnis abruft und daraufhin als produktive Kraft die angeschauten und reproduzierten Objekte erweitert. In diesem produktiven Vermögen besteht die Eigentümlichkeit der Phantasie, auch und gerade bei der Vorgehensweise Goethes in Dichtung und Wissenschaft. Im Hintergrund dieser Fähigkeit wirkt sich die unmittelbare Affi-nität der Anschauung und der Phantasie aus. Aus seiner Betonung dieser Ver-wandtschaft lässt sich erkennen, wie sehr Goethe die Anschauung schätzt: „Die Sinne trügen nicht, das Urtheil trügt." Er betont damit, dass es keine Modifikati-on der Sinnlichkeit gibt. Da nach Kant die Anschauung in bloßer Rezeptivität besteht, kann die reine Gegebenheit der Wahrnehmung innerhalb der Sinnlich-keit nicht abgeändert werden: Man kann nicht den Himmel bei Tageslicht als grün oder violett sehen, denn es ist unmöglich, das Blau als ein Grün wahrzu-nehmen. Im Gegensatz zur Rezeptivität der Sinnlichkeit wird der Einbildungs-kraft wie auch dem Verstand Spontaneität zugesprochen. Daher kann die Einbil-dungskraft Vorstellungen frei umändern: Sie kann uns die Vorstellung eines violetten Tageshimmels geben und sogar die eines grünen Löwen, der die Sonne frisst. Aber Goethe nähert die Phantasie der Anschauung an und damit versucht er, ihr die Unmittelbarkeit der Anschauung zuzuweisen.

Goethe schreibt über das Vermögen der ästhetischen Fähigkeit im Vergleich zur rationalen Fähigkeit den Rezensionsartikel *Ernst Stiedenroth: Psychologie zur Erklärung der Seelenerscheinungen*, der 1824 im zweiten Heft des zweiten Bandes der Zeitschrift *Zur Morphologie* gedruckt wird: „So wird ein Mann, zu den sogenannten exacten Wissenschaften geboren und gebildet, auf der Höhe seiner Verstandesvernunft nicht leicht begreifen, daß es auch eine exacte sinnliche Phantasie geben könne, ohne welche doch eigentlich keine Kunst denkbar ist" (WA II, 11, S. 74). Goethe hebt hervor, dass eine exakte sinnliche Phantasie möglich ist, die mit einer exakten Wissenschaft vergleichbar ist. Die Einbildungskraft spielt nach Goethe nicht nur die Rolle der Reproduktion aus dem Gedächtnis und der bloßen Übertragung von der Sinnlichkeit zum Verstand, sondern auch die Rolle des exakten Hervorbringens. Die Exaktheit ist eigentlich ein Attribut des Verstandes, aber die Einbildungskraft kann im Bereich der Poiesis auch eine gewisse Exaktheit erreichen. Goethe behauptet, dass sich eine bestimmte Phantasie nicht einfach zügellos und regellos verhält, sondern dass sie wie die Anschauung tatsächlich subjektiv, aber unwillkürlich ist, weil sie sich zur Intuition gesellt und diese nun die sinnliche Fähigkeit der Unmittelbarkeit beinhaltet.[105] Diese Unmittelbarkeit der Anschauung bedeutet, dass es keine Negation der Intuition gibt, daher wird der Inhalt der Anschauung, wie bereits erwähnt, nicht arbiträr modifiziert. Auf dieser Basis baut Goethe die Rechtfertigung seiner naturwissenschaftlichen Forschung auf und betont, dass sie trotz des Mangels einer objektiven und abstrakten Theorie eine gewisse Allgemeinheit und Präzision fordert. Zwar trete bei der Anschauung eine Sinnestäuschung auf, aber diese Täuschung selbst enthält auch eine Gesetzmäßigkeit. So erkennt Goethe in den physiologischen Farben eine Beschaffenheit der Retina oder er beschreibt die Missbildung der Pflanzen. Nach seiner Ansicht steht die Anschauung an Genauigkeit nicht dem Verfahren des Verstandes wie z.B. in der Mathematik nach.

Die exakte Phantasie verwirklicht im Verbund mit der Intuition Goethes gegenständliche Dichtung und ebenso seine naturwissenschaftliche Methode. Auf diese Art der Dichtung geht Goethe anlässlich der Beschreibung seiner Denkweise durch den Psychiater Johann Christian August Heinroth ein. Dieser hatte in seinem *Lehrbuch der Anthropologie* (1822) Goethes Methode der Dichtung und auch der Naturwissenschaft das „gegenständliche Denken"[106] genannt und erklärt: „Indem dies [das gegenständliche Denken] aber geschieht, dringt auch die Idee in den Gegenstand ein: denn der Geist ist ja eben bildendes, gestaltendes

---

105 Kant unterscheidet die Phantasie folgendermaßen von der Einbildungskraft: „Die Einbildungskraft, so fern sie auch unwillkürlich Einbildungen hervorbringt, heißt Phantasie" (Kant Anth, AA 07: 167). Er erwähnt die Phantasie im Kontext einer Untersuchung über das Dichten, und zwar untersucht er dessen Herkunft und Beschaffenheit. Er zeigt den Traum, das kindliche Spiel und die Lüge des Kindes usw. am Beispiel der Phantasie. Er definiert die Phantasie als ein passives Vermögen.

106 Vgl. Johann Christian August Heinroth, *Lehrbuch der Anthropologie*, Leipzig, 1822, S. 387ff.

Vermögen, und kann nur durch sein Formgeben zur Erkenntnis gelangen."[107] Goethe ist erfreut über Heinroths Kommentar und drückt seine Dankbarkeit bereits im Titel seines Artikels aus: *„Bedeutende Fördernis durch ein einziges geistreiches Wort".* Goethe schreibt über seinen Eindruck der Bewertung Heinroths:

> „Herr Dr. *Heinroth* in seiner *Anthropologie,* einem Werke, zu dem wir mehrmals zurück-kommen werden, spricht von meinem Wesen und Wirken günstig, ja er bezeichnet meine Verfahrungsart als eine eigenthümliche: daß nämlich mein Denkvermögen *gegenständlich* täthig sei, womit er aussprechen will: daß mein Denken sich von den Gegenständen nicht sondere; daß die Elemente der Gegenstände, die Anschauungen in dasselbe eingehen und von ihm auf das innigste durchdrungen werden; daß mein Anschauen selbst ein Denken, mein Denken ein Anschauen sei; welchem Verfahren genannter Freund seinen Beifall nicht versagen will" (WA II, 11, S. 58).

Heinroth erkennt in Goethes dichterischen und naturwissenschaftlichen Werken eine Verschmelzung der Anschauung mit dem Denken. Von diesem Vermögen schreibt Goethe bereits im Brief an die Großfürstin, dass er es als Phantasie be-zeichne. Goethe erkennt nun die Wurzel der Phantasie, die er nicht als ein be-stimmtes erkenntnistheoretisches Vermögen herausgestellt, sondern nur als eine grobe Skizze seiner Vorstellung der Erkenntnis aufgezeichnet hat. Daher ist nicht erkannt worden, dass Goethe mit seiner Aussage eine wichtige Argumentation zur Erkenntnistheorie formuliert. Goethe zeigt darin die Verwandtschaft der Phantasie mit der Anschauung auf und verbindet seinen Vernunftbegriff, nach dem die Vernunft die bildende Natur erfasst, durch die Darlegung der Gestalt mit der Anschauung. Damit formuliert er eine Möglichkeit des intuitiven Prinzips bzw. der präzisen Allgemeinheit der Phantasie. Weil der betreffende Bereich der goetheschen Naturwissenschaft in der sich verändernden, umbildenden Natur wie z.B. den Farben oder im Organismus besteht, sollen die Gegenstände aus diesem Bereich mithilfe der Urteilskraft oder der Poiesis erforscht werden. Auf diese Gegenstände ist der Verstand nicht anwendbar, weil er sich nicht bestim-mend verhalten kann. Stattdessen bedarf es der Vernunft als eines regulativen Prinzips, das nur die Orientierung der Untersuchung darstellt. Aus diesem Grund betont Goethe, dass es eine enge Beziehung zwischen der Anschauung und der Vernunft gibt und dass das gegenständliche Denken oder die Phantasie aus ei-nem ungetrennten Zustand der Vernunft und der Anschauung besteht.

---

107 Ebd., S. 388f.

Um den Inhalt dieser geradezu allmächtigen Fähigkeit der Einbildungskraft ausführlich zu darzulegen, ist ein Rückgriff auf die kantische Erkenntnistheorie
nötig. Für Goethe belebt die Phantasie über den Bereich der einzelnen Erkenntniszugänge hinaus alle Weisen des menschlichen Vermögens. Sie ist einerseits
ideal und aktiv und andererseits empirisch und passiv. Zudem gilt sie nicht nur in
der Dichtung, sondern auch in der Naturwissenschaft. Für Kant ist die Einbildungskraft in der theoretischen Erkenntnis gleichsam das Scharnier zwischen der
Anschauung und dem Verstand. In der ästhetischen Urteilskraft fungiert sie als
die freie Zusammenführung des Verstandes und der Vernunft. In beiden Bereichen ist die Einbildungskraft durch Spontaneität bestimmt. Obwohl das anschauliche Bild, die Kategorien und der Vernunftbegriff eine andere Herkunft und
andere Eigenschaften haben, stellt sich die Frage nach ihrer Verbindung. Eine
Akkumulation von anschaulichen Sinnesdaten verwandelt sich nicht in eine
Verstandesregel und eine unendliche Analyse des Begriffs transformiert sich
umgekehrt nicht in ein bloßes Bild. Solange keine schaffende Fähigkeit auftritt,
sind sie wie Licht und Schatten, die nicht miteinander vermischt werden. Das
Schema als das Produkt der Einbildungskraft spielt nur eine Rolle wie beim
Prisma, welches Licht und Finsternis vermittelt. Wie oben bereits gesehen enthält, dieses Vermögen auch bei Kant ein Rätsel, zu dem er keine deutliche Erklärung vorlegt. Er beschreibt die Abstammung der menschlichen Erkenntnis in der
Einleitung zur *Kritik der reinen Vernunft* im Kontext der Erläuterung der Anschauung und des Verstandes:

> „Nur so viel scheint zur Einleitung oder Vorerinnerung nöthig zu sein, daß es zwei Stämme
> der menschlichen Erkenntniß gebe, die vielleicht aus einer gemeinschaftlichen, aber uns un-
> bekannten Wurzel entspringen, nämlich Sinnlichkeit und Verstand, durch deren ersteren uns
> Gegenstände gegeben, durch den zweiten aber gedacht werden" (Kant KrV, A, S. 14, B, S.
> 29).

Mit den zögerlichen Worten „vielleicht" und „unbekannt" vermutet Kant, dass es
eine gemeinsame Wurzel der Anschauung und des Verstandes gibt. Damit meint
er, dass das Denken ursprünglich mit dem Anschauen in einer Wurzel zusammengeht. Weil er diese Wurzel als eine unbekannte bezeichnet, erfolgt ihre Erklärung nicht mehr in Kants erster Kritik. Er äußert sich erneut darüber in seiner
Anthropologie in pragmatischer Hinsicht (1798), aber diesmal negativ:

> „Verstand und Sinnlichkeit verschwistern sich bei ihrer Ungleichartigkeit doch so von selbst
> zu Bewirkung unserer Erkenntniß, als wenn eine von der anderen, oder beide von einem

gemeinschaftlichen Stamme ihren Ursprung hätten; welches doch nicht sein kann, wenigstens für uns unbegreiflich ist, wie das Ungleichartige aus einer und derselben Wurzel entsprossen sein könne" (Kant Anth, AA 07: 177).

Das Zitat stammt aus dem Kapitel „Von dem sinnlichen Dichtungsvermögen nach seinen verschiedenen Arten". Das unmittelbar voraufgehende Kapitel heißt „Von der Einbildungskraft." Kant reflektiert darin über die gemeinsame Wurzel der zwei heterogenen Vermögen im Kontext der Einbildungskraft und verneint dabei eine solche Wurzel, aber er erklärt dies nicht auf kategorische Weise. Seine Bedenken, wenn man sie so nennen kann, ergeben verschiedene Möglichkeiten der Interpretation. Dabei wird nicht klar, ob er dies ohne Hintergedanken äußert oder ob die Einbildungskraft in eine gewisse Beziehung zur gemeinsamen Wurzel der Anschauung und des Verstandes tritt. Die Einbildungskraft verbindet sicherlich den Verstand mit der Sinnlichkeit und wird in der ersten Auflage der *Kritik der reinen Vernunft* als eine der drei Quellen des menschlichen Vermögens bestimmt. Daraus lässt sich die Erwartung ableiten, dass sie die betreffende Wurzel ist.

Martin Heidegger fasst sie jedenfalls als diese Wurzel auf und erläutert dies im Hinblick auf die transzendentale Einbildungskraft in seiner Abhandlung *Kant und das Problem der Metaphysik* (1929). Nach seiner Auffassung bildet die transzendentale Einbildungskraft die Wurzel von Sinnlichkeit und Verstand. Er schreibt sogar, dass „die Interpretation der transzendentalen Einbildungskraft als der Wurzel der beiden Stämme [der Sinnlichkeit und des Verstandes] nicht nur möglich, sondern notwendig ist."[108] Heidegger suchte damals eine grundsätzliche Klärung der Metaphysik auf dem Wege einer Fundamentalontologie, wozu er auch und gerade die kantische Kritik erforschte. Über diese äußerte er sich in seiner Marburger Vorlesung vom Wintersemester 1927/28 folgendermaßen: „Als ich vor einigen Jahren die ‚Kritik der reinen Vernunft' erneut studierte und sie gleichsam vor dem Hintergrund der Phänomenologie Husserls las, fiel es mir wie Schuppen von den Augen, und Kant wurde mir zu einer wesentlichen Bestätigung der Richtigkeit des Weges, auf dem ich suchte."[109] Er bewertet die Einbildungskraft als einen Schlüsselbegriff, da sie als ein transzendentales und ursprüngliches Vermögen den Horizont im Bereich des Vorbewusstseins eröffnet, in dem uns ein Phänomen erst als solches zugänglich wird. Wie er in seinem Buch *Sein und Zeit* (1927) formuliert, ist das Sein ursprünglich von der Zeit

---

108 Martin Heidegger, *Kant und das Problem der Metaphysik*, In: Gesamtausgabe, Klostermann, 1991, Bd. 3, S. 178.
109 Martin Heidegger, *Phänomenologische Interpretation von Kants Kritik der reinen Vernunft*, In: Gesamtausgabe, Klostermann, 1977, Bd. 25, S. 431.

bestimmt und diese spielt im Vorbewusstsein eine entscheidende Rolle für seine Fundamentalontologie. Deshalb stellt Heidegger die These auf: „[...] die transzendentale Einbildungskraft ist die ursprüngliche Zeit, kein Ausweichen mehr.“[110] Im Zuge seiner Kant-Interpretation entwickelt er dieses Konzept seiner zeitlichen Ontologie aus der kantischen Diskussion der Einbildungskraft und begründet, warum Kant seine Erklärung über die Einbildungskraft in der zweiten Auflage verändert: „Kant ist vor dieser unbekannten Wurzel zurückgewichen.“[111]

Kant erwähnt die unbekannte Wurzel zum ersten Mal in der ersten Auflage seiner *Kritik der reinen Vernunft*. In der folgenden Auflage kürzt er in drastischer Weise die Beschreibung der Einbildungskraft als Quelle des menschlichen Erkenntnisvermögens. Er definiert in seiner ästhetischen Kritik einen besonderen Verstand, welcher den Gegenstand als eine Totalität, nämlich intuitiv, behandelt und rechtfertigt mithilfe dieses intuitiven Verstandes die Untersuchung des Organismus. Etwa zehn Jahre nach seinen Kritiken nimmt er in seiner *Anthropologie* eine weitere Reduktion der Wurzel vor, zeigt aber zugleich noch eine gewisse Unentschlossenheit. Die wahre Gestalt der Wurzel ist daher unklar und ein vorschnelles Urteil darüber sollte auf jeden Fall vermieden werden. Man kann aber mit Sicherheit sagen, dass Kant selbst über diese Wurzel im Hinblick auf die Einbildungskraft spekuliert und diese Möglichkeit nicht klar und deutlich ausschließt.

3.5. Das Ursprüngliche des Geistes

Der Begriff des intuitiven Verstandes gehört nach Kants Ansicht zum göttlichen Vermögen. Daher ist es verständlich, dass er Bedenken hat, die gemeinsame Wurzel als ein menschliches Vermögen herauszustellen. Allerdings wird deutlich, dass die Einbildungskraft bei der Urteilskraft die wichtigste Rolle spielt. Diese steht immer in der Mitte der Hauptvermögen und bezieht die andersgearteten Vermögen aufeinander. Dies findet sich nicht nur in der dritten Kritik, sondern auch in der ersten. In dieser Kritik verbindet die Einbildungskraft die Sinnesdaten durch das Schema mit der Kategorie. In der dritten Kritik wird diese Kraft mit dem Verstand und der Vernunft verknüpft. Kant äußert sich über diese uneingeschränkte Tätigkeit der Einbildungskraft im Sommer 1792 in einem Entwurf zu einem Brief an den russischen Fürsten und Diplomaten Alexander Beloselsky:

---

110 Heidegger, *Kant und das Problem der Metaphysik*, S. 187.
111 Ebd, S. 160.

„Wenn es mir erlaubt ist unter dem Allgemeinen Gattung des Verstandes (*l'intelligence universelle*) den Verstand in besonderer Bedeutung (*l'entendement*) die Urtheilskraft und die Vernunft alsdann aber die Verbindung dieser drey Vermögen mit der Einbildungskraft welche das Genie ausmacht […]" (Kant Br, AA 11: 344f.).

Weil es sich nur um einen Entwurf handelt, äußert sich Kant darin nicht deutlich. Diese Beschreibung kann daher nicht als eine starke These angesehen werden. Allerdings kommt dadurch sein damaliges Denken zum Ausdruck. Kant erläutert, dass die Einbildungskraft den Verstand als rationales Erkenntnisvermögen, die Urteilskraft als praktische Fähigkeit und die Vernunft als Begehrungsvermögen miteinander in Verbindung bringt.[112] Dabei schreibt er nur andeutungsweise über das Genie als Talent bzw. Naturgabe, dass die Einbildungskraft des Genies die menschlichen Hauptvermögen zusammenbringt. Diese Kraft bezieht sich schon innerhalb der theoretischen Erkenntnis auf die Sinnlichkeit, den Verstand und die Vernunft. Sie ist in der Tat als eine sehr einflussreiche Fähigkeit zu bezeichnen. Darüber hinaus fasst nun die Einbildungskraft die gesamten Erkenntnisvermögen zusammen. Im Grunde scheint diese von Kant herausgestellte Fähigkeit der Einbildungskraft des Genies mit Goethes Auffassung der Phantasie identisch zu sein, obwohl sie sich inhaltlich doch in einigen Punkten voneinander unterscheiden.

Kant erläutert den Begriff des Genies hauptsächlich in den Paragraphen 46 bis 50 im ersten Teil der *Kritik der Urteilskraft* und definiert: „Genie ist das Talent (Naturgabe), welches der Kunst die Regel giebt" (Kant KU, AA 05: 307).[113] Beim Genie wird das Objekt nicht durch die gegebenen Regeln wie z.B. durch Kategorien erkannt. Daher werden die Werke des Genies nicht im Vergleich zu anderen Künstlern und im Kontext der traditionellen Interpretation gleichartig ausfallen. Vielmehr müssen sie aus sich selbst oder der Subjektivität heraus aufgefasst werden, weil das Genie sich darin zeigt, dass es einen originalen Ausdruck oder einen eigenen Stil etabliert, den niemand vorher in dieser Art hervorgebracht hat. Die Werke des Genies sind einzigartig und innovativ. Sie werden nur durch sein eigenes Werk beurteilbar, weil das Genie eine neue Regel schafft. Kant charakterisiert das Genie mit einem anderen Wort als „Originalität" (Kant KU, AA 05: 308).[114] Wenn ein bestimmtes Werk eines Künstlers uns

---

112 Vgl. Kants Übersicht über die gesamte Vermögen des Gemüts: Kant KU, AA 05: 198.

113 Kants Vorbild für das Genie und gleichsam sein Modell ist Leonardo da Vinci (Vgl. Kant KU, AA 07: 224).

114 Das Konzept des Genies als Originalität wird nicht erst von Kant definiert, sondern bereits von William Temple in seinem Essay *Of Poetry* (1690) thematisiert und später von Edward Young in seinem Buch *Conjectures on Original Composition* (1759) sowie von William Duff in seinem *An Essay on Original Genius* (1767) ausführlich erläutert. Johann Georg Hamann berichtet am 27. Juli 1759 in einem Brief an Kant über den Begriff des Genies von Edward Young (vgl. Martin Gammon,

immer wieder mit Begeisterung erfüllt und seine Schönheit als einzigartig deduziert wird, bringt es einen gänzlich neuen Stil hervor oder erfindet eine neue
Kategorie. Kant erwähnt in Bezug auf das Genie den Begriff des Geistes und
weiter die Tätigkeit der Einbildungskraft: „Das Ursprüngliche des Geistes ist
genie. Das Talent, was das Gemüth belebt, ist Geist" (Kant HN AA 15: 412),
und: „Geist in ästhetischer Bedeutung heißt das belebende Princip im
Gemüthe" (Kant KU, AA 05: 313). Weiter heißt es: [115]

> „Nun behaupte ich, dieses Princip sei nichts anders, als das Vermögen der Darstellung ästhe-
> tischer Ideen; unter einer ästhetischen Idee aber verstehe ich diejenige Vorstellung der Ein-
> bildungskraft, die viel zu denken veranlaßt, ohne daß ihr doch irgend ein bestimmter Gedan-
> ke, d.i. Begriff, adäquat sein kann, die folglich keine Sprache völlig erreicht und verständ-
> lich machen kann" (Kant KU, AA 05: 313f.).

Kant notiert in seinem handschriftlichen Nachlass, dass der ursprüngliche Geist
das Genie ist.[116] Der Geist als der Deszendent des Genies zeigt sich als ein belebendes Prinzip und dieses erzeugt eine ästhetische Idee, bei der die Einbildungskraft eine wichtige Rolle spielt. Letztere wird von ihm im folgenden Kontext
näher bestimmt: „Die Einbildungskraft (als productives Erkenntnißvermögen) ist
nämlich sehr mächtig in Schaffung gleichsam einer andern Natur aus dem Stoffe,
den ihr die wirkliche giebt" (Kant KU, AA 05: 314). Er führt weiter aus, dass die
Einbildungskraft eine schaffende Kraft wie die Natur beinhaltet. Die Einbil-

---

„Exemplary Originality": Kant on Genius and Imitation, In: Journal of the History of Philosophy,
Vol. 35, No. 4, pp. 563-592).
115 Anthony Ashley-Cooper, 3. Earl of Shaftesbury beschreibt 1711 im Kontext der Erklärung des
Genies des Poeten: „Such a poet [as a real master] is indeed a second *Maker*; a just Prometheus under
Jove" (Shaftesbury, *Characteristics of Men, Manners, Opinions, Times, etc.*, London, Grant Richards, 1900, p. 136). Damit vergleicht Shaftesbury das Genie mit der göttlichen Kraft der griechischen
Mythologie, in der Prometheus gegen den Willen von Zeus (Jove) das göttliche Feuer vom Olymp zu
den Menschen bringt. Hamann stellt in seinem Essay *Sokratische Denkwürdigkeiten* (1759) Sokrates
mit dem Daimonion als ein Modell des Genies dar und berichtet darüber im oben erwähnten Brief an
Kant (am 27. Juli 1759). Kant erwähnt Sokrates als ein „orakelmäßig[es]" (Kant Anth, AA 07: 145)
oder „schwärmerisch[es]" Genie (Kant MS, AA 06: 387). Zudem unterscheidet Kant in seiner
Anthropologie das Genie der schönen Kunst vom schwärmerischen Genie wie Sokrates: „Die
Originalität (nicht nachgeahmte Production) der Einbildungskraft, wenn sie zu Begriffen
zusammenstimmt, heißt Genie; stimmt sie dazu nicht zusammen, Schwärmerei" (Kant Anth, AA 07:
172). Wenn diese Schwärmerei jedoch mit Vernunft zusammengeht, heißt sie eine Art des Genies
oder grenzt sie an das Genie wie z.B. die dichterische Begeisterung an das Genie angrenzt (vgl. Kant
Anth, AA 07: 203). Kant stellt sich wahrscheinlich vor, dass die mit Ideen zusammengehende
Schwärmerei eine Art des Genies wie Sokrates sein kann und dass ein derartiges Genie sich auf das
göttliche Vermögen beziehen kann.
116 Kant erwähnt „einen eigenthümlichen Geist" als deutsche Übersetzung des Lateinischen *genius*
(vgl. Kant Anth, AA 07: 225).

dungskraft produziert nicht nur das subsumierte Schema, das die Anschauung aus dem Verstand bezieht, sondern auch ein Original, das nicht aus der Erfahrung abgeleitet werden kann und nur in sich selbst besteht. Daher schreibt Kant: „Man kann dergleichen Vorstellungen der Einbildungskraft Ideen nennen" (Kant KU, AA 05: 314), deren Tätigkeit der Natur ähnlich ist. Zwar wird eine derartige Einbildungskraft in der kantischen Kritik als eine außergewöhnliche Fähigkeit betrachtet, und Kant selbst äußert sich darüber nicht sehr ausführlich, aber er zeigt hier eine relativ klare Skizze des belebenden Prinzips. Seine Gedanken über die produktive Einbildungskraft des Genies als ursprünglichen Geistes stellen im Bereich der Urteilskraft bzw. der Poiesis eine Möglichkeit der schaffenden Kraft wie in der Natur dar.

Das goethesche Motiv in Naturwissenschaft und Kunst richtet sich auf die schaffende Natur. Goethe versucht immer, die werdende Quelle der Tätigkeit der Natur und der Kunstwerke zu erkennen. In seinen Naturwissenschaften stellt er das Urphänomen und die Urpflanze dar, weil sie aus den bildenden Kräften bestehen, und ebenso verfasst er Romane und Gedichte als ein Widerspiel gegen die Natur. Diese Werke wurzeln in der gleichen werdenden Quelle wie die Natur. Um der ungeheuren Natur entgegenzutreten, muss man also schöpferisch wie die Natur sein, behauptet Goethe. Er bezeichnet die Fähigkeit der Phantasie als eine erkenntnistheoretische Methode, die exakt wie die Anschauung, allgemein wie die Idee bzw. Gestalt und zugleich schöpferisch wie die Natur sei. Goethe kennzeichnet dies näher: „Phantasie ist der Natur viel näher als die Sinnlichkeit, diese ist in der Natur, jene schwebt über ihr. Phantasie ist der Natur gewachsen, Sinnlichkeit wird von ihr beherrscht" (WA II, 6, S. 361). Dies schreibt er in dem kurzen, undatierten Artikel *Poetische Metamorphose*, in dem er das Verhältnis der Phantasie zur Natur und zur Sinnlichkeit noch gründlicher erläutert.

Die Phantasie steht neben der Natur und dieser näher als die Sinnlichkeit. Es klingt jedoch ungewöhnlich, dass die Anschauung keine enge Verwandtschaft zur Natur haben soll, da sie doch unmittelbar die Gegenstände erfasst und unsere Erkenntnis mit ihr beginnt. Nach der populären Auffassung der kantischen Erkenntnistheorie bietet die Sinnlichkeit der Einbildungskraft und dem Verstand aufgrund ihrer Unmittelbarkeit und Rezeptivität einen unbearbeiteten rohen Stoff der Erkenntnis an. Die Einbildungskraft erzeugt aus diesen mithilfe ihrer Subjektivität und Spontaneität ein abstrahiertes Bild, nämlich ein Schema, welches der Verstand durch die Kategorien bestimmt. Im ästhetischen Urteil verfährt die Einbildungskraft ganz frei und mit ihrer produktiven Fähigkeit versteht oder bildet sie die Schönheit. Dabei handelt es sich nicht mehr um Sinnesdaten, sondern um sie selbst. So produziert sie Bilder aus sich selbst und bezieht diese direkt auf den Verstand oder die Vernunft. Im Verfahren der Einbildungskraft ist keine Verwandtschaft mit der Natur erkennbar. Sie steht sogar jenseits der Natur, weil sie sich willkürlich äußert und im subjektiven Prinzip der Menschen besteht. Goethe betont jedoch eine sehr enge Affinität der Phantasie mit der Natur und zugleich ihren Aufstand gegen die Natur. Diese Darstellung erinnert uns an jene Beschreibung, in welcher der junge Goethe erläutert, was das Wesen der Natur ist und was die Kunst dazu leisten kann, nämlich die Kraft verschlingende Kraft und das Widerspiel der Kunst dagegen. Aus dem Ergebnis des ersten Kapitels lässt sich nun zusammenfassen, dass die Kunst und die Phantasie natürlich und zugleich als menschliche Taten übernatürlich sein können, während beide mit der Natur eng verwandt sind, da sie auf der Produktivität der Natur beruhen. Um die lebendige Natur zu erfassen und ihr zu widerstehen, soll die Phantasie ebenfalls, wie die Natur, die Lebendigkeit oder die bildende Tätigkeit beinhalten.

Goethe beurteilt in seinem Aufsatz *Einwirkung* die Erkenntnis a priori von Kant positiv. Mit Kant teilt er die Ansicht, dass die Quelle der menschlichen Erkenntnis nicht exklusiv aus der Erfahrung besteht, die einfach die Sinnesdaten, die Nachahmung der Natur und die umschriebene Gestalt umfasst. Nach Goethe soll das menschliche Vermögen als Widerspiel gegen die Natur seinen eigenen Stil und die Gestalt als die Idee hervorbringen. Das kantische Apriori stellt das Fundament einer solchen Erkenntnisfähigkeit des Menschen dar. Dieses Apriori besteht nach Kants Überzeugung im Verstand, weil Kant als ein Nachfolger von Hume den unentbehrlichen Boden des rationalen Denkens selbst sucht. Aus meinen bisherigen Betrachtungen lässt sich jedoch ableiten, dass Goethes Apriori nicht innerhalb des Verstandes, sondern in der Phantasie anzusiedeln ist. Um die werdende Natur zu erforschen und die Kunst zu würdigen, wird eine noch ursprünglichere Fähigkeit als der Verstand postuliert, wobei die Phantasie dafür eine unentbehrliche Basis des Hervorbringens darstellt, wie bereits weiter oben erläutert wurde. Für Goethe ist die Phantasie das ursprünglichste Vermögen des Naturwissenschaftlers und des Künstlers, weil sie in nächster Nähe der Natur liegt und die Tätigkeit der unaufhörlich werdenden Natur berührt. Diese Fähigkeit ermöglicht die Erfassung der proteusartigen Natur ohne Abstrahierung der unvollendeten Mitte der Entwicklung.

Diese goethesche Auffassung des synthetischen Urteils a priori hinterließ bei seinen Zeitgenossen sicherlich einen merkwürdigen Eindruck, weil Goethes Diskussion sich nicht auf die theoretische Erkenntnis, sondern auf die poiesisartige richtet. Schillers Frage nach dem Grundkonzept der Naturwissenschaft Goethes, ob die Urpflanze eine Idee oder eine Erfahrung sei oder ob das Urphänomen überhaupt kategorisiert werden könne, lässt sich nun beantworten:

Goethes Grundgestalt besteht in beiden Sphären, der Idee und der Erfahrung, weil seine Gestaltlehre wie die ursprüngliche Bedeutung der Idee auf der ungespaltenen Wurzel der Anschauung und des Denkens beruht. Zudem ist die Kategorisierung der Gestalt allein ein Ergebnis dieser Wurzel, weshalb das Vermögen des Verstandes gleichsam als ein Blatt, nicht aber als seine Wurzel zu verstehen ist.

Zwar wird von Kant nicht klar gezeigt, ob es tatsächlich eine Wurzel der Anschauung und des Verstandes gibt und ob sie in der Einbildungskraft besteht, aber das Genie als der Ursprung des Geistes beinhaltet das belebende Prinzip der praktischen Urteilskraft, in dem die Einbildungskraft eine Hauptrolle spielt. Im Gegensatz zu Kant, der das menschliche Erkenntnisvermögen in der kritischen Philosophie theoretisch erörtert, ist Goethe ein Dichter und auch ein praktischer Naturwissenschaftler. Deshalb dichtet und erforscht Goethe bereits vor der Theorie ohne Berücksichtigung einer Methodologie seine Gedichte und wissenschaftlichen Gegenstände. Er entwickelt jedoch im Gespräch mit Schiller sowie nach der Untersuchung der kritischen Philosophie das methodologische Verfahren und den erkenntnistheoretischen Prozess der Kunst und der Naturkunde.

Im oben diskutierten Brief an die Großfürstin vom 3. Januar 1817 beanstandet Goethe erstmals an der kantischen Kritik, dass die Phantasie darin zu wenig berücksichtigt werde. Er betont dort, dass die Phantasie eine Hauptkraft des Geistes ist, die sämtliche Vermögen des Menschen belebt. Etwa acht Monate später, im September 1817, ist Goethe mit der Niederschrift seiner Texte *Anschauende Urteilskraft* und *Einwirkung* beschäftigt. Darin bringt er seine Zustimmung zur kantischen Erkenntnistheorie zum Ausdruck. Diese von Goethe ausdrücklich veränderte Rezeption der kantischen Kritik führt zu der Schlussfolgerung, dass er möglicherweise den Mangel der Philosophie Kants in dessen dritter Kritik und der darin enthaltenen Thematisierung des intuitiven Verstandes entdeckt hatte, d.h. dass er Phantasie und intuitiven Verstand gleichsetzte. Goethe erinnerte sich bei der Lektüre der Beschreibung des intuitiven Verstandes wahrscheinlich an den Inhalt des Briefes über die Phantasie und entdeckte Kants Erklärung des methodischen Grundes in der dritten Kritik, dass durch den anschauenden Verstand die Teleologie des Organismus erfasst werde. Goethe griff dann schnell zur Feder und würdigte diese Ausführungen Kants zum Verstand als eine adäquate Methode für die werdende Natur. Wenn Goethes Wertschätzung der kantischen Kritik aber tatsächlich so gering wäre, wie es im Brief an die Großfürstin den Anschein hat, würde er dann den Aufsatz über die *Anschauende Urteilskraft* mit so viel Beifall veröffentlichen? Immerhin heißt es hier: „[…] so konnte mich nunmehr nichts weiter verhindern, das Abenteuer der Vernunft, wie es der Alte vom Königsberge selbst nennt, mutig zu bestehen" (WA II, 11, S. 55). Zwar zeigt dieses Zeugnis Goethes nur Indizien, die man nicht abschließend bestätigen kann, aber es scheint doch, dass Goethe den intuitiven Verstand als Lösung seines methodischen Anspruchs der Phantasie ansieht.[117]

Obwohl der Inhalt des Begriffs der goetheschen Phantasie mit Kants Erläuterung des intuitiven Verstandes nicht vollständig übereinstimmt, behandeln beide Denker die Gegenstände mithilfe des anschaulichen Prinzips und diese Richtung in den Forschungen beider steht miteinander im Einklang. Goethe versucht immer wieder, eine unmittelbare Verwandtschaft zwischen der Anschauung und dem Denken aufzuzeigen und bezeichnet es als ein belebendes Vermögen der Phantasie, die Gestalt als eine konkrete Idee zu produzieren. Er erkennt dann das gegenständliche Denken und bemerkt dabei auch die schimärische Fähigkeit, welche Anschauung und Verstand vereinigt. Mit dieser Totalität der beiden Vermögen versucht er ein Erkenntnisvermögen der schöpferischen Aktivität der Natur zu beschreiben. Goethe stellt die Phantasie, die Zustimmung des intuitiven Verstandes Kants und das gegenständliche Denken als eine mögliche Methode zur Erfassung der werdenden Quelle der ungeheuren Natur dar. Jedoch erweisen sich seine Erklärung und Veränderung dieser Methode als unsystematisch und instabil. Die genetische Herkunft dieses Vermögens und seine erkenntnistheoretische Verifikation werden von Goethe nicht erläutert, weil sein Interesse nicht in der Gewissheit der menschlichen Erkenntnis, sondern im Hervorbringen von Dichtung und Wissenschaft liegt. Der Inhalt der Phantasie oder des gegenständlichen Denkens wird daher nicht bis zum Ende erforscht. Aus diesem Grund verändert sich ihr Inhalt mit den Objekten, die in den weiteren Forschungen neu entdeckt werden. Aber diese Unordnung und Instabilität stellt nicht einen Mangel der goetheschen Forschung und Methodologie dar, sondern genau hier zeigt sich der Beweis der Legitimität einer derartigen Naturwissenschaft, weil dieses Verfahren gerade dem Wesen des sich bildenden Gegenstandes gemäß ist, nämlich der immer in der Mitte bleibenden Natur entspricht. Die Unzulänglichkeit weist in diesem Fall auf die Fruchtbarkeit der Forschung hin.

---

117 Wenn diese Schlussfolgerung zutrifft, muss in anderer Weise beurteilt werden, was Goethe in seinen Texten *Anschauende Urteilskraft* und *Einwirkung* schreibt: „Als ich die Kantische Lehre, wo nicht zu durchdringen, doch möglichst zu nutzen suchte [...]" und „Für Philosophie im eigentlichen Sinne hatte ich kein Organ [...]". Das heißt, dass Goethe bis September 1817 nicht erkennen konnte, dass Kant schon das phantasieartige Vermögen als den intuitiven Verstand erwähnt und sich deswegen hier verteidigt. Diese Deutung lässt sich jedoch nicht durch Selbstzeugnisse Goethes belegen. Sie stellt allerdings auch nur ein unsicheres Indiz dar und es bleibt offen, die Einstellung Goethes im Nachhinein anzuzweifeln.

Schluss

Im letzten Kapitel habe ich das Verhältnis des naturwissenschaftlichen Konzepts und der Kunst Goethes zur Erkenntnistheorie Kants darzustellen versucht, um die Methodologie der goetheschen Naturwissenschaft, insbesondere die des Urphänomens, zu verdeutlichen. Die erkenntnistheoretische Beschaffenheit der goetheschen Naturwissenschaft bezüglich des Urphänomens und der Urpflanze wird schon von Schiller in Frage gestellt und Goethe selbst ist bestrebt, die kantische Kritik tiefgreifend zu studieren und auf die Frage Schillers zu antworten. Obwohl Schillers Einwände nicht die alleinige Ursache von Goethes Studien zur kantischen Philosophie sind, treiben die Korrespondenzen und Konversationen zwischen ihnen Goethe zur tieferen Auseinandersetzung mit Kants Kritik und zu methodologischen Überlegungen zu seiner eigenen Naturwissenschaft an. Goethes Schriften über die Erkenntnistheorie bilden also die Hauptquelle für die Methode der goetheschen Naturwissenschaft. Daher muss der Vergleich mit Kant als notwendig und unvermeidlich angesehen werden, um Goethes Naturwissenschaft genau zu verdeutlichen, denn hieraus lassen sich einige Besonderheiten seiner Methodologie erklären: die Methodologie hinsichtlich der bildenden Natur, Goethes Apriori und die Phantasie.

Schillers Fragen danach, ob Goethes Grundkonzept als phänomenal oder transzendental bzw. als intuitiv oder konzeptuell und weiter als akzidentell oder substanziell anzusehen ist, enthüllen treffend den zentralen Punkt der goetheschen Naturwissenschaft. Denn dieses Grundkonzept stellt den Kern in Goethes Forschungsprogramm dar und darin besteht eine Möglichkeit des Verständnisses und der Verbreitung der goetheschen Naturwissenschaft als zugänglicher und universaler Lehre. Diese erkenntnistheoretischen Fragen werden seitdem von Cassirer, Walter Heitler oder auch von Werner Heisenberg immer wieder gestellt. Ihre Fragen können als Varianten der Frage Schillers angesehen werden: In Goethes Naturwissenschaft handelt es sich um die Qualität, wohingegen Newton die Quantität behandelt. Auf diese typische und traditionelle Untergliederung der Naturwissenschaft Goethes geht er selbst nicht direkt ein und erklärt also nicht die genaue Beschaffenheit seiner Grundgestalt, obwohl er durchaus die Herkunft und Bedeutung dieser Fragen einsieht. Aber dieses Ausweichen Goethes vor einer Kategorisierung des Kernkonzepts stellt eben das Charakteristikum seiner Wissenschaft dar.

Als Materialien hierzu habe ich außer dem Briefwechsel mit Schiller hauptsächlich die Aufsätze Goethes *Anschauende Urteilskraft* und *Einwirkung der neueren Philosophie* sowie einen Brief an Maria Paulowna herangezogen. Anhand von Goethes Unterstreichungen im Handexemplar der *Kritik der reinen Vernunft* aus seiner Bibliothek lässt sich zuerst vermuten, dass sein Interesse in der ersten Kritik Kants vor allem dem Begriff des Verstandes gilt. Im Aufsatz *Anschauende Urteilskraft* thematisiert Goethe bezüglich der dritten Kritik Kants erneut den Begriff des Verstandes, aber diesmal einer besonderen Art von Verstand. Es geht um das außerordentliche Vermögen eines intuitiven Verstandes, der sogenannten intellektuellen Anschauung. Nach der kantischen Erkenntnistheorie behandelt der menschliche Verstand die Gegenstände immer *per conceptus*. Der Gegenstand der Sinnlichkeit ist die affizierende Erscheinung, das *phaenomenon*, das sie *per intuitus* behandelt. Im Unterschied zur Sinnlichkeit ist der Verstand mit *noumena* beschäftigt. Er kann nicht intuitiv, sondern nur diskursiv, *per conceptus*, verfahren, weil das *noumenon* einen reinen intellektuellen Gegenstand beinhaltet. Nur das göttliche, transzendente Wesen kann daher diesen Gegenstand auf intuitive Weise erkennen. Den Menschen hingegen ist es nicht möglich, ein *noumenon* intuitiv zu begreifen. Kant definiert in seiner ersten Kritik, was man wissen kann. Deshalb enthält das Konzept des intuitiven Verstandes selbst ein Risiko, das die Grenzlinie des menschlichen Erkenntnisvermögens überschreitet und wieder in die Antinomie der Vernunft eintritt, die Hume berichtigt hat. Was Schiller Goethe gefragt hat, bezieht sich gerade auf dieses Risiko, d.h. Goethes Grundkonzept besteht aus einer Vermischung von *noumenon* und *phaenomenon*. Kant zeigt jedoch eine Möglichkeit dieses besonderen Verstandes innerhalb des rationalen Verfahrens des Menschen und Goethe findet auch in der Philosophie Kants eine Möglichkeit des eigentümlichen Verfahrens seiner Naturwissenschaft, welche die Idee bzw. die Allgemeinheit *per intuitus* behandelt.

Kant erwähnt aufgrund des oben erwähnten Risikos den intuitiven Verstand nur zögernd, aber dennoch positiv, weil es in der dritten Kritik um die „Urteilskraft" geht. Sie ist als ein Mittelglied zwischen dem Verstand und der Vernunft angesiedelt und enthält ihr eigenes Prinzip, ihren Gegenstand und ihre Methodologie. Diese kann nicht wie beim Verstand immer nur mit der Logik bzw. *per conceptus*, sondern mit der Rhetorik bzw. *per intuitus* betrachtet werden. Der Grund, warum Kant den Grenzübertritt erlaubt, liegt darin, dass die Urteilskraft die Beziehung zwischen der Tat und der Idee thematisiert, nämlich die Poiesis.

Das Hauptobjekt der Urteilskraft beinhaltet nicht das theoretische Wissen, sondern das Tun, und in der Poiesis wird der intuitive Verstand als ein gesetzmäßiges Verfahren der Menschen betrachtet, da sonst das Konzept der Teleologie oder der schönen Kunst unmöglich ist.

Ein Hauptthema der dritten Kritik Kants bildet die philosophische Untersuchung des organischen Wesens. Beim Organismus verfährt die Kausalität nicht linear wie bei einem Mechanismus von einem Zahnrad zum anderen, sondern von einem Teil zum Ganzen und umgekehrt genauso wechselseitig. Und die Tätigkeit des Organismus wird nicht wie die Triebkraft einer Feder von einem äußeren vernünftigen Wesen, sondern aus sich selbst heraus verursacht. Kant erläutert sodann die Teleologie und den Begriff der Zweckmäßigkeit, um die Selbstursache und die wechselseitige Kausalität des Organismus für das menschliche Erkenntnisvermögen verständlich zu machen. Der selbstverursachte und wechselseitig wirkende Organismus oder einfach die bildende Natur kann mit der Einführung einer heuristischen Methode, der Zweckmäßigkeit, erfasst werden. Weil der genaue Gehalt des organischen Wesens und seine Zweckmäßigkeit noch nicht genügend erforscht sind, wird die Legitimität der Zweckmäßigkeit nicht aus dem Postulat der Theorie, sondern aus der Forderung der hervorbringenden Forschung zu erbringen sein. In der Zeit dieses Wechsels von der Theoria zur Poiesis führt Kant das regulative Prinzip ein.

Dieses Prinzip enthält nur eine eher unpräzise definierte Richtung der Forschung und entwickelt diese ohne einen vorher bestimmten Theoriekern, während das konstitutive Prinzip als ein Rahmen der Erkenntnis in einer festen Theorie die Gegenstände bestimmt. Dieses konstitutive Prinzip verändert oder modifiziert für die Theorie den Gegenstand wie die Erkenntnistheorie in der ersten Kritik Kants, die nicht Dinge an sich, sondern die wahrgenommene Erscheinung nur durch die Form der menschlichen Anschauung erkennt. Im Gegensatz dazu ändert sich das regulative Prinzip entsprechend dem Gegenstand, wie Kant für das organische Wesen die Zweckmäßigkeit herausstellt. Dieses regulative Prinzip, welches das Verfahren der Forschung vor der Theorie bestimmt, verweist bereits auf die Möglichkeit einer Verbindung der Tat mit der Idee.

Goethe behandelt nicht nur die Morphologie, sondern auch die Farbenlehre, die Mineralogie und die Kunst als die werdende Natur wie das organische Wesen bei Kant auf der Grundlage von dessen Auffassung der Natur. Daher ist Kants Erwähnung des intuitiven Verstandes für Goethes gesamtes Werk bedeutsam, obwohl Kant nur kurz und andeutungsweise auf diesen besonderen Verstand eingeht. Goethe definiert sein Kernkonzept im Zusammenhang mit dem Urphänomen als anschauliche Allgemeinheit, dass sich das Urphänomen nach seiner

Meinung real und gleichzeitig ideal darstellt. Es ist sowohl ein konkretes, anschauliches Phänomen als auch eine verfeinerte und allgemeingültige Idee. Wenn diese Eigenschaft nur theoretisch betrachtet wird, stellt sie einen klaren Widerspruch dar. Wenn sie hingegen poiesishaft angesehen wird, tritt dieser Widerspruch in den Hintergrund und es taucht eine positive Bewertung aufgrund der Entwicklung der Forschung auf.

Die Bestandteile des Urphänomens wie Licht, Finsternis und Trübe beinhalten nahezu nichts. Goethe äußert sich im Vorwort seiner Farbenlehre zwar über die Ablehnung der Definition des Lichts, erklärt diesbezüglich aber nur wenig. Wesen, Beschaffenheit und Inhalte von Finsternis und Trübe werden nur in einem groben Umriss und keineswegs erschöpfend dargestellt. Diese lose Definition des Kernbegriffs am Anfang der Forschung bedeutet, dass die goethesche Naturwissenschaft weniger nach einem konstitutiven, sondern eher nach einem regulativen Prinzip verfährt. Die konkrete Untersuchung, welche die Farbenlehre Goethes vornimmt und die oben erläutert wurde, besteht nicht in einer theoretischen Analyse, sondern vielmehr in einer herstellenden Synthese: Die Komplementärfarben und ihr gesetzmäßig kombinierter Farbenkreis entfalten sich ohne Theorie oder Denken nur durch die Anschauung. Das Weiß wird nicht durch eine begriffliche Analyse der Eigenschaft der Farbe, sondern durch das ursprüngliche Erlebnis der Farbe erfassbar. Goethes Erklärung der Finsternis und das Gefühl der Farben betreffen auch nur das Wissen aus diesem bloßen Erlebnis, obwohl die Finsternis nichts beinhaltet, wenn sie unter dem theoretischen Aspekt der newtonschen modernen Optik betrachtet wird. Elemente wie die Finsternis oder die subjektiven Farben werden bei Goethe in die Farbenlehre eingeführt, weil sie die Erforschung der Farben erweitern. Hinsichtlich der Eigenschaften des Prinzips und des Grundbegriffs stimmen die Farbenlehre Goethes und die dritte Kritik Kants weitgehend überein.

Aber der Unterschied zwischen Goethe und Kant wird sogleich deutlich: Goethe betitelt seinen Aufsatz mit *Anschauende Urteilskraft*, während Kant den Verstand als solchen thematisiert. Kant legt seinen Hauptakzent auf den Verstand, weil das Thema seiner Kritik in der Erkenntnistheorie bzw. in der Enthüllung des rationalen Grundes des menschlichen Erkenntnisvermögens besteht. Goethe sucht allerdings nach einem konkreten Bild der Natur und versucht daher, die Bezeichnung und die Deutung der abstrahierenden Theorie möglichst auszuklammern und auf den poiesisartigen Ausdruck umzustellen.

Der Aufsatz *Einwirkung*, den Goethe zur gleichen Zeit wie *Anschauende Urteilskraft* verfasst hat, verdeutlicht darüber hinaus den Unterschied zwischen Goethe und Kant, indem man die darin entfalteten Erkenntnisse mit *Anschauen-*

de Urteilskraft in Verbindung bringt. In *Einwirkung* betont Goethe den wichtigen Begriff der kantischen Philosophie, nämlich das synthetische Urteil a priori. Goethe stimmt Kants Erläuterung dieser Erkenntnis a priori völlig zu und verwendet diesen Begriff in seiner Naturwissenschaft als philosophische Unterstützung für seine Grundbegriffe, weil das Urphänomen eine Art des synthetischen Urteils a priori beinhaltet. Trotz Goethes Zustimmung und der Anwendung der Erkenntnistheorie Kants erfährt Goethe von den Kantianern und anderen Gelehrten diesbezüglich eine negative Bewertung. Ein möglicher Grund dieser Ablehnung könnte darin liegen, dass Goethe und Kant die Bedeutung des Apriori unterschiedlich bestimmen. Kant bezeichnet das Apriori als Antithese zu den angeborenen Ideen von Gott, die z.B. von Descartes oder Leibniz thematisiert werden. Kant definiert dies als eine ursprüngliche Erwerbung, wie z.B. das Naturrecht mithilfe der juristischen Terminologie ohne äußerliche Substanz. Zudem enthüllt er den unentbehrlichen Boden des rationalen Verfahrens des Verstandes, wie Hume in seiner Überlegung zur Kausalität bereits gezeigt hat. Um Goethes Apriori zu erklären, wird im Folgenden noch einmal näher auf den Brief an Maria Paulowna eingegangen.

Goethe weist in diesem Brief auf einen in seinen Augen bestehenden Mangel der kantischen Kritik hin: Nach seiner Auffassung hat Kant das belebende Prinzip der menschlichen Erkenntnis, die Phantasie, nicht als wesentlichen Bestandteil erkannt und daher auch nicht entsprechend herausgestellt. Anders gesagt: Kant blendet die Einbildungskraft aus. Diese Auffassung wird allerdings in der bisherigen Goethe- und Kant-Forschung eher als ein Fehler Goethes angesehen, weil Kant bereits in seiner ersten Kritik die Einbildungskraft mehrmals als einen Vermittler zwischen Sinnlichkeit und Verstand thematisiert. Allerdings könnte der eigentliche Grund für den Vorwurf Goethes in dem Wandel liegen, den die Definition der Einbildungskraft von der ersten Auflage der *Kritik der reinen Vernunft* zur zweiten Auflage durchlaufen hat. Im Text dieser Auflage bleibt Kants Bestimmung der Einbildungskraft nämlich eher unklar. Er definiert sie in der ersten Auflage der *Kritik der reinen Vernunft* noch als ein Hauptvermögen der menschlichen Erkenntnis und rechnet sie zum Apriori bzw. zum ursprünglich erworbenen Vermögen des Menschen. In der zweiten Auflage entzieht Kant der Einbildungskraft jedoch dieses Recht des Apriori und macht sie von anderen Weisen des Erkenntnisvermögens abhängig. Die Einbildungskraft verliert ihren Stellenwert als belebendes Prinzip der menschlichen Erkenntnis und ihre Analyse kann keinen tiefen Eindruck bei Goethe hinterlassen, weil er nur die zweite Auflage der *Kritik der reinen Vernunft* besaß.

Für Goethe bedeutet die Phantasie nicht nur ein bloßes Bindeglied zwischen Anschauung und Verstand, sondern auch das Apriori des Vermögens als ein Prinzip. Der genaue Inhalt des Apriori der Einbildungskraft zeigt den Unterschied zwischen Kant und Goethe. Kant erwähnt in seiner *Kritik der reinen Vernunft* nur kurz und oberflächlich die unbekannte Wurzel der Anschauung und des Verstandes. Zudem betrachtet er in seiner *Anthropologie* im Kontext der Darlegung der Einbildungskraft die Möglichkeit der gemeinsamen Wurzel der Anschauung und des Verstandes. Am Ende sieht Kant jedoch die Einbildungskraft nicht mehr als Wurzel an. Zudem verzichtet er auf eine genetische Erläuterung der Bedeutung des Apriori der Einbildungskraft, weil diese Wurzel keinen rationalen Boden des menschlichen Erkenntnisvermögens darstellt. Goethe erklärt dagegen positiv den Inhalt des Apriori der Einbildungskraft. Er schreibt, dass sich die Einbildungskraft zur Anschauung gesellen könne und die Phantasie mit der Idee bzw. der Gestalt eng verwandt sei. Diese Verschmelzung der Anschauung mit dem Denkvermögen, die im Zusammenhang mit Heinroth als das gegenständliche Denken bezeichnet wird, stellt Goethe in seiner Erläuterung des Phantasiebegriffs dar. Zudem betont er, dass die Phantasie der Natur näher als die Anschauung sei, weil die Anschauung nur eine rezeptive Fähigkeit darstellt und die Phantasie die Produktivität wie die Natur beinhaltet. Für Goethe liegt die Quelle der Methode für seine Naturwissenschaft und seine Kunst in der Phantasie. Als Konzept der Erkenntnis a priori stellt er sich das ursprünglich erworbene Vermögen der Phantasie vor, während es für Kant der rationale Boden des Verstandes ist.

Zwar hat Kant in seiner *Kritik der Urteilskraft* die Einbildungskraft als das freie Spiel mit Verstand und Vernunft bezeichnet und versucht, ihr eine große Bedeutung zu verleihen. Die Bestimmung der Einbildungskraft beinhaltet jedoch nur das „freie Spiel", d.h. Kant zeigt nicht, worin der Boden der Einbildungskraft konkret besteht. Genau dies aber erwartet Goethe von ihm als Erkenntnistheoretiker. Kant geht indes nur auf eine praktische Anwendung der Einbildungskraft ein, die Goethe als Dichter bereits ohne Kants Hinweis eingehend erfasst. Kant erkennt jedoch in der Betrachtung der Teleologie eine Möglichkeit des intuitiven Verstandes, der die Verbundenheit der Anschauung mit dem Verstand beinhaltet. Kant definiert nicht den intuitiven Verstand als Einbildungskraft und erklärt auch nicht die Verbindung dieser beiden, aber Goethe identifiziert vermutlich diesen kantischen Verstand mit der Phantasie.

Mit dem Begriff des intuitiven Verstandes ist ein göttliches Vermögen angesprochen. Daher hat Kant auch Bedenken, diese Fähigkeit auf den Menschen zu übertragen. Den Inhalt des intuitiven Verstandes definiert er nur knapp, nennt aber ein belebendes Prinzip bei der Darstellung des Genies. Die Einbildungskraft ermöglicht die Verbindung der anderen Vermögen und das Genie verfügt wie die Natur über eine Produktivität. Dieser Begriff des Genies beinhaltet ein besonderes Vermögen, das Goethe sich als eine Fähigkeit der Phantasie vorstellt. Die Phantasie bedeutet für Goethe die Erkenntnis a priori und damit legt er die Grundgestalt in Naturwissenschaft und Kunst frei, weil sie natürlich, aber auch übernatürlich verfahren kann.

Aus dem Vergleich der Naturwissenschaft Goethes mit der Erkenntnistheorie Kants ergibt sich eine Gemeinsamkeit und auch ein Unterschied. Goethe interessiert sich zunächst nicht für die kantische Philosophie und bewertet sie als zu abstrakt. Durch Gespräche mit Schiller und anderen sowie durch die Notwendigkeit der Definition der Grundgestalt in seiner Naturwissenschaft untersucht Goethe jedoch intensiv die Kritik Kants und entdeckt die Bedeutung der Erkenntnis a priori und des intuitiven Verstandes für seine Methodologie. Goethe lernt von Spinoza die pantheistische Vorstellung der Welt, von Schelling die spekulative Idee der dynamischen Natur und von Kant die kritische Methodologie der Wissenschaft. Kant ist in Goethes Augen einer der einflussreichsten Philosophen. Allerdings ist es nicht möglich, ihn deshalb schon als einen Kantianer anzusehen. Goethes Naturwissenschaft ist weder auf eine Opposition gegen die kantische Philosophie noch auf eine Zustimmung zu dieser zurückzuführen. Er beginnt schon vor der Begegnung mit der Kritik Kants mit seiner Naturwissenschaft und folgt seinen Ideen in der Auseinandersetzung mit der direkten Natur, der ungeheuren, werdenden Kraft. Goethe versucht zunächst, der Kunst die Natur der bildenden Kraft gegenüberzustellen.

Nach der Rückkehr von seiner ersten italienischen Reise beginnt er mit ernsthaften Studien der Naturwissenschaften sowie mit der Vereinigung von Wissenschaft und Kunst, um die ungeheure Natur zu überwinden. Kant untersucht die bildende Kraft als Teleologie des organischen Wesens auf der Seite des rationalen Erkenntnisvermögens und rekonstruiert dieses Wesen mit dem Verstand, der den Organismus intuitiv als Zweckmäßigkeit behandelt. Goethe betont hingegen die Phantasie, welche die Intuition mit dem reinen Begriff verbindet und versucht, die Produktivität der Natur wiederzugeben. Weil Kant im Kontext des Zeitalters der Aufklärung steht, betont er notwendigerweise die Rationalität. Goethe klammert jedoch diese Prämisse der Aufklärung aus und sucht eine noch ursprünglichere Quelle des menschlichen Vermögens im Zusammenhang mit der Antike, in der die Kunst noch nicht streng von der Wissenschaft getrennt war.

Goethes Methodologie in seiner Naturwissenschaft ist derjenigen Kants sicher ähnlich. Allein die Bedeutung des Apriori wird von Kant und Goethe im

Hinblick auf die Frage nach dem ursprünglichen Vermögen des Menschen unterschiedlich gefasst. Was die Bewertung der Auffassung Goethes über Kants Lehre betrifft, passt daher immer noch der Ausdruck, den Goethe von damaligen Kantianern und Gelehrten hörte: ein seltsames Analogon.

Die erste Entstehung des Gedankens oder des Einfalls einer Wissenschaft muss nicht immer logisch und theoretisch klar sein. Die Fernkraft ohne Agens, das dynamisch wirkende Feld des Elektromagnetismus, die Evolutionstheorie mit der natürlichen Selektion, die Übertragung in der Psychotherapie oder andere wissenschaftliche Begriffe stellen am Anfang der Forschung stets nur undeutliche und noch mit vielen Rätseln behaftete Entwürfe dar. Diese Unklarheit der Vorstellung wissenschaftlicher Konzepte fußt nicht einfach auf einem Mangel des Verstandes, sondern auf dem natürlichen Verfahren der Imagination. Obwohl die Mitwirkung der Einbildungskraft aufgrund der Verfeinerung der logischen Theorie im späteren Theorieentwurf als ein illegitimes Element entfernt wird, spielt die Phantasie in der Anfangsphase der Entwicklung jeder Wissenschaftstheorie eine bedeutende Rolle. Die Theorie als solche erscheint dann logisch und rational, weil man ihr als einer Lehre nachfolgt, die sich schon als wahr erwiesen hat. Mit einem goetheschen Ausdruck kann dies als die „tote Natur" bezeichnet werden, in der die werdende Kraft, die der Erfinder der Theorie noch lebendig erfahren hat, bereits erstorben ist oder sich zumindest darin verbirgt. Goethe versucht diese Kraft nicht nur in der Kunst, sondern auch in der wissenschaftlichen Theorie darzustellen. So zeigt sich die goethesche Lehre einfach als eine naive Theorie. Auch Goethes Verständnis moderner naturwissenschaftlicher Theorieentwürfe wie z.B. bei Newton oder Linné erscheint unter dem Aspekt der Theoria nicht treffend. Die Wissenschaft Goethes besteht in der Mitte der sich entwickelnden Natur und die Phantasie zeigt in dieser produktiven Tätigkeit der Natur ihr eigentliches Wesen.

Diese Eigenschaft der Wissenschaft Goethes kann in der Geschichte der Wissenschaftstheorie als eine Art der Poiesis bezeichnet werden. Platon definiert die Poiesis als ein produktives Vermögen, das ein Etwas aus dem Nichtsein in eine Existenz hebt. Aristoteles bestimmt sie im Unterschied zur Physis als handwerkliche Herstellung, insbesondere in der Dichtung. Allerdings kann man nicht immer sagen, dass die Poiesis in der Geschichte der Wissenschaftstheorie und der Philosophie schon zufriedenstellend beschrieben wird, weil der genaue Inhalt der Poiesis für eine Definition überhaupt nicht taugt. Ihr Inhalt muss immer in der jeweiligen Forschung allmählich erklärt oder entwickelt werden. Goethes Naturwissenschaft zeigt sich als ein bemerkenswerter Typus einer poiesishaften Wissenschaft. Als Methode der Untersuchung verwendet sie nicht nur den Verstand und die Anschauung, sondern auch die Phantasie. Daher weist Goethe notwendigerweise darauf hin, dass die Rhetorik ein naturgemäßer Stil des Ausdrucks der Naturwissenschaften ist. Diese Behauptung entspricht der Darstellung von Aristoteles, der die Poiesis hauptsächlich in der Poesie thematisiert. Aber Goethe bezieht nicht nur die Dichtkunst, sondern auch die Wissenschaft mit ein, denn er versucht eine Harmonie zwischen der Kunst und der Wissenschaft zu etablieren.

Sein poiesishafter Versuch kann nicht einfach innerhalb der Poiesis als ein Teil der drei menschlichen Aktivitäten eingeordnet werden, sondern vielmehr ist er in der Mitte zwischen Theoria und Poiesis anzusiedeln. Goethe bezeichnet dies in der Ästhetik als die übernatürliche Kunst innerhalb der Natur und in der Farbenlehre als das ideale und gleichzeitig reale Urphänomen. Hier liegt die Quelle oder die Wurzel des Verstandes und der Anschauung für das Widerspiel gegen die Kraft, welche die Kraft verschlingt. Neben der Phantasie als einer Quelle beinhaltet der Verstand einen kleinen Teil des gesamten Bereiches und auch die Anschauung. Das heißt, dass die Möglichkeit der Wissenschaft nicht immer nur aus der logischen rationalen Theorie des Verstandes besteht, sondern auch aus dem rhetorischen anschaulichen Hervorbringen der Phantasie.

Aus den bisherigen Betrachtungen dieser Untersuchung zur Poiesis lassen sich Aufgaben und Perspektiven für die weitere Goethe-Forschung ableiten. Goethes Vorwurf gegen Newton bezieht sich auf den Übergang vom Experiment zur Theorie. Er stellt fest, dass das newtonsche Experiment, insbesondere das experimentum crucis, eigentlich nichts beweist, das sich direkt auf die Theorie bezieht. Goethe versucht allerdings, eine Harmonie zwischen Theoria und Poiesis herzustellen. Aus der poiesishaften Eigenart der goetheschen Naturwissenschaft lässt sich verstehen, dass der Unterschied zu Newton nicht aus der Korrektheit der Theorie oder des Experiments, sondern aus der Betrachtung der Grenzlinie zwischen der Theorie und dem Phänomen oder der Theoria und der Poiesis abzuleiten ist. Der Vergleich der goetheschen Farbenlehre mit der newtonschen Optik hinsichtlich der Theorie ist daher eigentlich nicht bedeutsam. Ob Goethes Farbenlehre in den physiologischen Farben oder in der Qualität besteht, ist nicht relevant. Der Vergleich zwischen Goethe und Newton erklärt vielmehr, wie eine Verschmelzung des Verstandes und der Anschauung beschaffen sein könnte.

Weil Goethe seine Naturwissenschaft poiesishaft behandelt, verwendet er die Rhetorik in seinen Naturwissenschaften positiv und die Symbolik als eine naturgemäße Sprache. Wie Mary Hesse bereits die Analogie als eine wissenschaftliche Methode aufgezeigt hat, wird die Anwendung der Rhetorik in der modernen

Naturwissenschaft überhaupt nicht als ungewöhnlich oder seltsam angesehen.[118] Sie erläutert, dass das Modell des Atoms von Hantaro Nagaoka und Ernest Rutherford die negativ geladenen Elektronen in Analogie zu den um die Sonne laufenden Planeten darstellt. Diese Verwendung der Analogie meint dabei nicht nur eine Erklärung des Gegenstandes, sondern auch eine Verbindung zu dessen Entdeckung. Die Bedeutung des Symbols wird allerdings bis zum heutigen Tag in der Wissenschaftstheorie nicht genügend erklärt. Goethes Symbolik besteht im Ausdruck der tätigen Kraft der Natur. Um die veränderliche Tätigkeit der Natur darzustellen, fasst Goethe das Symbol als eine besondere Zeitbestimmung, welche Vergangenheit, Gegenwart und Zukunft in einem Moment enthält, worauf schon Aristoteles in seinen Überlegungen zum Zeitbegriff von geschichtlichen Ereignisse hinweist. Dieser Begriff des Symbols unterscheidet sich von den Bestimmungen, die ihm Leibniz, Alexander Gottlieb Baumgarten und Georg Friedrich Creuzer verliehen haben. Goethe demonstriert das Konzept seiner Symbolik z.B. in der Auslegung des Marmors der Laokoon-Gruppe und der Bildbeschreibungen des Philostrat. Wie oben erwähnt, erklärt sein Konzept auch die Eigenschaften des Urphänomens: „Urphänomen: Ideal-real-symbolisch-identisch." In der obigen Betrachtung des Urphänomens wird also bestenfalls nur eine Hälfte seiner gesamten Eigenschaften erklärt. Ermöglicht wird dies durch die Anwendung der Rhetorik und auch durch die Entwicklung des Subjekts selbst, wie sie Goethe in den drei Stufen der Kunst und der Wissenschaft kennzeichnet.

Kants Konzept des Genies stellt aufgrund seines Verfahrens der theoretischen Analyse dar, dass das Genie in den schönen Künsten von anderen Menschen „specifisch unterschieden" (Kant KU, AA 05: 309) ist. In der Wissenschaft kann dies allerdings nicht spezifisch unterschieden werden, weil man die Gedanken genialer Theoretiker wie z.B. Newton erlernen kann. Für Goethe kann indes nicht nur die Wissenschaft, sondern auch die schöne Kunst nachvollzogen werden, indem man durch Bildung und Erfahrung sein Vermögen weiterentwickelt. Goethes Symbolik erklärt diesen Prozess der Metamorphose des Subjekts.

Schließlich muss noch verdeutlicht werden, wie die goethesche Naturwissenschaft eigentlich zu charakterisieren ist. Imre Lakatos hat ein bedeutendes Konzept für wissenschaftliche Forschungsprogramme formuliert und Newton hierfür als ein Beispiel angeführt. Als wesentliche Momente eines Forschungsprogramms nennt er u.a. den *harten Kern* und den *Schutzgürtel von Hilfshypothesen*. Wenn die goethesche Naturwissenschaft als ein wissenschaftliches Programm formuliert werden kann, wie wird sie dann inhaltlich und methodisch definiert?

---

118 Vgl. Mary Hesse, *Models and Analogies in Science*, London, Sheed and Ward, 1963.

Sind die Bedeutung und das Verfahren des harten Kerns und des Schutzgürtels so zu verstehen, wie Lakatos sie definiert hat? Aus der Gegenüberstellung der Farbenlehre Goethes und der Optik Newtons lässt sich ableiten, dass das poiesisartige goethesche Forschungsprogramm vom Programm der newtonschen Mechanik unterschieden werden muss: Die größte Differenz besteht hier in dem Prinzip, das oben kurz erwähnt wurde. Das wissenschaftliche Verfahren, z.B. die newtonsche Mechanik, enthält das konstitutive Prinzip, und die Wissenschaft, die das organische Wesen behandelt, verwendet das regulative Prinzip. Das Konzept des harten Kerns in diesen beiden Wissenschaften beinhaltet daher unterschiedliche Formeln und Bedeutungen. Auf dem Grund dieses regulativen Prinzips ist zu vermuten, dass ein veränderlicher Kern in der goetheschen Wissenschaft entworfen werden kann und sie folglich eine unterschiedliche Art der Schlussfolgerung bzw. der Hypothese enthält. Diese Frage nach der Wissenschaftlichkeit der goetheschen Naturwissenschaft führt nicht nur dazu, eine rationale Rekonstruktion seiner Naturwissenschaft in der Geschichte der Wissenschaftstheorie in Gang zu setzen, sondern sie eröffnet auch eine Möglichkeit der goetheschen Wissenschaft in der Gegenwart: Was kann die goethesche Naturwissenschaft leisten? Wenn Goethes Wissenschaft das „belebende Prinzip" beinhaltet, kann die goethesche Naturwissenschaft als ein nach wie vor fruchtbares Forschungsprogramm übernommen werden, denn die Bedeutung und Leistung der goetheschen Naturwissenschaft entspringen gerade jener lebendig strömenden Quelle.

Literaturverzeichnis

Primärliteratur

Cassirer, Ernst (2009), *Gesammelte Werke*, Hamburger Ausgabe, Birgit Recki (Hrsg.), Hamburg, 26 Bände.

Cousin, Victor (1847), *Cours de l'histoire de la philosophie moderne*, Paris.

Eckermann, Johann Peter (1885), *Gespräche mit Goethe in den letzten Jahren seines Lebens*, F.A. Brockhaus, Leipzig.

Goethe, Johann Wolfgang von (1947ff.), *Die Schriften zur Naturwissenschaft*. Vollständige mit Erläuterungen versehene Ausgabe Herausgegeben im Auftrage der Deutschen Akademie der Naturforscher Leopoldina von Rupprecht Matthaei, Wilhelm Troll u. K. Lothar Wolf et al., Weimar.

Goethe, Johann Wolfgang von (1887-1919), *Goethes Werke*, Herausgegeben im Auftrage der Großherzogin Sophie von Sachsen, H. Böhlau (Hrsg.), Weimar, Abtlg. I–IV. 133 Bände in 143 Teilen.

Goethe, Johann Wolfgang von, Schiller, Johann Christoph Friedrich von (1881), *Briefwechsel zwischen Schiller und Goethe*, Wilhelm Vollmer (Hrsg.), Cotta, Stuttgart, 2 Bände.

Goethe, Johann Wolfgang von (1909-1911), *Goethes Gespräche,* Eine Sammlung zeitgenössischer Berichte aus seinem Umgang Aufgrund der Ausgabe und des Nachlasses von Flodoard Freiherrn von Biedermann, Leipzig, 5 Bände.

Goethe, Johann Wolfgang von (1898-1899), *Goethe und die Romantik: Briefe mit Erläuterungen*, Carl Schüddekopf et al. (Hrsg.), Weimar, 2 Bände.

Heidegger, Martin (1975ff.), *Gesamtausgabe*, Klostermann, 102 Bände.

Hobbes, Thomas (1839), *The English works of Thomas Hobbes of Malmesbury*, William Molesworth (ed.), London, 11 Vols.

Hume, David (1738), *A Treatise of Human Nature*, London.

Hume, David (1748), *An Enquiry Concerning Human Understanding*, London.

Kant, Immanuel (1900ff.), *Gesammelte Schriften*, Hrsg.: Bd. 1-22 Preussische Akademie der Wissenschaften, Bd. 23 Deutsche Akademie der Wissenschaften zu Berlin, ab Bd. 24 Akademie der Wissenschaften zu Göttingen, Berlin.

Klee, Paul (1980), *Tagebücher 1898-1918*, Felix Klee (Hrsg), Gustav Kiepenheuer, Leipzig und Weimar.

Leibniz, Gottfried Wilhelm von (1875-1890), *Die philosophischen Schriften von Gottfried Wilhelm Leibniz*, K. I. Gerhardt (Hrsg), Weidmannsche Buchhandlung, Berlin, 7 Bände.

Locke, John (1823), *The Works of John Locke*, Thomas Tegg, London.

Newton, Isaac (1757), *Hypothesis explaining the Properties of Light*, In: The History of the Royal Society, Thomas Birch (Hrsg), London, vol. 3, S. 247-305.

Schelling, Friedrich Wilhelm Joseph (1927), *Schelling Werke*, Nach der Originalausgabe in neuer Anordnung, Manfred Schröter (Hrsg.), Münchener Jubiläumsdruckes, München, 12 Bände.

Schelling, Friedrich Wilhelm Joseph (1976ff.), *Werke*, Historisch-kritische Ausgabe, Im Auftrag der Schelling-Kommission der Bayerischen Akademie der Wissenschaften herausgegeben von Jörg Jantzen et al., Frommann-Holzboog, Stuttgart-Bad Cannstatt, 40 Bände.

Schelling Friedrich Wilhelm Joseph (1962), *Briefe und Dokumente*, H. Fuhrmans (Hrsg.), Bonn, 3 Bände.

Steiner, Rudolf (1918), *Goethes Weltanschauung*, 4. Auflage, Philosophisch-anthroposophischer Verlag, Berlin.

Sekundärliteratur

Amrine, Frederick, Zucker, Francis J. (Hrsg.) (1987), *Goethe and the Sciences: A Reappraisal*, D. Reidel Publishing, Dordrecht.

Anglet, Andreas (1991), *Der „ewige" Augenblick*, Böhlau Verlag, Köln.

Ashizu, Takeo (1988), *Goethes Naturerlebnis* (auf Japanisch), Libro Port, Tokio.

Banham, Gary (2006), *Kant's Transcendental Imagination*, Palgrave Macmillan, New York.

Beyer, Andreas und Gamboni, Dario (Hrsg.) (2012), *Poiesis: Über das Tun in der Kunst*, Deutscher Kunstverlag, Berlin/München.

Blasius, Jürgen (1979), *Zur Wissenschaftstheorie Goethes*, In: Zeitschrift für philosophische Forschung 33, S. 371-388.

Böhme, Gernot (1980), *Alternativen der Wissenschaft*, Suhrkamp, Frankfurt a. M..

Breidbach, Olaf (2006), *Goethes Metamorphosenlehre*, Wilhelm Fink Verlag, München.

Buchwald, Eberhard (1960), *Naturschau mit Goethe*, Kohlhammer, Stuttgart.

Bürger, Christa (1977), *Der Ursprung der bürgerlichen Institution 'Kunst' im höfischen Weimar. Literatursoziologische Untersuchungen zum klassischen Weimar*, Suhrkamp, Frankfurt a. M..

Burwick, Frederick (1986), *The Damnation of Newton: Goethe's Color Theory and Romantic Perceotion*, Walter de Gruyter, Berlin.

Busch, Werner (Hrsg.) (2008), *Verfeinertes Sehen: Optik und Farbe im 18. und frühen 19. Jahrhundert*, Oldenbourg Wissenschaftsverlag, München.

Butterfield, Herbert (1959), *The Origins of Modern Science 1300-1800*, The Macmillan Company, New York.

Carrier, Martin (1981), *Goethes Farbenlehre: ihre Physik und Philosophie*, In: Zeitschrift für allgemeine Wissenschaftstheorie, Bd. 12, Nr. 2, S. 209-225.

Chamberlain, Houston S. (1905), *Immanuel Kant: Die Persönlichkeit als Einführung in das Werk*, F. Bruckmann A.-G. München.

Cohen, H. Floris (2010), *How Modern Science Came into the World : Four Civilizations, One 17th-Century Breakthrough*, Amsterdam University Press, Amsterdam.

Cohn, Jonas (1905), *Das Kantische Elementen Goethes Weltanschauung. Schillers philosophischer Einfluss auf Goethe*, In: Kant-Studien, 10, 1905, S. 286-345.

Costazza, Alessandro (1992), *Imitatio Naturae in der Poetik der italienischen und der deutschen Aufklärung*, In: Deutsche Aufklärung und Italien, Battafarano, I. M. (Hrsg.), Peter Lang, Frankfurt a. M..

Danto, Arthur Coleman (1965), *Analytical Philosophy of History*, Cambridge University Press, London.

Duff, William (1767), *An Essay on Original Genius and its Various Modes of Exertion in Philosophy and the Fine Arts, particularly in Poetry*, Poultry, London.

Emrich, Wilhelm (1943), *Die Symbolik von Faust II*, Junker und Dünnhaupt, Berlin.

Engelhardt, Wolf von (2000), *„Der Versuch als Vermittler von Objekt und Subjekt": Goethes Aufsatz im Licht von Kants Vernunftkritik*, In: Athenäum, 10, S. 9-28.

Fink, Karl F. (1991), *Goethe's history of science*, Cambridge University Press, Cambridge.

Förschler, Silke und Hahne, Nina (Hrsg.) (2013), *Methoden der Aufklärung: Ordnungen der Wissensvermittlung und Erkenntnisgenerierung im langen 18. Jahrhundert*, Wilhelm Fink Verlag, Paderborn.

Förster, Eckart (2002), *Die Bedeutung von §§76, 77 der „Kritik der Urteilskraft" für die Entwicklung der nachkantischen Philosophie [Teil 1] und [Teil II]*, In: Zeitschrift für philosophische Forschung, Bd. 56, H. 2 (Apr. - Jun., 2002), S. 169-190 [Teil I], Bd. 56, H. 3 (Jul. - Sep., 2002), S. 321-345 [Teil II].

Förster, Eckart (2008), *Von der Eigentümlichkeit unseres Verstands in Ansehung der Urteilskraft(§§72-73)*, In: Immanuel Kant: Kritik der Urteilskraft, Höffe, Otfried (Hrsg.), Akademie Verlag, Berlin S. 259-274.

Förster, Eckart (2012), *Die 25 Jahre der Philosophie: Eine systematische Rekonstruktion*, Klostermann, Frankfurt. a. M..

Fry, Karin A. (2001), *Kant and the Problem of Genius*, In: Kant und die Berliner Aufklärung, Gerhardt, Volker (Hrsg.), Walter de Gruyter, Berlin, Sektionen VI-X, S. 546–552.

Gammon, Martin (1997), *Kant on Genius and Imitation*, In: Journal of the History of Philsophy Vo. 35, Nr. 4, pp. 563-592.

Gent, Werner (1954), *Die Kategorien des Raumes und der Zeit bei F. W. J. Schelling*, In: Zeitschrift für philosophische Forschung, Bd. 8, H. 3 (1954), S. 353-377.

Gerard, Alexander (1774), *An Essay on Genius*, London.

Gögelein, Christoph (1972), *Zu Goethes Begriff von Wissenschaft*, Carl Hanser Verlag, München.

Guyer, Paul (2011), *Gerard and Kant: Influence and Opposition*, In: The Journal of Scottish Philosophy 9. 1, pp. 59-93.

Hagen, Waltraud (1983), *Die Drucke von Goethes Werken*, Akademie Verlag, Berlin.

Helbig, Holger (2004), *Naturgemäße Ordnung*, Böhlau, Köln.

Heinemann, Fritz (1934), *Goethe's Phenomenological Method*, In: Philosophy, Vol. 9, No. 33 (Jan., 1934), pp. 67-81.

Heinroth, J. C. A. (1831), *Lehrbuch der Anthropologie*, Bei Friedr. Christ. Wilh. Vogel, Leipzig.

Hesse, Mary (1963), *Models and Analogies in Science*, Sheed and Ward, London.

Hindrichs, Gunnar (2011), *Goethe's notion of an intuitive power of jugdment*, In: Goethe-Yearbook 18, 52–65.

Hennig, John (1981), *Goethes Kenntnis von Schriften italienischer Philosophen*, In: Kant-Studien, 72, 1981, S. 490-494.

Heynacher, Max (1922), *Goethes Philosophie aus seinen Werken*, Felix Meiner, Leipzig.

Höpfner, Felix (1990a), *Wissenschaft wider die Zeit Goehes Farbenlehre aus rezeptionsgeschichtlicher Sicht*, Carl Winter Universitätsverlag, Heidelberg.

Höpfner, Felix (1990b), *Goethes Farbenlehre aus rezeptiongeschichtlicher Sicht*, Carl Winter Universitätsverlag, Heidelberg.

Ho, Shu Ching (1998), *Über die Einbildungskraft bei Goethe: System und Systemlosigkeit*, Rombach Verlag, Freiburg.

Inciarte, Fernando (1970), *Transzendentale Einbildungskraft*, H. Bouvier u. Co. Verlag, Bonn.

Ishihara, Aeka (2005), *Goethes Buch der Natur*, Königshause & Neumann, Würzburg.

Ivánka, Endre von (1962), *Kants „Kritik der Urteilskraft" und Goethe*, In: Jahrbuch des Wiener Goethe-Vereins, Bd. 66, S. 5-16.

Jacobs, Angelika (1997), *Goethe und die Renaissance: Studien zum Konnex von historischem Bewußtsein und ästhe--ti-scher Identitätskonstruktion*, Wilhelm Fink Verlag, München.

Janich, Peter (1990), *Ist Goethes Farbenlehre eine „alternative Wissenschaft"?*, In: Die Mechanik in den Künsten, Möbius, H. Berns, J. J. (Hrsg.), Jonas Verlag, Marburg.

Jantzen, Jörg (1998), *Der Ausdruck des Unbedingten. Schellings Systementwürfe*, In: Schellingiana, Bd. 10, Frommann-holzboog, S. 1-36.

Jolles, Matthijs (1957), *Goethes Kunstanschauung*, Francke Verlag, Bern.

Kawamoto, Hideo (1984), *Interpretatio naturae: Überdenken der Naturlehre Goethes* (auf Japanisch), Kaimeisha, Tokio, 1984.

Kawamoto, Hideo (1999), *Goethe's Color-Theory as Science of Poiesis* (auf Japanisch), In: Shiso, Nr. 906 (Dez., 1999), S. 26-42.

Käfer, Dieter (1982), *Methodoenprobleme und ihre Behandlung in Goethes Schriften zur Naturwissenschaft*, Böhlau Verlag, Köln/Wien.

Kleinschnieder, Manfred (1971), *Goethes Naturstudien*, Bouvier Verkag, Bonn.

Kong, Byung-Hye (1995), *Die ästhetische Idee in der Philosophie Kants: ihre systematische Stellung und Herkunft*, Peter Lang, Frankfurt a. M..

Kramer, Olaf (2010), *Goethe und die Rhetorik*, De Gruyter, Berlin.

Kuhn, Dorothea (1970), *Empirische und ideelle Wirklichkeit*. Studien über Goethes Kritik des französischen Akademiestreites. Tübingen.

Kuhn, Dorothea (1988), *Typus und Metamorphose*, Goethe-Studien Deutsche Schillergesellschaft, Marbach am Neckar.

Küster, Bernd (1979), *Transzendentale Einbildungskraft und ästhetische Phantasie*, Verlagsgruppe Athenäum et al., Regensburg.

Lakatos, Imre (1978), *The Methodology of Scientific Research Programmes*, In: Philosophical Papers Volume 1, Cambridge University Press, Cambridge.

Leisler, J. P. A. (1799), *Populäres Naturrecht*, Eichenberg, Frankfurt a. M..

Lüthe, Rudolf (1984), *Kants Lehre von den ästhetischen Ideen*, In: Kant-Studien, Bd. 75, 1-4, (Jan. 1984), S. 65-74.

Maatsch, Jonas (2008), *„Naturgeschichte der Philosopheme": Frühromantische Wissensordnungen im Kontext*, Universitätsverlag Winter Heidelberg.

Matussek, Peter (Hrsg.) (1998), *Goethe und die Verzeitlichung der Natur*, C. H. Beck, München.

May, Eduard (1949), *Erkenntnistheoretische und Methodologische Betrachtungen zur Naturforschung Goethes*, In: Zeitschrift für philosophische Forschung, Bd. 3, H. 4, S. 501-511.

Molnár, Géza von (1994), *Goethes Kantstudien: Eine Zusammenstellung nach Eintragungen in seinen Handexemplaren der „Kritik der reinen Vernunft" und der „Kritik der Urteilskraft"*, Hermann Böhlhaus Nachfolger, Weimar.

Moore, Evelzn K. und Simpson, Patricia Anne (2007), *The Enlightened Eye Goethe and Visual Culture*, Rodopi, Amsterdam.

Moritz, K. P. (1788), *Über die bildende Nachahmung des Schönen*, In: Karl Philipp Moritz: Werke in zwei Bänden. Band 1, Berlin und Weimar, S. 255-290.

Müller, Olaf (2014), *Newton, Goethe und die Entdeckung neuer Farbspektren am Ende des Zwanzigsten Jahrhunderts*, In: Erkenntniswert Farbe, Margrit Vogt und André Karliczek (Hrsg.), Ernst-Haeckel-Haus, Jena, S. 45-82.

Neubauer, John (1998), *Goethe and the Language of Science*, In: Elinor S. Shaffer (Hrsg.), *The Third Culture*: Literature and Science, Berlin und New York, pp.51-65.

Neuser, Wolfgang (1995), *Natur und Begriff*, Metzler, Stuttgart/Weimar.

Neuser, Wolfgang (1997), *Die Methoden der Naturwissenschaften im Spiegel der frühen Naturphilosophie Schellings*. In: *Fessellos durch die Systeme: Arnim, Ritter und Schelling*, W. Ch. Zimmerli, K. Stein und M. Gerten (Hrsg.), Cannstatt, Stuttgart-Bad, S. 369-389.

Nussbaumer, Ingo (2008), *Zur Farbenlehre: Entdeckung der unordentlichen Spektren*, Wien, Edition Splitter.

Oberhausen, Michael (1997), *Das neue Apriori. Kants Lehre von einer „ursprünglichen Erwerbung" apriorischer Vorstellungen*, Stuttgart-Bad Cannstatt.

Parker, Andrew (2003), *In the Blink of an Eye: How Vision Sparked the Big Bang of Evolution*, Perseus Publishing, Cambridge.

Rabel, Gabriele (1927), *Goethe und Kant*, 2 Bände, Selbstverlag, Wien.

Ränsch-Trill, Barbara (1996), *Phantasie: Welterkenntnis und Welterschaffung Zur philosophischen Theorie der Einbildungskraft*, Bouvier Verlag, Bonn.

Reed, Terence J. (2001), *Goethe und Kant: Zeitgeist und eigener Geist*, In: Goethe-Jahrbuch, Bd. 118, S. 58-74.

Rintelen, Fritz-Joachim von (1955), *Der Rand des Geistes*, Max Niemeyer Verlag, Tübingen.

Rudolf Haym (1898), *Goethe an die Großfürstin Maria Paulowna über Kants Philosophie*, In: Goethe-Jahrbuch, 19, (1898), S.34-48.

Schlapp, Otto (1901), *Kants Lehre vom Genie und die Entstehung der Kritik der Urteilskraft*, Vandenhoeck und Ruprecht, Göttingen.

Schmidt, Alfred (1984), *Goethes herrlich leuchtende Natur: Philosophische Studie zur deutschen Spätaufklärung*, Carl Hanser, München.

Scholl, Christian, Richter, Sandra und Huck, Oliver (Hrsg.) (2010), *Konzert und Konkurrenz: Die Künste und ihre Wissenschaften im 19. Jahrhundert*, Universitätsverlag Göttingen.

Schrödter, Hermann (1986), *Die Grundlagen der Lehre Schellings von den Potenzen in seiner Reinrationalen Philosophie*, In: Zeitschrift für philosophische Forschung, Bd. 40, H. 4 (Okt.-Dez., 1986), S. 562-585.

Schulz-Eillenberg, Gisela (1947), *Goethe und Die Bedeutung des Gegenstandes für die bildende Kunst*, Filser-Verlag, München.

Schulze, Sabine (Hrsg.) (1994), *Goethe und die Kunst*, Hatje, Ostfildern.

Schwedt, Georg (1998), *Goethe als Chemiker*, Springer, Berlin/Heidelberg.

Seamon, David und Zajonc, Arthur (Hrsg.) (1998), *Goethe's Way of Science: a Phenomenology of Nature*, State University of New York Press, New York.

Seidel, Fritz (1948), *Goethe gegen Kant. Goethes wissenschaftliche Leistung als Naturforscher und Philosoph*, Altberliner Verlag Lucie Groszer, Berlin.

Shaftesbury, Anthony Ashley-Cooper, 3rd Earl of (1737), *Characteristicks of Men, Manners, Opinions, Times*, 2 Vols., Grand Richards, London, 1900.

Siegel, Carl (1914), *Goethe und die spekulative Naturphilosophie*, Vortrag im Wiener Goethe-Verein, gehalten am 10. Januar 1914. In: Kant-Studien, 19, 1914, S. 488-496.

Simmel, Georg (1916), *Kant und Goethe: Zur Geschichte der modernen Weltanschauung*, Kurt Wolff Verlag, Leipzig.

Steinbrenner, Jakob und Glasauer, Stefan (Hrsg.) (2007), *Farben*, Suhrkamp, Frankfurt a. M..

Steinle, Friedrich (2002a), *Das Nächste ans Nächste reihen: Goethe, Newton und das Experiment*, In: Philosophia Naturalis 39 (2002) S. 141-172.

Steinle, Friedrich und Ribe, Neil (2002b), *Exploratory Experimentation: Goethe, Land, and Color Theory*, In: Physics Today 55 (July 2002): pp. 43-49.

Steinle, Friedrich (2002c), *Newton and Goethe, experimenting on colours*, In B. Saunders und J. v. Brakel (Hrsg.), *Theories, Technologies, Instrumentalities of Colour*. Lanham: University Press of America, S. 233-250.

Stolnitz, Jerome (1961), *On the Significance of Lord Shaftesbury in Modern Aesthetic Theory*, In: The Philosophical Quarterly, Vol.11, No. 43 (Apr., 1961), pp. 97-113.

Strack, Friedrich (Hrsg.) (1994), *Evolution des Geistes: Jena um 1800*, Klett-Cotta, Stuttgart.

Takahashi, Yoshito (1991), *Relative Oder Absolute Theorie?: Goethes Farbenlehre und Schellings Naturphilosophie* (auf Japanisch), In: Shiso, Nr. 805 (Jul., 1991), S. 5-44.

Takahashi, Yoshito (2001), *Goethes „Farbenlehre" und der Ausdruck der Natur*, In: Goethe-Jahrbuch, Bd. 118, S. 247-259.

Takahashi, Yoshito (2007), *Goethes Farbenlehre und die Identitätsphilosophie*, In: Goethe-Jahrbuch, Bd. 124, S. 105-114.

Takeuchi, Akira (1989), *Logische Struktur des Zustandekommens der synthetischen Urteile a priori* (auf Japanisch), In: Bulletin Universität Hosci, Tokio, S. 51-72.

Thompson Evan (1995), *Colour Vision*, Routledge, London.

179

Townsend, Dabney (1987), *From Shaftesbury to Kant: The Development of the Concept of Aesthetic Experience*, In: Journal of the History of Ideas, Vol. 48, No. 2 (Apr.-Jun. 1987), pp. 287-305.

Tsunetoshi, Sozaburo, *Über „die Möglichkeit des synthetischen Urteils apriori"* (auf Japanisch), In: Bulletin der Literaturwissenschaft Universität Kansei Gakuin, 1984, 34(2), S. 12-28.)

Unterbeerger, Rose (2002), *Die Goethe-Chronik*, Insel Verlag, Frankfurt a. M..

Vegetti, Mario (1999), *Historiographical strategies in Galen's physiology (De usu partium, De naturalibus facultatibus)*, In: Philip J. Van der Eijk (Hrsg), Ancient Histories of Medicine. Essays in Medical Doxography and Historiography in Classical Antiquity, Brill, Leiden, , S. 383-395.

Vorländer, Karl (1896/97a), *Goethes Verhältnis zu Kant in seiner historischen Entwicklung (I)*, In: Kant-Studien, 1, 1896/97, S. 60-99.

Vorländer, Karl (1896/97b), *Goethes Verhältnis zu Kant in seiner historischen Entwicklung (II)*, In: Kant-Studien, 1, 1896/97, S. 315-351.

Vorländer, Karl (1897/98), *Publikationen aus dem Goethe- und Schiller-Archiv und dem Goethe-National-Museum zu Weimar, Goethes Verhältnis zu Kant betreffend*, In: Kant-Studien, 2, 1897/98, S. 212-236.

Vorländer, Karl (1898/99), *Neue Zeugnisse, Goethes Verhältnis zu Kant betreffend*, In: Kant-Studien, 3, 1898/99, S. 311-319.

Vorländer, Karl (1898), *Goethe und Kant*, In: Goethe-Jahrbuch, 19, (1898), S.167-185.

Vorländer, Karl (1918/19), *Goethe und Kant*, In: Kant-Studien, 23, 1918/19, S. 221-232.

Wachsmuth, Sndreas B (1966), *Geeinte Zwienatur: Aufsätze zu Goethes naturwissenschaftlichem Denken*, Aufbau-Verlag, Berlin.

Watanabe, Hideyuki (2011), *Möglichkeit der Einbildungskraft bei Heidegger* (auf Japanisch), In: Bulletin Universität Kyoto Seika, Kyoto, S. 180-191.

Wegner, Max (1949), *Goethes Anschauung Antiker Kunst*, Verlag Bebr. Mann.

Weinhandl, Ferdinand (1942/43), *Die gestaltanalytische Philosophie in ihrem Verhältnis zur Morphologie Goethes und zur Transzendentalphilosophie Kants*, In: Kant-Studien, 42, 1942/43, S. 106-145.

Weinhandl, Ferdinand (1965), *Die Metaphysik Goethes*, Wissenschaftliche Buchgesellschaft, Darmstadt.

Westphal Jonathan (1987), *Colour a philosophical introduction*, Blackwell, Oxford.

White, Hayden (1975), *Metahistory: the Historical Imagination in Nineteenth-Century Europe*, Johns Hopkins University Press, Maryland.

The manufacturer's authorised representative in the EU is Springer
Nature Customer Service Centre GmbH, Europaplatz 3, 69115 Heidelberg,
Germany. If you have any concerns regarding our products, please
contact ProductSafety@springernature.com

Printed and bound by CPI Group (UK) Ltd, Croydon, CR0 4YY
28/04/2026
02098481-0012